SAP® Data Warehouse Cloud

Klaus-Peter Sauer

Willkommen bei Espresso Tutorials!

Unser Ziel ist es, SAP-Wissen wie einen Espresso zu servieren: Auf das Wesentliche verdichtete Informationen anstelle langatmiger Kompendien – für ein effektives Lernen an konkreten Fallbeispielen. Viele unserer Bücher enthalten zusätzlich Videos, mit denen Sie Schritt für Schritt die vermittelten Inhalte nachvollziehen können. Besuchen Sie unseren YouTube-Kanal mit einer umfangreichen Auswahl frei zugänglicher Videos: *https://www.youtube.com/user/EspressoTutorials*.

Kennen Sie schon unser Forum? Hier erhalten Sie stets aktuelle Informationen zu Entwicklungen der SAP-Software, Hilfe zu Ihren Fragen und die Gelegenheit, mit anderen Anwendern zu diskutieren:

http://www.fico-forum.de.

Eine Auswahl weiterer Bücher von Espresso Tutorials:

- Christoph Kretner & Jascha Kanngießer:
  Berechtigungen in SAP® BW, HANA und BW/4HANA
  http://5127.espresso-tutorials.de
- Frank Riesner, Klaus-Peter Sauer:
  SAP BW/4HANA® und BW auf HANA – 2., erweiterte Auflage
  http://5167.espresso-tutorials.de
- Jürgen Noe:
  Praxishandbuch SAP® Business Warehouse mit BW/4HANA
  http://5418.espresso-tutorials.de
- Martin Munzel, Renata Munzel:
  Projektcontrolling mit SAP® PS
  http://5156.espresso-tutorials.de
- Ulrich Bähr, Axel Treusch:
  Praxisbuch SAP® Interactive Forms und Adobe LiveCycle Designer
  http://5158.espresso-tutorials.de
- Jörg Böke:
  Schnelleinstieg in SQLScript für SAP HANA®
  http://5519.espresso-tutorials.de
- Dirk Vahlkamp, Leon Vahlkamp:
  Smart Predict in SAP® Analytics Cloud
  http://5456.espresso-tutorials.de

Bibliografische Information der Deutschen Nationalbibliothek
Die Deutsche Nationalbibliothek verzeichnet diese Publikation in der Deutschen Nationalbibliografie; detaillierte bibliografische Daten sind im Internet über https://portal.dnb.de abrufbar.

Klaus-Peter Sauer
SAP® Data Warehouse Cloud

ISBN: 978-3-960121-63-3

Lektorat: Anja Achilles

Korrektorat: Die Korrekturstube

Coverdesign: Philip Esch

Coverfoto: © wisoot | # 171917308 – stock.adobe.com

Satz & Layout: Johann-Christian Hanke

1. Auflage 2021

URL: *www.espresso-tutorials.de*

Feedback:
Wir freuen uns über Fragen und Anmerkungen jeglicher Art. Bitte senden Sie diese an: *info@espresso-tutorials.com*.

Inhaltsverzeichnis

Vorwort

Neue Software-Produkte wecken stets den Bedarf an weiterführenden Informationen. Bei SAP Data Warehouse Cloud (DWC) ist das nicht anders. Neben der Online-Hilfe existieren bisher kaum Informationsquellen, die einen kompakten Überblick über die gesamte Software-Lösung bieten. Genau diese Lücke soll dieses Buch schließen.

Für wen ist das Buch?

Das vorliegende Buch adressiert Benutzer in unterschiedlichen Arbeitsbereichen der Fachabteilungen und der Informationstechnologie (IT). Im zuletzt genannten Umfeld sind das zumeist SAP-Berater und -Administratoren, aber auch Datenmodellierer und BI-Spezialisten, während es in der Fachabteilung typischerweise auf Power-User und Anwender zielt, die es gewohnt sind, Daten aus unterschiedlichen Bereichen selbstständig zu verknüpfen.

Vorkenntnisse zu den Themen »Analytics« und »Business Intelligence« sind für ein besseres Verständnis hilfreich; insbesondere, wie ein Data Warehouse funktioniert, warum Daten modelliert und wie Daten zwischen Systemen bewegt und transformiert werden.

Zum Aufbau des Buches

Diese Handreichung startet mit einem Überblick über die Grundideen und über typische Anwendungsfälle, die von der Software abgedeckt werden. Nach einer kurzen Erläuterung der Architektur werden die ersten Schritte der Navigation im System erklärt.

Die weitere Gliederung des Buches entspricht den wesentlichen Funktionsbereichen der Software: Datenmanagement mit Spaces, Datenmodellierung und -flüsse im Data Builder, semantische Modellierung im Business Layer sowie administrative Themen und zum Abschluss Sicherheitsaspekte. Dazwischen finden Sie ein kurzes Kapitel speziell zu hybriden Einsatzszenarien, die bei vielen Kunden eine wesentliche Rolle spielen.

Da es sich bei Data Warehouse Cloud um ein recht neues Produkt der SAP handelt, gebe ich Ihnen zum Ende einen Ausblick darauf, was im Jahr 2021 und darüber hinaus noch an Funktionen und Innovationen zu erwarten ist.

Was nicht im Buch zu finden ist

Theoretische Grundlagen zu Datenbanken, Data-Warehouse-Systemen und zur Datenmodellierung werden nicht erklärt. Ebenso verzichte ich auf eine detaillierte Beschreibung der unterschiedlichen Quellsysteme und deren Funktionen.

Weiterhin finden Sie weder SAP Analytics Cloud noch den Story Builder oder Business Content näher erläutert, auch die Planung ist kein Bestandteil dieses Buches. Zu all diesen Themen existiert bereits genügend weiterführende Literatur.

Cloud-Software

Bei SAP Data Warehouse Cloud handelt es sich um eine Cloud-Software mit einem sehr agilen Entwicklungszyklus. In der Regel erscheinen 14-tägig neue Versionen, die der Nomenklatur `[JAHR.VERSION]` folgen. Somit ist davon auszugehen, dass sich im Laufe der Zeit Veränderungen zu den im Buch beschriebenen Abläufen und Bildschirmmasken ergeben. In Abhängigkeit von der Bildschirmauflösung und der Fenstergröße Ihres Browsers kann die Software bei Ihnen etwas anders aussehen als in diesem Buch abgebildet. Daneben werden in die Software auch neue Funktionen Einzug halten. Einen Ausblick auf bereits angekündigte Funktionen finden Sie im letzten Kapitel.

Das vorliegende Werk basiert auf der Version 2021.13.

☛ Linksammlung zum Buch

Viele der im Buch angesprochenen Themen mögen für Sie von besonderem Interesse sein, sodass Sie sich damit eingehender beschäftigen möchten. Hierfür habe ich Ihnen eine umfassende Auflistung weiterführender Links zusammengestellt, die Sie unter *https://www.espresso-tutorials.de/sap-data-warehouse-cloud/* aufrufen können.

Danksagung

Ein Buch zu schreiben, bedeutet, einen langen Weg zu gehen, dessen Ziel ohne die Unterstützung anderer kaum zu erreichen ist. Auch dieses Werk wäre ohne die Hilfe zahlreicher Menschen nicht möglich gewesen. Daher möchte ich die Gelegenheit wahrnehmen, mich hierfür zu bedanken.

An erster Stelle danke ich meiner Ehefrau Martina Andrea. Du hast mir immer die nötige Unterstützung gegeben, auch wenn dieses weitere Buchprojekt unsere gemeinsame Zeit wieder einmal auf ein Minimum reduziert hat. Du bist mein größter Schatz!

Mein Dank gilt zudem allen SAP-Kollegen, die mir mit Informationen und Rat zur Seite standen. Zu nennen sind hier insbesondere San Tran, Jascha Kanngießer, Amogh Kulkarni, Gordon Witzel, Heiko Scheider, Dr. Ulrich Christ und vor allem Axel Meier.

Ein ganz besonderer Dank geht an Lothar Henkes! Hab' vielen Dank für unsere Freundschaft und die langjährige, vertrauensvolle Zusammenarbeit. Ich wünsche Dir ganz viel Spaß und wenig Langeweile im Ruhestand.

Schließlich danke ich Martin Munzel und Anja Achilles sowie dem ganzen Team von Espresso Tutorials für die sehr angenehme und professionelle Zusammenarbeit. Ihr seid klasse!

In den Text sind Kästen eingefügt, um wichtige Informationen besonders hervorzuheben. Jeder Kasten ist zusätzlich mit einem Piktogramm versehen, das diesen genauer klassifiziert:

Hinweis

Hinweise bieten praktische Tipps zum Umgang mit dem jeweiligen Thema.

Beispiel

Beispiele dienen dazu, ein Thema besser zu illustrieren.

! Achtung

Warnungen weisen auf mögliche Fehlerquellen oder Stolpersteine im Zusammenhang mit einem Thema hin.

Die Form der Anrede

Um den Lesefluss nicht zu beeinträchtigen, verwenden wir im vorliegenden Buch bei personenbezogenen Substantiven und Pronomen zwar nur die gewohnte männliche Sprachform, meinen aber gleichermaßen Personen weiblichen und diversen Geschlechts.

Hinweis zum Urheberrecht

Sämtliche in diesem Buch abgedruckten Screenshots unterliegen dem Copyright der SAP SE. Alle Rechte an den Screenshots hält die SAP SE. Der Einfachheit halber haben wir im Rest des Buches darauf verzichtet, dies unter jedem Screenshot gesondert auszuweisen.

1 Einführung

Die SAP bietet mit Data Warehouse Cloud einen neuen Software-Service in der Cloud an. Es handelt sich dabei um einen vollständigen End-to-End-Service, der von der Datenintegration, über Transformationen und Modellierungen sowie einem semantischen Business Layer bis hin zum Dashboard alle erforderlichen Funktionalitäten mitbringt. Die SAP geht bei dieser Lösung über den reinen Analytics- und Reporting-Bereich hinaus und bietet ein Werkzeug zur Self-Service-Modellierung an.

Sie erhalten zunächst einen Gesamtüberblick und lernen die typischen Anwendungsfälle für die Lösung kennen, bevor die Architektur, die Navigation im System und die Benutzereinstellungen näher erklärt werden.

1.1 Anforderungen an moderne Systeme

Data Warehouse Cloud wurde von der SAP im November 2019 auf den Markt gebracht, ist also noch ein junges Produkt mit viel Entwicklungspotenzial. Die Lösung will Benutzern aus den Fachabteilungen und der IT ermöglichen, gemeinsam ein skalierbares analytisches Informationssystem aufzubauen, welches die Anforderungen an moderne, zukunftsfähige Lösungen erfüllt.

Die häufigsten Systemanforderungen vonseiten der IT der Kunden sind Elastizität und Skalierbarkeit, Investitionsschutz in Bezug auf bestehende Lösungen und angrenzende Systeme, Einfachheit bezüglich Aufbau, Weiterentwicklung und Betrieb sowie nicht zuletzt Kosteneffizienz. Dabei muss die korrekte Harmonisierung, Integration und Konsolidierung von Stamm- und Bewegungsdaten sichergestellt sein.

Aufseiten der Fachabteilung werden sehr oft die Punkte Agilität und Schnelligkeit genannt, um möglichst rasch zu werthaltigen Erkenntnissen (Time-to-Value) zu gelangen. Aber auch Flexibilität bei der Verwendung weiterer Werkzeuge zur Analyse und Datenaufbereitung sowie die einfache Kollaboration mit Kollegen und anderen Abteilungen sind sehr wichtige Voraussetzungen, um die Mitarbeiter zu befähigen, selbst neue Erkenntnisse zu generieren. Vielfach gefordert wird außerdem der einfache Zugang zu Daten, um die Demokratisierung von Informationen im Unternehmen weiter voranzutreiben und zentrale Unternehmensdaten in Eigenregie mit lokalen bzw. externen Daten verknüpfen zu können.

1.2 Überblick und Grundideen

SAP Data Warehouse Cloud ermöglicht Anwendern den schrittweisen Aufbau eines modernen, cloudbasierten Data Warehouse. Dabei können sowohl vorhandene Data Warehouses als auch beliebige On-Premises- oder cloudbasierte Datenquellen hinzugefügt und nahtlos miteinander verknüpft werden.

Lösung für Fachabteilung und IT

Traditionell wird der Aufbau einer Data-Warehouse-Landschaft von der IT-Abteilung vorangetrieben, insbesondere wegen der oft anspruchsvollen technischen Umsetzung. Mit Data Warehouse Cloud erfährt dieser Anwenderkreis eine Erweiterung, indem sie Fachbereiche und IT auf einer Plattform näher zusammenbringt.

Anwender aus Fachabteilungen sollen eigene Business-Modelle, KPIs (Key Performance Indicators) und Analysen erstellen können, ohne tiefgreifende IT-Kenntnisse zu besitzen. Ihnen soll es möglich sein, Unternehmensdaten mit ihren lokalen Daten flexibel anzureichern, um so neue Kennzahlen zu generieren und daraus Erkenntnisse zu gewinnen. Entscheidende Voraussetzungen hierfür sind intuitiv bedienbare grafische Benutzeroberflächen und Editoren, die auch als »Low-Code/No-Code«-Werkzeuge bezeichnet werden.

IT-Spezialisten bevorzugen hingegen oft code- und scriptbasierte Editoren, in denen sie direkt SQL-Anweisungen und -Prozeduren programmieren können. Die Offenheit der Lösung ermöglicht auch den Einsatz externer Werkzeuge. Damit können Entwickler in Verbindung mit Data Warehouse Cloud weiterhin ihre gewohnten Tools nutzen.

End-to-End-Lösung

Data Warehouse Cloud ist ein vollständiger End-to-End-Software-Service in der Cloud. Integriert in einer Lösung, enthält es Konnektoren zu unterschiedlichsten Quellsystemen, On-Premises oder in der Cloud, sowie diverse Möglichkeiten zur Datentransformation und -modellierung. Zusätzlich ist SAP Analytics Cloud (SAC) ein integraler Bestandteil der Lösung, damit Sie direkt Analysen und Dashboards erstellen können.

Virtueller Zugriff versus Persistenz

Der Name »Data Warehouse Cloud« legt zwar nahe, dass sich die Daten ebenfalls in der Cloud befinden, das ist aber nicht zwingend notwendig. Über einen virtuellen Zugriff (Remote Access) können Daten aus sehr vielen Quellen genutzt werden, ohne dass sie – wie früher üblich – erst in das System kopiert werden müssen. Auf diese Weise können Sie ein »virtuelles« Data Warehouse aufbauen. In Data Warehouse Cloud wird dafür der Begriff *Remote-Tabellen* verwendet. Welche Konnektoren einen virtuellen Zugriff auf Remote-Tabellen erlauben, wird in Abschnitt 3.4.5 im Einzelnen erklärt.

Wenn Sie die Daten zu einem späteren Zeitpunkt doch persistieren möchten, können Sie komfortabel wählen, ob Sie sie in Echtzeit replizieren oder als Snapshot bzw. persistierten View ablegen möchten – automatisiert und regelmäßig einplanbar. Wichtig zu wissen, ist, dass Sie dabei das Datenmodell nicht verändern müssen. Die Umstellung von Remote-Zugriff auf Echtzeitreplikation bzw. Snapshot nehmen Sie direkt an der Remote-Tabelle vor. Alle darauf aufbauenden Modelle bleiben davon unberührt.

Isolierte Arbeitsbereiche

Alle Daten werden in virtuellen und isolierten Arbeitsbereichen, den sogenannten *Spaces*, abgelegt oder verknüpft. Sie können beliebige Arbeitsbereiche für Projekte, einmalige Aufgaben, Fachthemen oder -abteilungen anlegen, die von der IT oder auch der Fachabteilung verwaltet werden. Spaces ermöglichen damit den Spagat zwischen Agilität und IT-Governance.

Die IT-Abteilung gibt Fachbereichen Zugriff auf bestehende Datenbestände, die zentral verwaltet und bereits konsolidiert bzw. harmonisiert sind, ohne die Daten erneut zu kopieren. Dies können beispielsweise Finanz- und Controlling-Daten oder auch zentrale Stammdaten sein.

Die Fachabteilung wiederum kann diese zentralen Daten im eigenen Space mit ihren lokalen Daten anreichern. Indem sie die Daten kombiniert und eigene KPIs erstellt, lassen sich neue Erkenntnisse gewinnen.

Self-Service-Modellierung

Anwender aus Fachabteilungen sollen in der Lage sein, eigene Modelle, KPIs und Analysen zu erstellen. Dabei wird der Zugriff auf bestehende Daten gewährt, die von der IT- oder anderen Fachabteilungen zur Verfügung gestellt werden. Unternehmensdaten können so mit lokalen Daten flexibel angereichert werden, um neue Modelle und Kennzahlen zu entwickeln.

Diese neuen Modelle lassen sich mit anderen Fachanwendern teilen, um die Zusammenarbeit zwischen den Abteilungen zu stärken, ohne die Daten ständig kopieren zu müssen. Dadurch werden dem Endbenutzer Informationen in einem digitalen Format zugänglich gemacht, über das sich Daten ohne Hilfe von außen sammeln und analysieren lassen. Dieser Prozess wird auch als *Datendemokratisierung* bezeichnet.

Semantische Schicht

Die semantische Schicht im *Business Builder* bietet die Möglichkeit der Abstraktion von oft komplexen und sehr technischen Datenmodellen in Objekte mit normaler Sprache. So erstellen Sie wiederverwendbare Objekte, anhand derer andere Anwender die Daten sofort verstehen. Sie können zudem die Beziehungen zwischen Elementen in Ihrem Datenmodell definieren und Ihre Datenfelder mit weiteren Geschäftsinformationen anreichern.

Um die semantische Modellierung im Sinne einer Self-Service-Modellierung nutzen zu können, benötigen Sie einen guten Grundstock an Entitäten und analytischen Modellen, damit sich die Benutzer einfach an bestehenden Objekten bedienen können, um eigene Consumption-Modelle oder Perspektiven zu erstellen.

Offenheit

Die Offenheit der Lösung ist ein ganz zentraler Bestandteil des Konzepts und zeigt sich auf allen Ebenen: bei Werkzeugen, Daten und Schnittstellen.

In Bezug auf die Datenintegration bedeutet dies Konnektivität sowohl zu klassischen On-Premises-Systemen als auch zu cloudbasierten Software-Lösungen, unabhängig davon, ob es sich dabei um SAP-Systeme handelt oder nicht. Eine gute Integration in eine bestehende SAP-Landschaft mit unterschiedlichen Lösungen wird vom Kunden ohnehin vorausgesetzt. Diesbezüglich deckt Data Warenhause Cloud bereits eine breite Palette von Quellsystemen ab.

Reichen die ausgelieferten Quellsystemverbindungen nicht aus, können Sie beliebige externe Werkzeuge (z. B. SAP Data Services, SAP Data Intelligence, Informatica, SnapLogic, Adverity und andere) zur Datenintegration verwenden, sofern diese einen SQL-basierten HANA-Konnektor anbieten. Dabei werden die Daten in ein offenes SQL-Schema geschrieben, in dem Sie außerdem SQL-basiert Datenmodellierungen vornehmen und diese nahtlos in die weitere Modellierung mit Data

Warehouse Cloud integrieren können. So kommen die in Unternehmen häufig vorhandenen SQL-Kenntnisse zum Einsatz.

Gleichzeitig lassen sich über ein offenes SQL-Schema die Bibliotheken für maschinelles Lernen aus dem HANA-Cloud-Scriptserver nutzen, um Data-Science-Projekte auf den vorhandenen Datenbeständen durchzuführen.

Für Analytics-Werkzeuge von Drittanbietern steht ebenfalls eine SQL-Schnittstelle zur Verfügung. Die weitere Roadmap sieht darüber hinaus Schnittstellen auf der Ebene von Spaces und der Datenmodellierung vor, über die Data-Warehouse-Cloud-Objekte von externen Werkzeugen erzeugt werden können.

Design-Time versus Runtime

Wie viele moderne Software-Umgebungen unterscheidet Data Warehouse Cloud zwei Phasen:

1. *Design-Time* (Entwurf): Die Design-Time beschreibt das Objekt beim Entwurf, wie z. B. die Definition einer Tabelle. Beim Speichern werden die Metadaten im lokalen Repository abgelegt. Um die Tabelle in anderen Modellen weiterzuverwenden oder mit Daten zu befüllen, muss sie schließlich als Runtime-Objekt in der Datenbank erzeugt werden.
2. *Runtime* (Laufzeit): Nach der Implementierung (Deployment) können Sie die Daten über das Laufzeitobjekt auswerten.

1.3 Typische Anwendungsfälle

Anwendungsfälle, Einsatzszenarien, Use Cases – die Verwendung von Software-Produkten lässt sich mit verschiedenen Begriffen beschreiben. Sehr oft hängt dieser vom individuellen Blickwinkel des Betrachters ab. Den Anwendungsfällen liegt eine systemorientierte Sichtweise zugrunde.

Hybride Einsatzszenarien

Der Begriff *hybrid* wird in der IT-Branche mit vielfältiger Bedeutung verwendet. In diesem Zusammenhang wird darunter die nahtlose Integration vorhandener Data-Warehouse-Systeme mit Data Warehouse Cloud verstanden. In Kapitel 5 erfahren Sie Details zu den Möglichkeiten hybrider Einsatzszenarien von Data Warehouse Cloud, insbesondere mit SAP BW, BW/4HANA und SQL-basierten Data Warehouses mit SAP HANA.

Data Marts und applikationsübergreifendes Data Warehousing

Die Lösung eignet sich sehr gut zum Aufbau von cloudbasierten *Data Marts*, also für Teile des gesamten Datenbestands. In den zuvor benannten Spaces werden neue Data Marts aufgebaut und die Daten bei Bedarf mit anderen geteilt – ebenfalls, ohne eine Datenkopie erzeugen zu müssen. Das können Daten für neue Projekte oder für Ihren Start in die Cloud sein. Diese Data Marts können auch zu einem Data Warehouse heranwachsen und so applikationsübergreifende Szenarien abbilden.

Self-Service-Modellierung und Datendemokratisierung

Wie zuvor erwähnt, ermöglicht die Self-Service-Modellierung das Erstellen neuer Modelle und Analysen, über die Endanwender zügig zu neuen Erkenntnissen (Time-to-Value) gelangen. Die IT kann gleichzeitig über unterschiedliche Spaces die Datendemokratisierung im Unternehmen weiter vorantreiben und Data-Science-Projekte der Fachabteilung durch die Verwendung der HANA-Cloud-Bibliotheken für maschinelles Lernen unterstützen.

1.4 Architekturüberblick

Technisch ist SAP Data Warehouse Cloud auf SAP HANA Cloud als Datenbankplattform und SAP Analytics Cloud aufgebaut. So bedient sich die Applikation bei der Persistenz etwa an den Services von SAP

HANA Cloud und beim Benutzer- und Rollenkonzept an einigen Services von SAP Analytics Cloud.

Abbildung 1.1 stellt die wesentlichen Funktionsbereiche und Software-Komponenten vereinfacht dar.

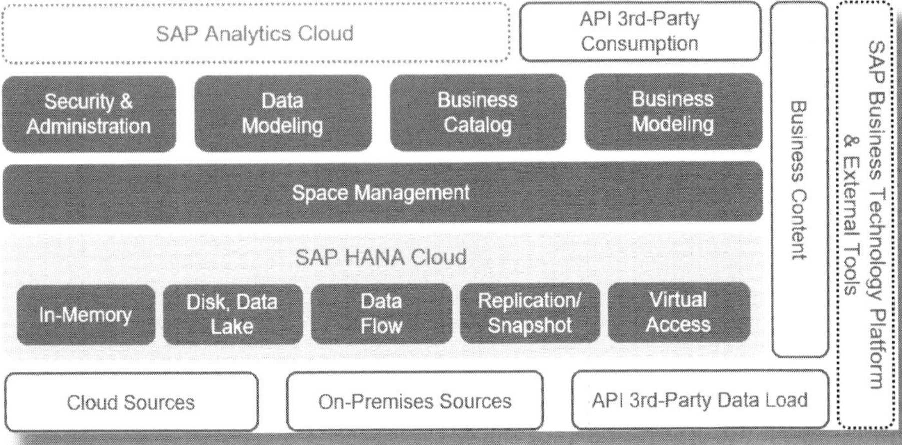

Abbildung 1.1: Architektur von SAP Data Warehouse Cloud

Sie können cloudbasierte sowie klassische On-Premises-Quellsysteme an Data Warehouse Cloud anschließen. Einige unterstützen den virtuellen Zugriff oder eine Echtzeitreplikation, manche auch nur Batch-Ladungen für Datenflüsse. Welche Konnektoren Data Warehouse Cloud bietet und welche Datentransferverfahren diese jeweils unterstützen, erfahren Sie in Abschnitt 2.4. Daneben gibt es eine Schnittstelle (*Application Programming Interface*, kurz *API*) für externe Werkzeuge von Drittanbietern, um das System mit Daten zu befüllen.

Daten lassen sich persistent speichern. Dafür stehen Ihnen drei Bereiche zur Verfügung:

- Hauptspeicher (In-Memory)
- SSD (Solid State Drive)
- Relationaler Data Lake

Letzterer steht seit Mitte 2020 in den meisten Rechenzentren weltweit zur Verfügung und kann optional dazugekauft werden.

Wie eingangs schon erwähnt, sind SAP Analytics Cloud und Data Warehouse Cloud eng miteinander verzahnt, obwohl es sich lizenzseitig um zwei verschiedene Cloud-Lösungen handelt. Deshalb ist Analytics Cloud mit einer gestrichelten Linie in der Grafik umrandet, ebenso wie die externen Werkzeuge der SAP Business Technology Platform und anderer Anbieter.

Zur Datenkonsumierung steht ein weiteres API zur Verfügung, um externe Visualisierungswerkzeuge von Drittanbietern anschließen zu können.

Spaces sind die virtuellen und isolierten Arbeitsbereiche, in denen die Objekte wie Tabellen, Views, Business-Entitäten etc. zugeordnet und verwaltet werden (siehe Kapitel 2).

Die Business-Modellierung (siehe Kapitel 4) bietet die Möglichkeit, komplexe und technische Datenmodelle in Objekte mit normaler Sprache umzuwandeln. Hierauf, wie auch auf den Business-Katalog, werde ich in Kapitel 3 genauer eingehen.

Administration und Security schließlich beschäftigen sich mit der Verwaltung und Absicherung der Lösung (siehe Kapitel 6).

1.5 Navigation im System

Sobald für Sie ein Benutzer in einem SAP-Data-Warehouse-Cloud-System erstellt wurde, erhalten Sie eine E-Mail zur Begrüßung. Wenn Sie der Systemeigentümer sind (mehr dazu finden Sie in Kapitel 6), dann melden Sie sich über diese E-Mail erstmals am System an und aktivieren gleichzeitig Ihren Tenant. In beiden Fällen kommen Sie nach erfolgreicher Anmeldung zur Startseite (siehe Abbildung 1.2).

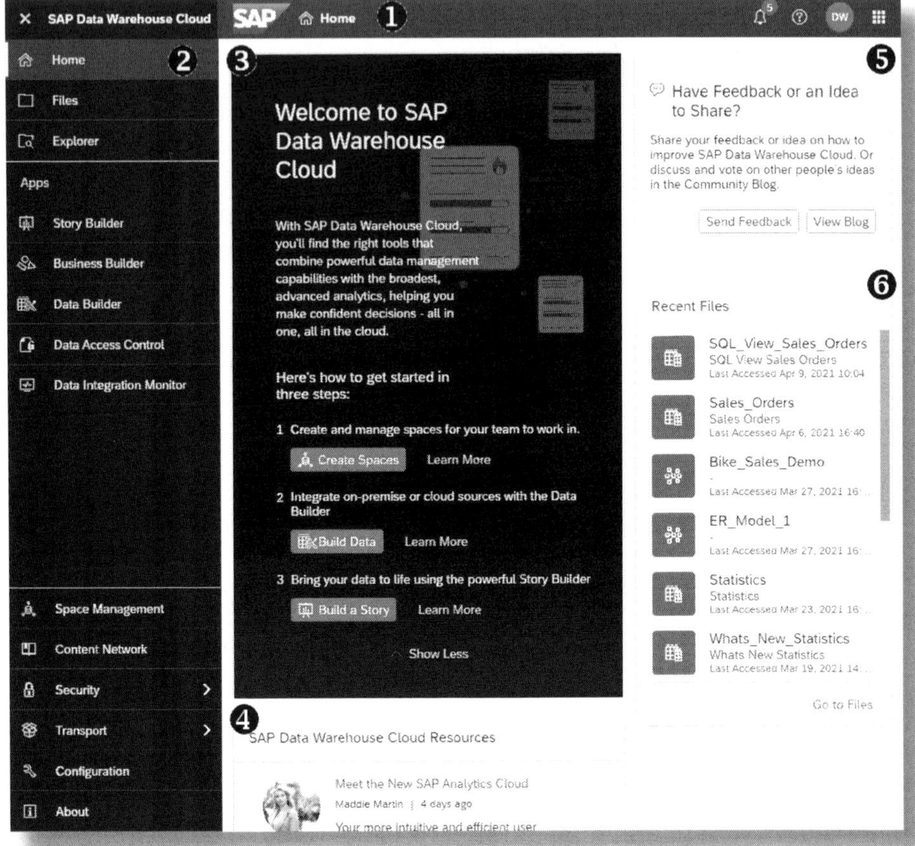

Abbildung 1.2: Data Warehouse Cloud – Startseite

Die Startseite gliedert sich in mehrere Bereiche:

❶ Oben befindet sich die **Kopfzeile** mit diversen Funktionen.

❷ Über die **Menüleiste** auf der linken Seite navigieren Sie zu den einzelnen Komponenten.

❸ In der Mitte der Startseite wird ein **Schnellmenü** angeboten. Wie der Name schon sagt, erreichen Sie darüber unmittelbar die drei Komponenten *Spaces, Data Builder* und *Story Builder*.

❹ Unterhalb des Schnellmenüs finden Sie aktuelle **Blogs** zur Lösung.

❺ Oben rechts können Sie direkt ein **Feedback** zur Lösung geben oder Ihre Ideen in die Community einbringen.

❻ Die zuletzt bearbeiteten Objekte (**Recent Files**) werden in dieser Liste angezeigt.

1.5.1 Funktionen der Kopfzeile

Ganz links in der Kopfzeile finden Sie den Schalter ☰ zum Ein- und Ausblenden der Menüleiste. Der Schalter ‹ führt Sie schrittweise immer eine Ebene zurück.

Rechts neben dem SAP-Logo ist die sogenannte Breadcrumb-Navigation eingebaut. Dort erkennen Sie, in welcher Komponente, welchem Space und welchem Objekt Sie sich gerade befinden (siehe Abbildung 1.3). Über die Hyperlinks navigieren Sie direkt zu diesen Bereichen. Im Beispiel befinden Sie sich in der Komponente DATA BUILDER, dem Space BOOK SPACE und dem View für PRODUCT MASTER DATA. Über den Schalter ⓧ können Sie den aktuellen Editor beenden und zur Data-Builder-Übersicht zurückkehren.

Abbildung 1.3: Breadcrumb-Navigation

Auf der rechten Seite der Kopfzeile (siehe Abbildung 1.4) finden Sie die Systembenachrichtigungen 🔔5 mit der aktuellen Anzahl an Meldungen.

Abbildung 1.4: Kopfzeile rechts

Sofern dies sehr viele sind, können Sie links über das Auswahlmenü auf bestimmte Benachrichtigungstypen einschränken oder auch danach suchen (siehe Abbildung 1.5). Nachrichten lassen sich einzeln ⊗ oder komplett 🗑 löschen.

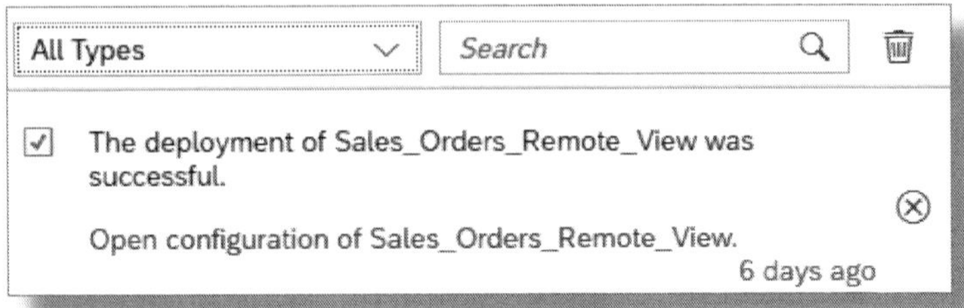

Abbildung 1.5: Systembenachrichtigungen

Das Fragezeichen ? rechts neben den Systembenachrichtigungen öffnet eine Dialogbox (siehe Abbildung 1.6). Über die drei Kacheln gelangen Sie zu einem Onboarding-Guide (QUICK START), der Online-Hilfe (HELP) im SAP Help Portal und einem Video-Tutorial (VIDEOS) auf YouTube.

Die Schaltflächen unterhalb können für direktes Feedback zur Lösung, das Einbringen Ihrer Ideen in die Community oder das Herunterladen der Log-Datei Ihrer Session genutzt werden.

Der Schalter Toggle In-App Help OFF ermöglicht den einfachen Zugriff auf die kontextsensitive In-App-Hilfe. Alternativ können Sie auch F1 verwenden.

Weiter rechts in der Kopfzeile sehen Sie in einem Kreis den jeweils ersten Buchstaben aus Vor- und Nachnamen des Benutzers (hier DW). Mehr zu den Benutzern und Rollen erfahren Sie in Kapitel 6.

Ganz rechts finden Sie den Schalter ▦, der Ihnen einen schnellen Wechsel zwischen SAP Data Warehouse Cloud und SAP Analytics Cloud ermöglicht. Er steht in beiden Applikationen zur Verfügung (siehe Abbildung 1.7).

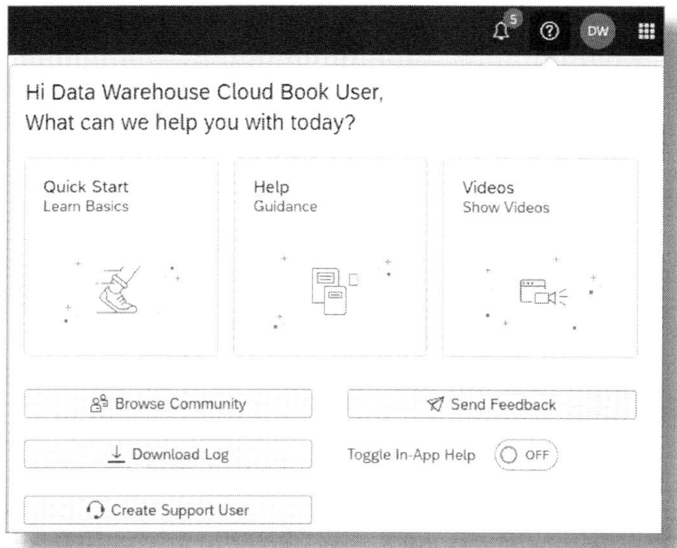

Abbildung 1.6: Dialogbox zum Aufruf verschiedener Hilfefunktionen

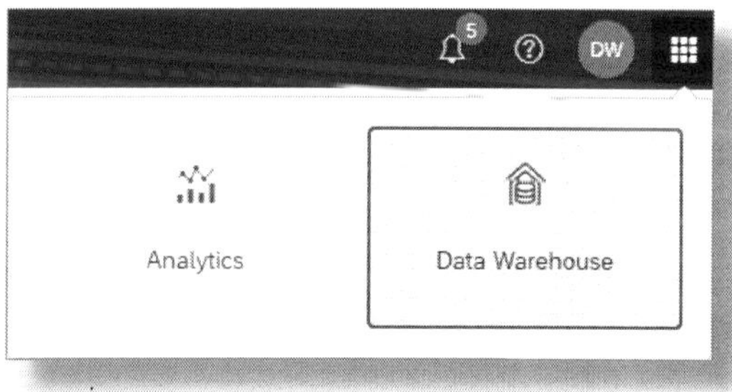

Abbildung 1.7: Wechsel zwischen den Applikationen

1.5.2 Komponenten der Menüleiste

Wenden wir uns nun der Menüleiste auf der linken Seite zu. Bitte beachten Sie, dass die hier angezeigten Optionen von den Rollen abhängen, die Ihrem Benutzer zugeordnet sind.

Das Menü ist in einen oberen und einen unteren Teil gegliedert. Den oberen Bereich mit den Funktionen und Komponenten der Applikation zeigt Abbildung 1.8.

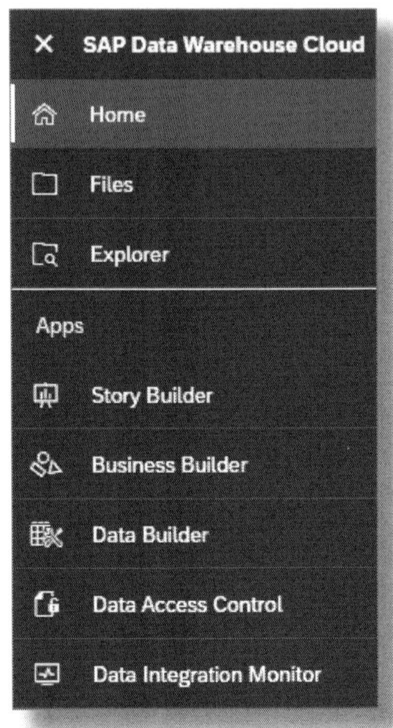

Abbildung 1.8: Applikationskomponenten

- HOME
  bringt Sie aus anderen Komponenten und Bildschirmmasken wieder zurück auf die Startseite.
- FILES
  bietet Ihnen eine Übersicht aller Objekte, die im System erstellt wurden. Benutzer von SAP Analytics Cloud kennen diese Sicht auf Objekte. Sie wird auch als *Datei-Repository* bezeichnet.
- EXPLORER
  zeigt spaceübergreifend alle Datenmodelle an, zu deren Verwendung Sie berechtigt sind.

- STORY BUILDER
  implementiert Visualisierungen auf Ihre Datenmodelle in SAP Analytics Cloud. Wie im Vorwort bereits erwähnt, ist der Story-Builder zwar Bestandteil von Data Warehouse Cloud, allerdings entspricht er dieser funktionalen Komponente in SAP Analytics Cloud und wird deshalb im Buch nicht näher beschrieben.
- BUSINESS BUILDER
  ermöglicht den Aufbau einer semantischen Schicht, die unabhängig von der Datenschicht modelliert wird.
- DATA BUILDER:
  Hier modellieren Sie Ihre Datensets, führen Transformationen aus und schaffen dadurch die Grundlage Ihrer Datenmodellierung.
- DATA ACCESS CONTROL:
  Die *Datenzugriffskontrolle* ist ein Objekt, das Benutzern Berechtigungen für konkrete Daten erteilt.
- DATA INTEGRATION MONITOR:
  Im *Datenintegrationsmonitor* finden Sie je Space einen Monitor zum Überwachen der Remote-Tabellen, der persistierten Views und der Data Flows.

Der untere Teil (siehe Abbildung 1.9) umfasst die eher administrativen Komponenten der Applikation.

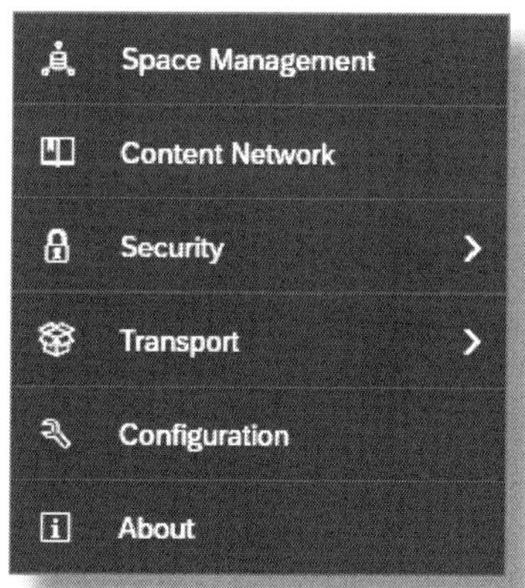

Abbildung 1.9: Komponenten der Administration

- SPACE MANAGEMENT:
  Hier nehmen Sie die Einrichtung und Verwaltung von Spaces vor.
- CONTENT NETWORK:
  Dies ermöglicht das Einspielen von Business Content der SAP oder von SAP-Partnern in Ihr System. Der Business Content wird im Rahmen des Buches nicht näher erläutert.
- SECURITY:
  Innerhalb dieser Komponente kann der Administrator Benutzer und Rollen verwalten sowie die Systemaktivitäten überwachen.
- TRANSPORT:
  Über diese Funktion lassen sich Inhalte aus Systemen exportieren und in andere Systeme importieren.
- CONFIGURATION:
  Die *Konfiguration* erlaubt verschiedene Aufgaben in Bezug auf Datenintegration, Sicherheit, Auditing, IP-Allowlist etc.
- ABOUT:
  Dieses Feld zeigt Ihnen Informationen zum Tenant, die Software-Version, die Tenant-ID, die Datenbank-ID der externen IP-Adresse sowie das Build-Datum Ihres Systems. Als Administrator erhalten Sie noch weitere Informationen, wie z. B. die Outbound-IP-Adresse und die Versionen weiterer Software-Komponenten.

1.6 Systemvoraussetzungen

SAP Data Warehouse Cloud ist ein vollständig webbasierter Software-Service, ein sogenanntes *Software-as-a-Service(SaaS)*-Angebot. Dafür benötigen Sie eine Internetverbindung und einen Computer, der die in Tabelle 1.1 gezeigten Grundanforderungen erfüllt.

Kategorie	Empfehlung
Browser	Google Chrome
Auflösung	Mindestens 1024 × 768 oder höher. Ich empfehle 1280 × 1024, idealerweise einen großen Bildschirm. Prinzipiell kann die Lösung auch von Mobiltelefonen oder Tablets aus bedient werden.
Bandbreite	Mindestens 500 bis 800 kbit/s pro Benutzer
Sonstiges	JavaScript, HTTP 1.1, Session-Cookies und Pop-up-Fenster zulassen.

Tabelle 1.1: Systemvoraussetzungen

1.7 Testsystem und Release-Zyklus

Wenn Sie Interesse haben, Data Warehouse Cloud selbst zu testen, dann können Sie sich für 30 Tage kostenlos ein Testsystem einrichten lassen. Registrieren Sie sich dafür unter *https://www.sap.com/products/data-warehouse-cloud/trial.html*. Sie erhalten innerhalb weniger Minuten ein System zur Verfügung gestellt.

Bei Verwendung der Testversion wird derzeit kein Zugriff auf die folgenden Funktionen gewährt:

- Data Flows und Scheduling
- Zuordnung Ihres HDI-Containers zum Space
- Aktivierung von APL und PAL in DWC
- Data Lake
- Erstellen von benutzerdefinierten Rollen

Da sich solche Einschränkungen im Laufe der Zeit verändern, sehen Sie bitte im SAP-Hinweis 3007887 nach, welche Produktbeschränkungen aktuell gelten: »Unsupported Features with SAP Data Warehouse Cloud Trial Version«.

Bei SAP Data Warehouse Cloud handelt es sich um eine Cloud-Software, die einen schnellen Entwicklungszyklus aufweist. Üblicherweise erscheinen 14-tägig neue Versionen, die der Nomenklatur `[JAHR.VERSION]` folgen. Den aktuellen Release-Plan entnehmen Sie dem SAP-Hinweis 2984828 »SAP Data Warehouse Cloud Release & Delivery Schedule«.

2 Datenmanagement mit Spaces

Eine der Kernaufgaben im Rahmen eines Data Warehouses ist das Datenmanagement. Bei SAP Data Warehouse Cloud sind die bereits angesprochenen »Spaces« für die Verwaltung von virtuellen und persistenten Daten im System verantwortlich. In diesem Kapitel lernen Sie, was Spaces sind und wie Sie diese nutzen können.

Es gibt vielfältige Aspekte, die einen Space ausmachen und im *Space Management* eine Rolle spielen:

- Virtueller Arbeitsbereich
- Governance und Elastizität
- Zuordnung von Benutzern
- Quellsysteme
- Schnittstellen für externe Systeme
- Auditierung
- Monitoring

Auf den folgenden Seiten werde ich einzeln auf diese Punkte eingehen. Doch zunächst einmal soll es um die Kernfrage gehen:

Was genau ist ein Space?

Ein Space ist ein virtueller und isolierter Arbeitsbereich für einen oder mehrere Anwender eines Data-Warehouse-Cloud-Systems. Daten, Datenmodelle, Business-Modelle, Systemressourcen, Quellsystemverbindungen, Benutzer und vieles mehr werden in einem Space erstellt bzw. bleiben diesem eindeutig zugeordnet. Dies wird als *Metadatenisolation* bezeichnet. Die Daten liegen dabei in einem spaceeigenen Datenbankschema (*Space-Schema*). Das bedeutet: Bevor Sie mit dem

System arbeiten, müssen Sie mindestens einen Space anlegen, in dem dann weitere Objekte erzeugt werden.

Über das +-SYMBOL im Bereich SPACE MANAGEMENT erstellen Sie einen neuen Space. Dessen technischer Name, die SPACE ID, existiert nur einmal im System und ist deshalb eineindeutig (siehe Abbildung 2.1).

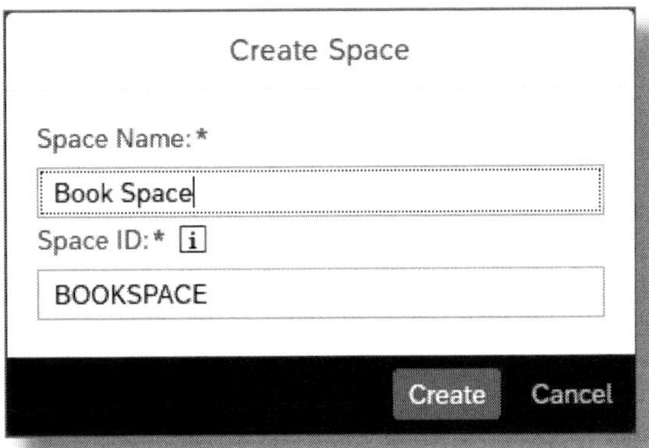

Abbildung 2.1: Space erstellen

Space ID

Die Space ID wird beim Anlegen eines Space definiert. Auf Basis des eingegebenen Space-Namens schlägt Ihnen das System eine Space ID vor, welche Sie in diesem Dialog unter Verwendung der folgenden erlaubten Zeichen anpassen können.

- Großbuchstaben von A bis Z, keine Umlaute oder Sonderzeichen
- Zahlen von 0 bis 9
- Unterstrich (_)

Die maximale Länge der Space ID beträgt 20 und des Space-Namens 30 Stellen. Ist der Space erfolgreich erstellt, kann die Space ID nachträglich nicht mehr geändert werden.

2.1 Space Management

Sie kommen zur Übersicht der Spaces, wenn Sie im Systemmenü auf der linken Seite zum **Space Management** navigieren. Der zugehörige Bildschirm ist in vier Bereiche aufgeteilt (siehe Abbildung 2.2).

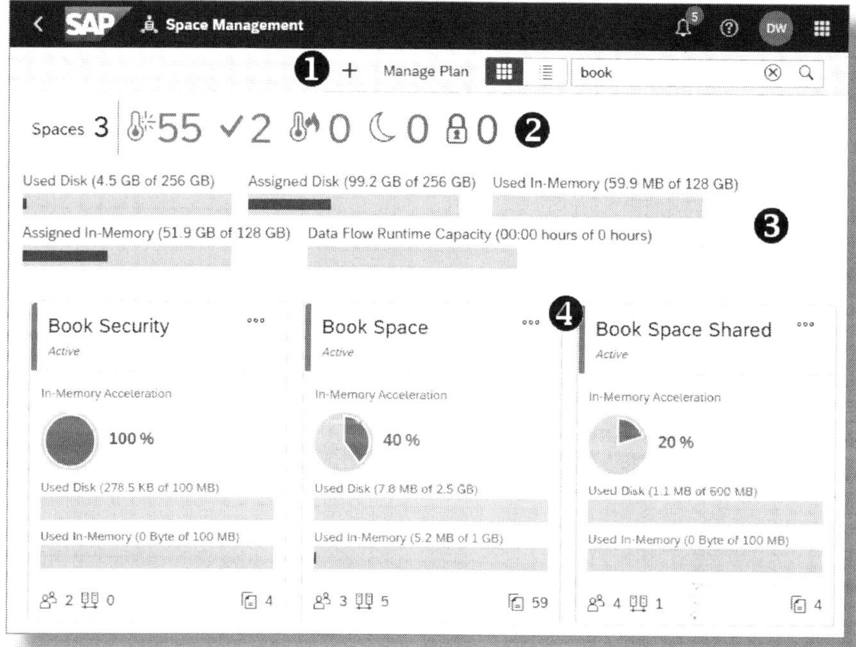

Abbildung 2.2: Space-Übersicht

❶ Oben rechts sehen Sie eine Menüleiste mit **Suchfunktion**, die besonders hilfreich ist, wenn Sie viele Spaces im System definiert haben – hier gefiltert nach Spaces mit *book* im Namen. Links daneben können Sie zwischen einem **Layout** in Tabellen- oder Kachelform wechseln. MANAGE PLAN hat derzeit keine Funktion und über das +-SYMBOL legen Sie – wie zuvor beschrieben – einen neuen Space an.

❷ Unterhalb werden alle vorhandenen Spaces nach verschiedenen Kategorien zusammengefasst. Von links nach rechts sehen Sie in dieser Zeile:

- Anzahl der angezeigten Spaces – das sind im Beispiel 3 für den Filterbegriff *book*.
- 55 der Spaces sind in Blau und somit als »kalt« ausgewiesen, da sie nur maximal fünf Prozent ihres zugeordneten Speicherplatzes ausnutzen. Zwei Spaces liegen im grünen Bereich von sechs bis 90 Prozent des zugeordneten Speicherplatzes, und keiner ist im roten Bereich von über 90 Prozent.
- Die Zahl neben dem Halbmond zeigt Spaces an, die sich aktuell im Ruhezustand bzw. *Hibernate-Modus* befinden.
- Ganz rechts sehen Sie mit dem Schlosssymbol ausgewiesene gesperrte Spaces.

❸ Direkt darunter werden die vorhandenen Systemressourcen in Form verfügbarer und zugewiesener Disk- und Hauptspeicherressourcen dargestellt. Im aktuellen Beispiel sind von 256 GB der USER DISK nur 99,2 GB den vorhandenen Spaces zugewiesen, wovon wiederum nur 4,5 GB genutzt werden. Beim Hauptspeicher sind 51,9 GB zugewiesen und nur 59,9 MB werden verwendet. Daneben sehen Sie die genutzte Laufzeitkapazität für Datenflüsse.

❹ Ganz unten finden Sie alle vorhandenen Spaces als Kacheln, hier allerdings gefiltert nach dem eingegebenen Suchbegriff *book*. Auf den einzelnen Kacheln sind bereits einige interessante Informationen abzulesen (siehe Abbildung 2.3).

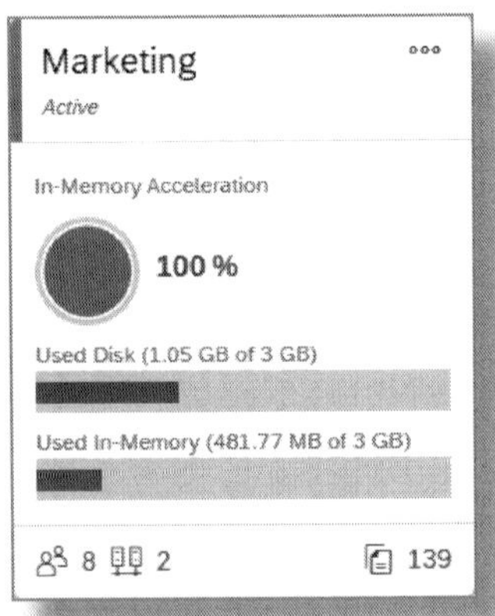

Abbildung 2.3: Space-Kachel

Ganz oben steht der Space-Name (MARKETING) mit dem Hinweis, ob der Space aktiv, gesperrt oder im Ruhezustand ist. Das Kreisdiagramm unterhalb stellt dar, wie viel Prozent des Space im Hauptspeicher vorgehalten werden. In diesem Beispiel sind das die vollständigen 3 GB. Die beiden Balken zeigen den Füllstand von Disk und In-Memory an. Ganz unten sehen Sie drei weitere Symbole mit Werten:

- Anzahl der zugeordneten Benutzer zum Space (hier 8)
- Anzahl der angeschlossenen Quellsysteme (2)
- Anzahl der enthaltenen Datenmodelle (139)

Wenn Sie in der Kachel oben rechts auf die drei Punkte klicken, werden Ihnen vier Optionen zum Umgang mit dem Space angeboten (siehe Abbildung 2.4):

Space bearbeiten

Space überwachen

Space löschen

Die Funktion HIBERNATE (Space in den Ruhezustand versetzen) wird aktuell nicht unterstützt und ist deshalb nicht auswählbar.

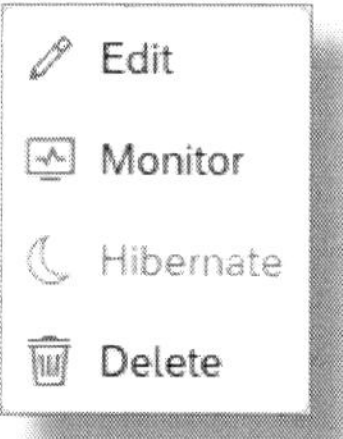

Abbildung 2.4: Space-Optionen

Wenn Sie über in die tabellarische Übersicht der Spaces umschalten, sehen Sie prinzipiell die gleichen Informationen, nur in einer anderen Darstellweise (siehe Abbildung 2.5).

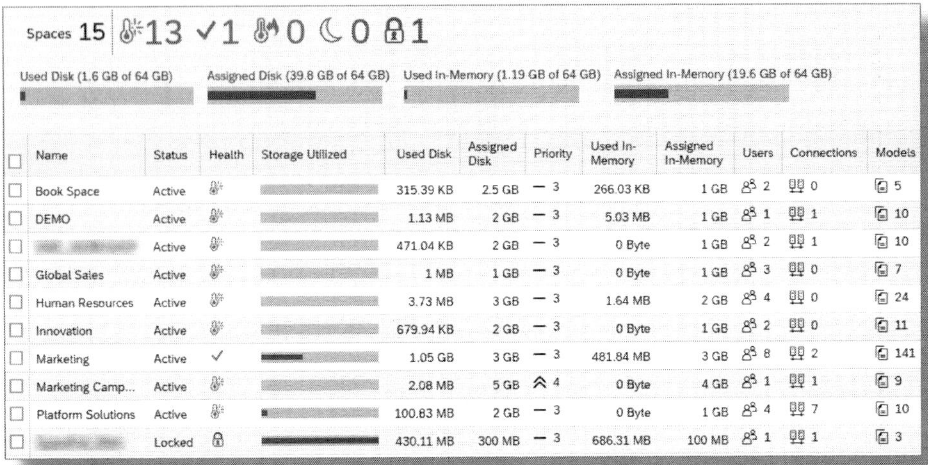

Spaces 15 | 13 ✓1 0 0 1

Used Disk (1.6 GB of 64 GB) | Assigned Disk (39.8 GB of 64 GB) | Used In-Memory (1.19 GB of 64 GB) | Assigned In-Memory (19.6 GB of 64 GB)

Name	Status	Health	Storage Utilized	Used Disk	Assigned Disk	Priority	Used In-Memory	Assigned In-Memory	Users	Connections	Models
Book Space	Active			315.39 KB	2.5 GB	— 3	266.03 KB	1 GB	2	0	5
DEMO	Active			1.13 MB	2 GB	— 3	5.03 MB	1 GB	1	1	10
[illegible]	Active			471.04 KB	2 GB	— 3	0 Byte	1 GB	2	1	10
Global Sales	Active			1 MB	1 GB	— 3	0 Byte	1 GB	3	0	7
Human Resources	Active			3.73 MB	3 GB	— 3	1.64 MB	2 GB	4	0	24
Innovation	Active			679.94 KB	2 GB	— 3	0 Byte	1 GB	2	0	11
Marketing	Active	✓		1.05 GB	3 GB	— 3	481.84 MB	3 GB	8	2	141
Marketing Camp...	Active			2.08 MB	5 GB	≈ 4	0 Byte	4 GB	1	1	9
Platform Solutions	Active			100.83 MB	2 GB	— 3	0 Byte	1 GB	4	7	10
[illegible]	Locked			430.11 MB	300 MB	— 3	686.31 MB	100 MB	1	1	3

Abbildung 2.5: Tabellarische Space-Übersicht

Mit Klick auf einen Space, egal, ob in tabellarischer oder Kacheldarstellung, gelangen Sie zu den Space-Einstellungen, die nachfolgend erklärt werden.

2.2 Allgemeine Space-Einstellungen

In der Titelzeile von Abbildung 2.6 existieren rechts drei Schaltflächen mit den folgenden Funktionen:

- SAVE: Speichern Sie veränderte Werte eines Space.
- MONITOR: Wechseln Sie zum Monitoring des Space.
- ··· und DELETE: Löschen Sie einen Space.

Darunter finden Sie die allgemeinen Space-Einstellungen (GENERAL SETTINGS). Dazu gehören SPACE ID, SPACE NAME und SPACE STATUS, wobei hier nur der Name geändert werden kann. Außerdem wird angezeigt, wann und von welchem Benutzer der Space angelegt wurde.

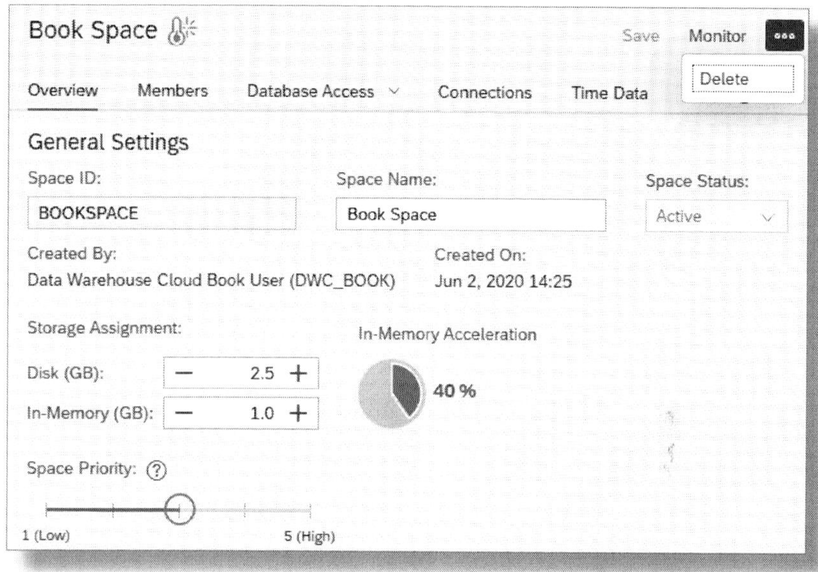

Abbildung 2.6: Allgemeine Space-Einstellungen

Im Bereich STORAGE ASSIGNMENT ist der zugewiesene Speicherplatz ersichtlich und kann verändert werden. Über die Symbole + und – verändern Sie die Werte in 1-GB-Schritten. Benötigen Sie eine feinere Zuordnung, können Sie durch direkte Eingabe auch kleinere Schritte im Bereich einer Nachkommastelle (also je 100 MB) wählen. Im Beispiel in Abbildung 2.6 sehen Sie einen Wert von 2,5 GB. Rechts daneben gibt das Kreisdiagramm (IN-MEMORY ACCELERATION) den In-Memory-Anteil am gesamten Speicherplatz aus; hier sind das 40 Prozent.

Der Schieberegler zur SPACE PRIORITY erlaubt die Festlegung der Priorität eines Space im Vergleich zu anderen Spaces im System (1 ist sehr niedrig und 5 sehr hoch). Der Standardwert liegt bei 3.

2.2.1 Data Lake

Sofern Sie Data Warehouse Cloud mit einem *Data Lake* gebucht und lizensiert haben, können Sie diesen einem Ihrer Spaces zuordnen, um dort große Datenmengen zu speichern und Zugriff darauf zu erhalten. Die Funktion ist derzeit noch auf einen einzigen Space begrenzt. Diesen können Sie alternativ auch extra für den Data Lake erstellen und das Häkchen bei DATA LAKE ACCESS setzen (siehe Abbildung 2.7).

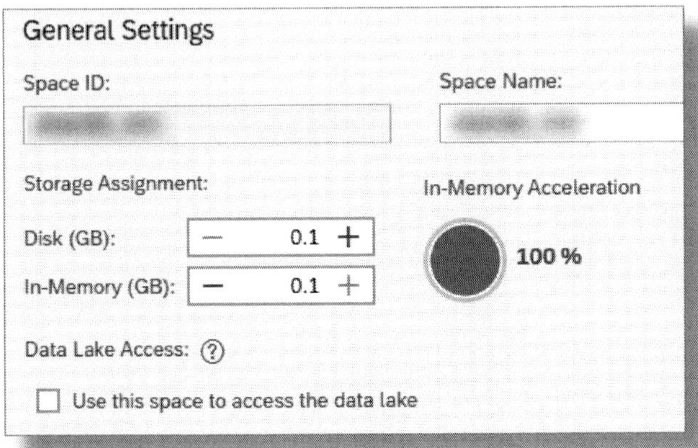

Abbildung 2.7: Data Lake zu Space hinzufügen

Definition: SAP HANA Cloud, Data Lake

SAP HANA Cloud, Data Lake ist ein vollständig verwalteter Cloud-Service zur sicheren Speicherung und Analyse großer Datenmengen, die eher selten aktualisiert werden. Es ist eine günstige Speicheroption, um Kosten zu senken und gleichzeitig eine gute Performance sowie einen vollständigen SQL-Zugriff auf Daten zu gewährleisten. Die Lösung ist vollständig in die unterliegende SAP HANA Cloud integriert.

Weitere Informationen zum Data Lake finden Sie in der SAP-Hilfe, wenn Sie den Suchbegriff »SAP HANA Cloud, Data Lake« eingeben.

Auf die Tabellen im Data Lake greifen Sie über virtuelle Tabellen im Open-SQL-Schema zu. Diese Tabellen können im Data Builder zur Modellierung verwendet werden.

2.2.2 Gesperrter Space

Was tun, wenn ein Space gesperrt ist?

Ein Space wird gesperrt, wenn sein Platzbedarf die zugewiesene Speicherkapazität übersteigt. Sobald dies passiert, erzeugt das System eine Warnung, die Sie über die Benachrichtigungen aufrufen können, und weist auf die Übernutzung hin. Es bleibt eine Stunde Zeit, um entweder nicht benötigte Daten zu löschen oder für diesen Space den zugeordneten Speicher zu erhöhen, bevor der Sperrmechanismus aktiv wird.

Wenn der Space gesperrt ist, ergeben sich daraus folgende Einschränkungen:

- Änderungen an Objekten im Data Builder können noch gespeichert, aber nicht implementiert werden.
- Open-SQL-Schema-Benutzer können nicht mehr darauf zugreifen.
- Es lassen sich keine weiteren Daten oder CSV-Dateien hinzufügen.
- Das System blockiert das Anlegen von neuen Benutzern, Verbindungen und Open-SQL-Schemata innerhalb des gesperrten Space.

Die Sperre wird bereits in der Space-Übersicht ❶ deutlich in Rot und mit einem Schlosssymbol visualisiert (siehe Abbildung 2.8).

Abbildung 2.8: Gesperrter Space

In den Space-Einstellungen ❷ wird ebenfalls ein entsprechender Warnhinweis ausgegeben. Diese Sperre können Sie über die Funktion

UNLOCK SPACE für 24 Stunden aufheben ❸, um die Probleme zu beheben.

2.3 Zuordnung von Benutzern

Im nächsten Bereich der Space-Einstellungen nehmen Sie die Zuordnung von Benutzern (MEMBER ASSIGNMENT) vor. Klicken Sie dazu auf ADD (siehe Abbildung 2.9). Daraufhin wählen Sie aus einer Liste aller dem System bekannten Benutzer. Diese werden Ihnen hier nebst ihren Rollen angezeigt. Durch Auswahl eines Benutzers und einen Klick auf REMOVE können Sie zugeordnete Benutzer wieder entfernen.

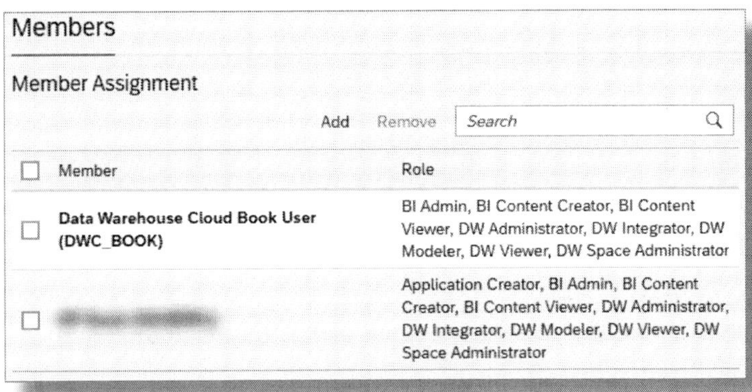

Abbildung 2.9: Zuordnung von Benutzern

Das Suchfeld auf der rechten Seite ermöglicht durch Filterung die gezielte Suche von Benutzern. Das ist insbesondere dann hilfreich, wenn sehr viele Benutzer zugeordnet sind.

2.4 Quellsysteme

Quellsystemverbindungen werden im Space gepflegt, und dort werden auch alle bestehenden Verbindungen aufgelistet (siehe Abbildung 2.10).

Sie können folgende Aktionen vornehmen:

- Neue Verbindung erstellen + oder anpassen
- Verbindung löschen
- Verbindung validieren
- Verbindung pausieren und erneut starten
- Liste der Verbindungen erneut laden
- Verbindungen nach verschiedenen Kriterien sortieren

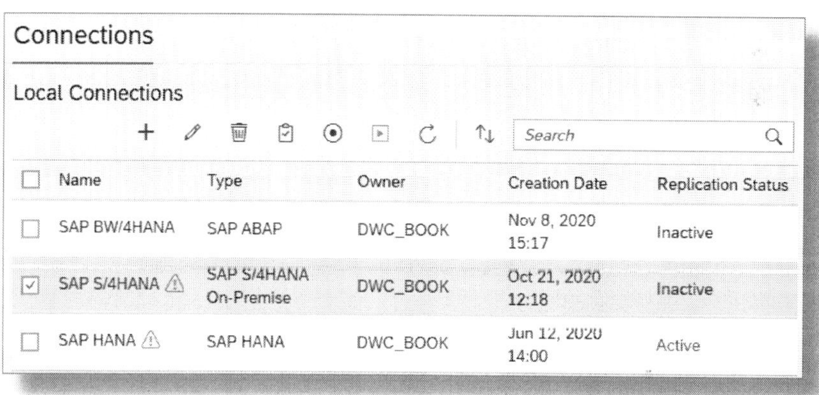

Abbildung 2.10: Quellsystemverbindungen

In der tabellarischen Übersicht sehen Sie zuerst den Namen, den Sie selbst der Verbindung gegeben haben, und daneben den Verbindungstyp (TYPE) – im Beispiel SAP HANA, SAP ABAP und SAP S/4HANA ON-PREMISE. Sofern Ihre Verbindung zum Quellsystem nur eingeschränkt nutzbar ist, wird dies durch einen Warnhinweis ⚠ signalisiert. Wenn Sie mit der Maus über das Symbol fahren, erhalten Sie genauere Auskunft über die Art der Einschränkung. Daneben sehen Sie den Benutzernamen des Erstellers (OWNER) und das Anlagedatum. Der Replikationsstatus zeigt an, ob AKTIVE Replikationen zu dieser Verbindung existieren.

Zur Neuanlage einer Verbindung klicken Sie auf das +-SYMBOL und gelangen zu einem geführten Dialog (siehe Abbildung 2.11). In einem ersten Schritt wählen Sie den Verbindungstyp aus. Auf der linken Seite können Sie komfortabel nach verschiedenen Kriterien filtern.

☛ Benötigte Verbindungsdetails je Konnektor

Je nach Quellsystem müssen verschiedene Voraussetzungen erfüllt sein, wie z. B. die Existenz eines Datenprovisionierungsagenten (im weiteren Verlauf *DP-Agent* genannt), des Cloud Connector, von Zertifikaten oder eines entsprechenden Treibers.

Die Details für jeden Konnektor finden Sie in der SAP-Hilfe der Data Warehouse Cloud, wenn Sie nach dem Begriff »Connection Types« suchen.

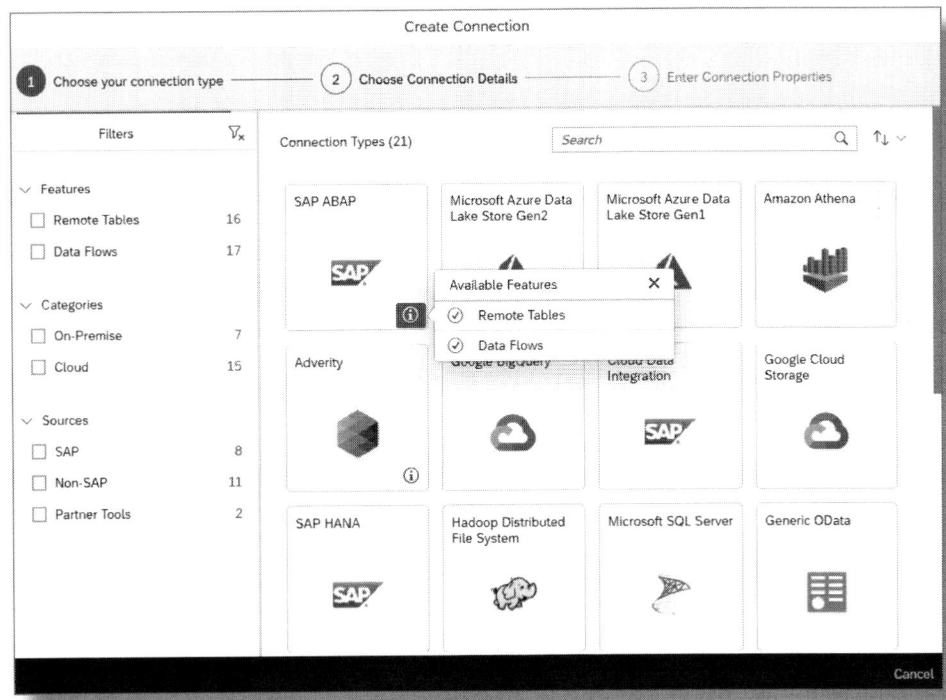

Abbildung 2.11: Neues Quellsystem anlegen – Schritt 1

Das Informationssymbol (i) der jeweiligen Kachel verrät Ihnen, welche Funktionen die einzelne Verbindung unterstützt.

Im nächsten Schritt geben Sie die Bezeichnung der Verbindung (BUSINESS NAME) und einen technischen Namen an (siehe Abbildung 2.12). Bitte beachten Sie, dass der technische Name automatisch mit einem Präfix des Space-Namens versehen wird. Sie können zusätzlich eine längere Beschreibung im Feld DESCRIPTION hinterlegen.

Zuletzt wählen Sie noch den passenden DP-Agenten aus, den Sie zuvor installiert haben sollten (wie das geht, erfahren Sie in Kapitel 6).

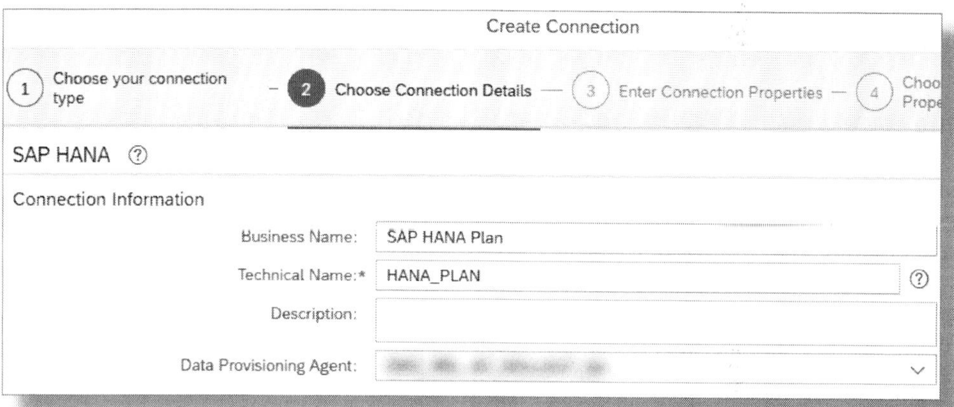

Abbildung 2.12: Neues Quellsystem anlegen – Schritt 2

Im dritten Schritt benötigen Sie die Verbindungsdaten zum Quellsystem und müssen die Verbindungseigenschaften angeben (siehe Abbildung 2.13 am Beispiel von SAP HANA On-Premises).

Einige Quellsystemverbindungen bieten noch einen optionalen vierten Schritt an, um spezielle Parameter einzustellen. Im Beispiel in Abbildung 2.14 sind das die erweiterten Eigenschaften des SAP-HANA-Adapters im DP-Agenten. Sie können diese Parameter auch nach dem Anlegen der Verbindung unter [Show Advanced Properties] noch editieren (✎).

Create Connection

1 Choose your connection type – 2 Choose Connection Details — 3 Enter Connection Properties — 4

SAP HANA

Connection Details

Host:*

Port:*

Cloud Connector

Use Cloud Connector: false

Security

Enable SSL Encryption: true

Validate Server Certificate: true

Host Name in Server Certificate:

Credentials

User Name:*

Password:*

Abbildung 2.13: Neues Quellsystem anlegen – Schritt 3

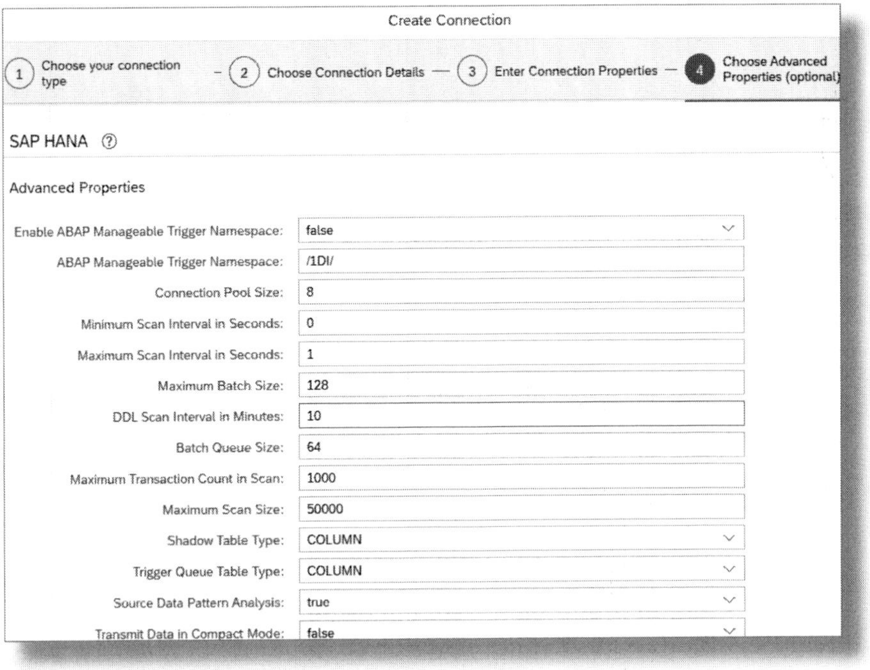

Create Connection

1 Choose your connection type – 2 Choose Connection Details — 3 Enter Connection Properties — 4 Choose Advanced Properties (optional)

SAP HANA

Advanced Properties

Enable ABAP Manageable Trigger Namespace: false

ABAP Manageable Trigger Namespace: /1DI/

Connection Pool Size: 8

Minimum Scan Interval in Seconds: 0

Maximum Scan Interval in Seconds: 1

Maximum Batch Size: 128

DDL Scan Interval in Minutes: 10

Batch Queue Size: 64

Maximum Transaction Count in Scan: 1000

Maximum Scan Size: 50000

Shadow Table Type: COLUMN

Trigger Queue Table Type: COLUMN

Source Data Pattern Analysis: true

Transmit Data in Compact Mode: false

Abbildung 2.14: Erweiterte Eigenschaften des SAP-HANA-Adapters

Die Liste der möglichen Quellsystemverbindungen wächst stetig, wobei nicht jeder Konnektor alle Funktionen unterstützt. Tabelle 2.1 soll diesbezüglich Klarheit schaffen.

Quellsystem	Remote-Tabelle	Remote-Zugriff	Snapshots	Real-Time-Replikation	Data Flow
Adverity*	Ja	Ja	Nein	Nein	Nein
Amazon Athena	Ja	Ja	Ja	Nein	Nein
Amazon Redshift	Ja	Ja	Ja	Nein	Ja
Amazon S3	Nein	Nein	Nein	Nein	Ja
Cloud Data Integration	Ja	Nein	Ja	Ja	Ja
Generic JDBC	Ja	Ja	Ja	Nein	Ja
Generic OData	Ja	Ja	Nein	Nein	Ja
Google Big Query	Ja	Ja	Ja	Nein	Nein
Google Cloud Storage	Nein	Nein	Nein	Nein	Ja
HDFS	Nein	Nein	Nein	Nein	Ja
Microsoft Azure Data Lake Store Gen1	Nein	Nein	Nein	Nein	Ja
Microsoft Azure Data Lake Store Gen2	Nein	Nein	Nein	Nein	Ja
Microsoft Azure SQL	Ja	Ja	Ja	Ja	Ja
Microsoft SQL Server	Ja	Ja	Ja	Ja	Ja
Oracle	Ja	Ja	Ja	Ja	Ja
Precog*	Ja	Ja	Nein	Nein	Nein
SAP ABAP	Ja	Ja	Ja	Ja	Ja
SAP BW	Ja	Ja	Ja	Standard-DataStore-Objekte	Nein

Quellsystem	Remote-Tabelle	Remote-Zugriff	Snapshots	Real-Time-Replikation	Data Flow
SAP ECC	Ja	Ja	Ja	Ja	Nein
SAP Fieldglass	Ja	Ja	Ja	Ja	Ja
SAP HANA On-Premises & Cloud	Ja	Ja	Ja	Ja	Ja
SAP Marketing Cloud	Ja	Ja	Ja	Ja	Ja
SAP Open Connectors**	Nein	Nein	Nein	Nein	Ja
SAP S/4HANA Cloud	Ja	Ja	Ja	Ja	Ja
SAP S/4HANA On-Premises	Ja	Ja	Ja	Ja	Ja
SAP Success Factors for Analytical Dashboards	Ja	Ja	Ja	Nein	Nein

Tabelle 2.1: Unterstützte Funktionen der Quellsysteme

* Adverity und Precog sind Drittanbieterwerkzeuge, welche die Daten direkt in ein Open-SQL-Schema schreiben. Diese Aktion wird aus der Partnerlösung gesteuert.

** Die SAP Open Connectors sind ein Service in der SAP Business Technology Platform (BTP, ehemals SAP Cloud Platform) und ermöglichen den Zugriff auf über 170 weitere Datenquellen. Sofern Sie ein Nutzungsrecht für die Open Connectors in der BTP besitzen, können Sie Ihren BTP-Account mit Data Warehouse Cloud koppeln und diese Konnektoren verwenden.

2.5 Datenbankbenutzer und externe Schnittstellen

Data-Warehouse-Systeme sind in den seltensten Fällen unabhängige Insellösungen, sondern sehr häufig eng mit anderen Applikationen und

Datenbeständen verzahnt. Für diese hohe Integration stehen in Data Warehouse Cloud Schnittstellen über spezielle Datenbankbenutzer zur Verfügung.

In diesem Bereich können Sie auch die Bibliotheken für maschinelles Lernen aus dem HANA-Cloud-Scriptserver aktivieren, um Data-Science-Projekte auf den vorhandenen Datenbeständen durchzuführen.

Sie können pro Space einen oder mehrere Datenbankbenutzer mit unterschiedlichen Berechtigungen anlegen (siehe Abbildung 2.15) und diese – je nach Berechtigung – auch zur Datenmodellierung mit anderen Werkzeugen einsetzen.

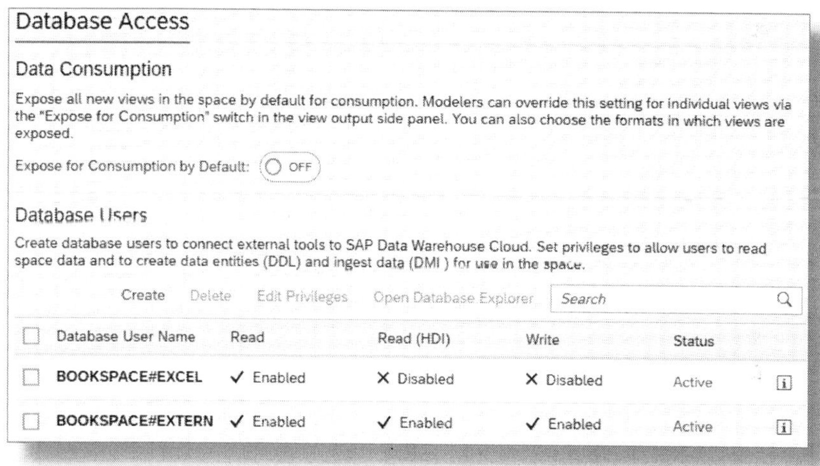

Abbildung 2.15: Datenbankbenutzer im Space

Mit dem Anlegen eines Datenbankbenutzers erzeugen Sie gleichzeitig ein SQL-Schema auf der HANA-Cloud-Datenbank. Dieses Schema wird auch als *Open-SQL-Schema* bezeichnet.

Aus der Übersicht der Datenbankbenutzer lässt sich direkt der *SAP-Datenbank-Explorer* (*DB-Explorer*) starten, indem Sie einen Benutzer mittels ☑ markieren und Open Database Explorer auswählen. Daraufhin öffnet sich der DB-Explorer und ermöglicht den Zugriff auf das Open-SQL-Schema sowie die exponierten Views aus dem Space-Schema.

Unabhängig davon können Sie oberhalb der Tabelle der Datenbankbenutzer per Schalter festlegen, ob alle neu angelegten Datenmodelle in diesem Space automatisch als konsumierbar (EXPOSE FOR CONSUMPTION BY DEFAULT) gekennzeichnet werden sollen oder nicht.

Den Effekt Ihrer Wahl sehen Sie im Data Builder. Wenn Sie dort beispielsweise einen neuen View anlegen (siehe Abbildung 2.16), dann ist die Funktion EXPOSE FOR CONSUMPTION automatisch ein- bzw. ausgeschaltet. Ist diese Funktion aktiv, werden konsumierende Zugriffe von SAP Analytics Cloud oder von externen Analysewerkzeugen erlaubt. Steht der Schalter auf OFF, dann ist der Zugriff auf diesen View mit Analysewerkzeugen nicht möglich. Diese Einstellung ist jederzeit änderbar.

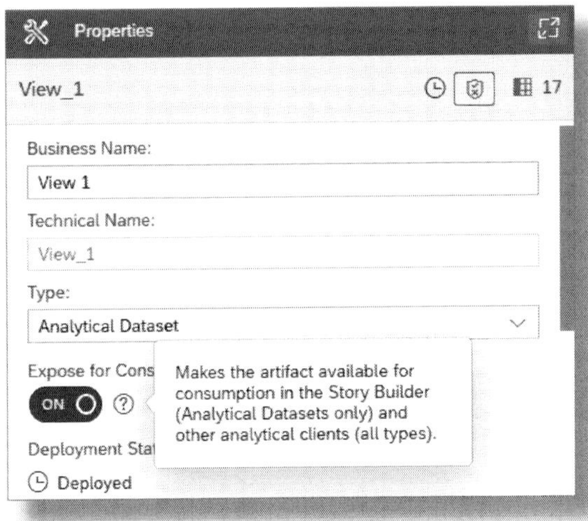

Abbildung 2.16: Datenzugriff mit analytischen Werkzeugen

2.5.1 Lesezugriff auf das Space-Schema

Einige Anwender möchten den Datenzugriff mit Werkzeugen anderer Software-Hersteller vornehmen. Durch die Erzeugung eines Datenbankbenutzers im Space können Sie über eine SQL-basierte Schnittstelle für diese Werkzeuge die Konsumierung der Daten in Data Warehouse Cloud ermöglichen.

Navigieren Sie hierzu über SPACE MANAGEMENT in den Bereich des Datenbankzugriffs (DATABASE ACCESS) und dort zu den Datenbankbenutzern (DATABASE USERS) (siehe Abbildung 2.15). Wählen Sie CREATE (erstellen), um einen neuen Benutzer zu erzeugen. Vergeben Sie einen Namen und weisen Sie dem Benutzer Berechtigungen zu.

Der Name hat eine maximale Länge von 31 Zeichen und kann im Nachhinein nicht mehr verändert werden. Als Präfix wird automatisch der Name des Space vorangestellt, sodass sich der Benutzername wie folgt zusammensetzt:

```
<Name des Space>#<Name des Schemas>
```

Der in Abbildung 2.17 beispielhaft gezeigte Benutzer *BOOKSPACE#EXCEL* darf lesend auf die Daten des Space-Schemas zugreifen.

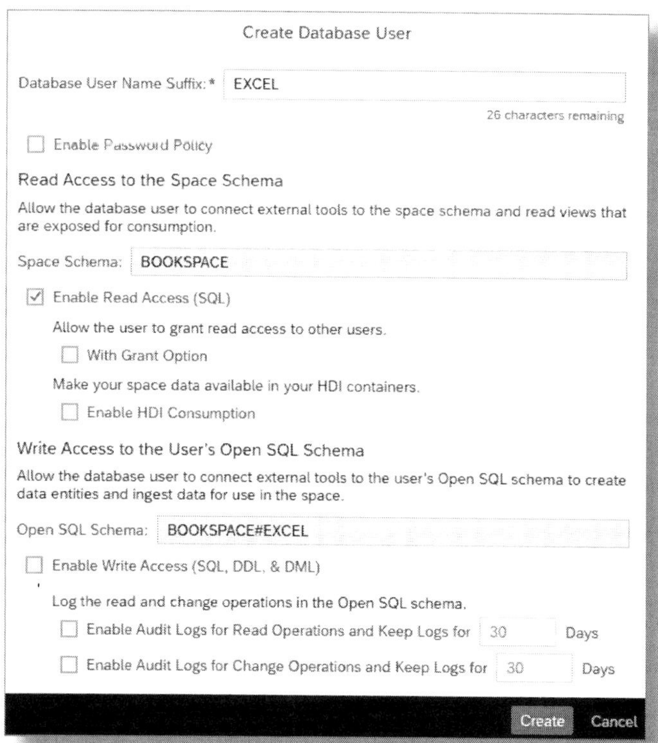

Abbildung 2.17: Datenbankbenutzer erstellen

In diesem Dialogschritt können Sie auch festlegen, ob dieser Datenbankbenutzer der Kennwortrichtlinie (PASSWORD POLICY) folgen soll. Mehr dazu erfahren Sie in Abschnitt 6.4.

Nachdem Sie einen Namen eingegeben haben, werden Ihnen im nächsten Dialogschritt die Verbindungsdaten (siehe Abbildung 2.18) für Ihr externes Werkzeug ausgegeben: HOST NAME, PORT, USER NAME und PASSWORD.

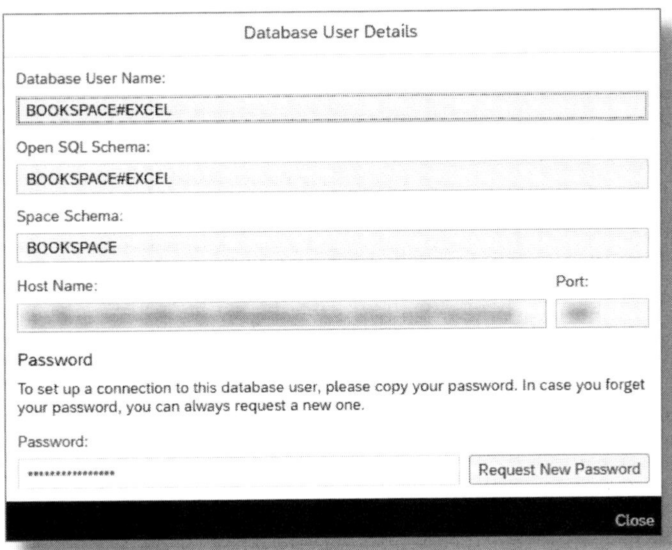

Abbildung 2.18: Space-Schema – Benutzerdetails

Mit diesen Verbindungsdaten schließen Sie jetzt Ihr externes Werkzeug über eine sichere Verbindung an den Space an und erhalten Zugriff auf die freigegebenen Daten. Damit diese Verbindung funktioniert, benötigen Sie für Ihr Werkzeug häufig noch einen zuvor installierten ODBC-Treiber, beispielsweise, wenn Sie Microsoft Excel anschließen möchten.

2.5.2 Schreibzugriff auf das Open-SQL-Schema

Neben dem Zugriff auf vorhandene Daten ist die Datenbeladung und -modellierung (*SQL Data Definition Language (DDL)* und *Data Manipulation Language (DML)*) mittels externer Werkzeuge sehr wichtig. Zuvor haben Sie gelernt, dass Daten und Datenmodelle in einem Space-Schema »leben«, in dem sie mit den Editoren und Werkzeugen von Data Warehouse Cloud verwaltet werden.

Wozu also noch eine weitere Möglichkeit, Daten ins System zu laden oder zu modellieren?

Speziell die Zielgruppen Entwickler oder Data Scientists sind es gewohnt, mit ihren lieb gewonnenen Werkzeugen zu arbeiten und ein Data Warehouse aufzubauen. Das können unterschiedliche Werkzeuge für vielfältige Zwecke sein:

- Datenintegration, also das Extrahieren, Transformieren und Laden von Daten (auch als »ETL« bezeichnet)
- Datenmodellierung
- SQL-Programmierung
- Data-Science-Werkzeuge (z. B. Jupyter Notebook)
- Etc.

Aus Sicherheitsgründen finden die Operationen dieser externen Werkzeuge in einem getrennten Schema (dem Open-SQL-Schema) und nicht im Space-Schema statt. Damit soll nicht nur Datensicherheit, sondern auch die Konsistenz der Daten und Datenmodelle im Space-Schema sichergestellt werden.

Mit dem Anlegen des Datenbankbenutzers erhalten Sie gleichzeitig ein Open-SQL-Schema. Dort können externe Werkzeuge der SAP, aber auch anderer Anbieter sicher konnektieren, Datenmodellierungen und -beladungen sowie SQL-Operationen (DDL und DML) vorgenommen werden, ohne die Stabilität der Modelle im Space-Schema zu beeinträchtigen. In Abbildung 2.19 ist der Zusammenhang zwischen einem Space-Schema und den Open-SQL-Schemata dargestellt.

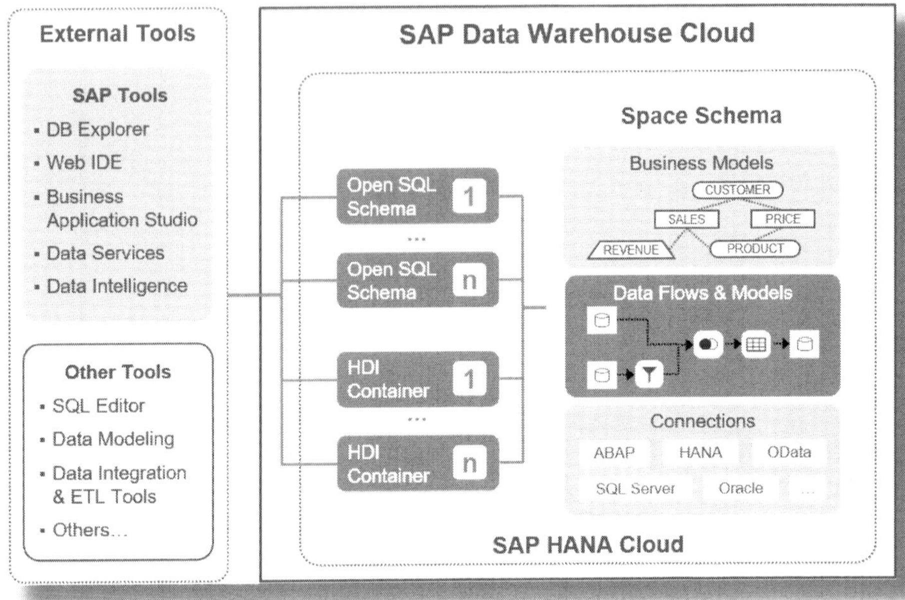

Abbildung 2.19: HDI-Container, Space- und Open-SQL-Schema

Beispiel zur Nutzung von ETL-Werkzeugen

Sie haben mit einem Datenintegrationswerkzeug bereits einen Datenfluss aufgebaut, den Sie nun auch in SAP Data Warehouse Cloud verwenden möchten. Dafür tauschen Sie einfach das Zielsystem in Ihrem Datenfluss aus. Damit ersparen Sie sich Migrationsaufwand, denn Sie müssen nicht den kompletten Datenfluss erneut mit den Werkzeugen in Data Warehouse Cloud nachbilden, sondern können direkt wiederverwenden, was Sie bereits aufgebaut haben. Im Open-SQL-Schema können Sie anschließend auch weitere Datenmodellierungen vornehmen.

Um einen neuen Datenbankbenutzer zu erzeugen und ein Open-SQL-Schema anzulegen, wählen Sie CREATE (siehe Abbildung 2.15), und für die Berechtigung zum Schreiben aktivieren Sie das Feld ENABLE WRITE

ACCESS (siehe Abbildung 2.20). Vergeben Sie einen Namen, hier *BOOKSPACE#EXTERN*.

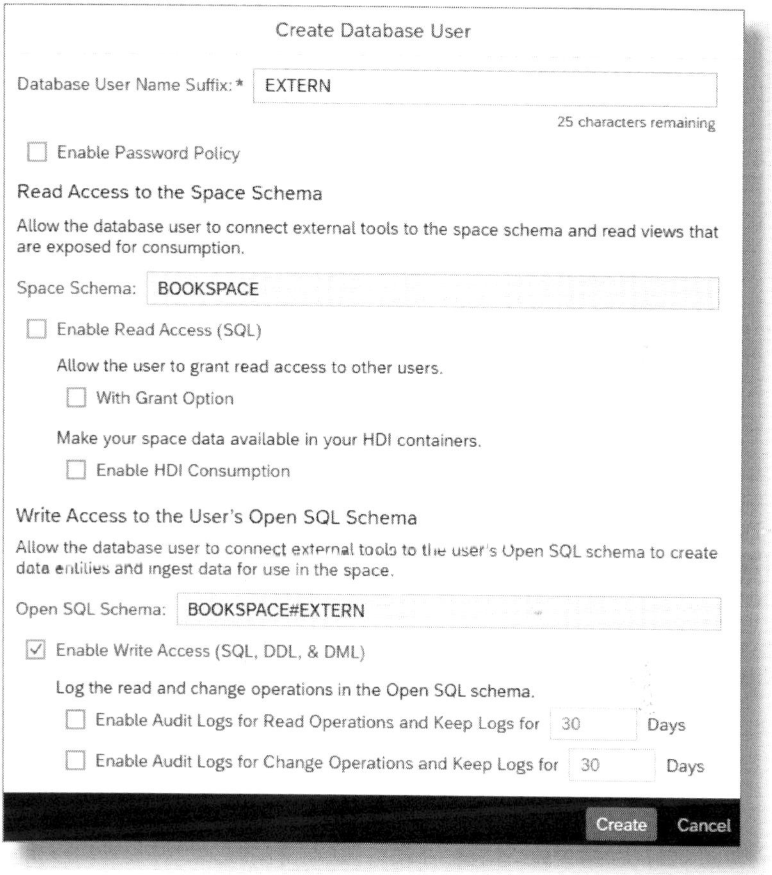

Abbildung 2.20: Open-SQL-Schema

Direkt unter ENABLE WRITE ACCESS sehen Sie zwei weitere Kontrollkästchen, die Sie auch später noch jederzeit ein- oder ausschalten können. Pro Open-SQL-Schema können Sie darüber steuern, ob Sie Lese- oder Änderungsoperationen in diesem Schema über eine Auditierungsfunktion protokollieren lassen wollen (mehr dazu folgt in Abschnitt 2.7.1).

Nachdem Sie einen Namen und die Berechtigungen vergeben haben, erhalten Sie im nächsten Dialogschritt die Verbindungsdaten (siehe Abbildung 2.18) für Ihr externes Werkzeug: HOST NAME, PORT, USER NAME und PASSWORD.

In Abbildung 3.105 sehen Sie darüber hinaus, dass Sie die im Open-SQL-Schema erzeugten Objekte direkt in der Datenmodellierung im Data Builder verwenden können. Dabei ist es unerheblich, ob die Objekte über Quellsystemverbindungen oder über ein Open-SQL-Schema zur Verfügung stehen. Das Thema »Datenmodellierung mit externen Werkzeugen im Open-SQL-Schema« wird in Abschnitt 3.9 ausführlicher erläutert.

2.5.3 HDI-Container

Sie können über Data Warehouse Cloud auf Container der *HANA Deployment Infrastructure* (*HDI*) zugreifen und diese Daten im Data Builder verwenden. HDI-Container spielen besonders bei hybriden Einsatzszenarien von Data Warehouse Cloud und SQL-basierten Data Warehouses mit SAP HANA 2.0 oder HANA Cloud eine wesentliche Rolle.

Im Prinzip stellt ein Space für sich genommen bereits einen Container dar. Weshalb sollte also ein HDI-Container innerhalb eines Space notwendig sein?

Die Antwort ist einfach: Viele Kunden setzen bereits HDI-Container ein und möchten die in diesen Container implementierten Datenmodelle auf einfachem Weg auch mit Data Warehouse Cloud nutzen.

Was ist ein HDI-Container?

Die HANA Deployment Infrastructure stellt einen Service bereit, der Datenbankobjekte in Containern erzeugen kann, den *HDI-Container*. Der Service beinhaltet Design-Time-Artefakte für SAP-HANA-Datenbankfunktionen, welche den Zielzustand der Runtime-Objekte in konsistenter Form beschreiben (z. B. Tabellen, Views, Prozeduren). Diese konsistente Form wird während des sogenannten Build-Prozesses in der HANA-Datenbank implementiert. Der Service steht auf SAP HANA Cloud oder SAP HANA 2.0 bereit.

Weitere Informationen finden Sie in der SAP-Hilfe unter dem Suchbegriff »SAP HANA Deployment Infrastructure in the Cloud«.

Unter SPACE MANAGEMENT können Sie den Zugriff auf HDI-Container ermöglichen (siehe Abbildung 2.21).

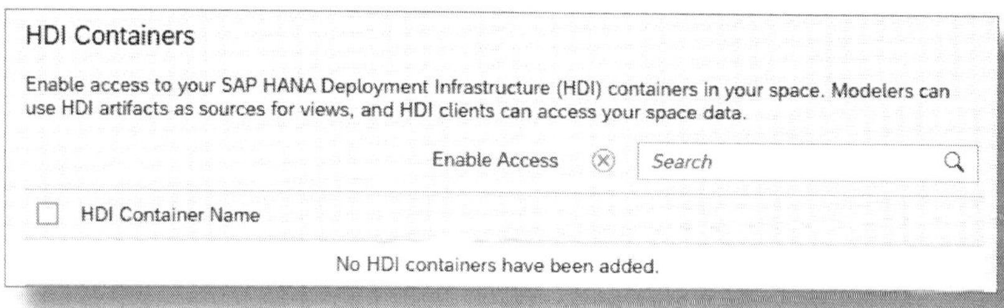

Abbildung 2.21: HDI-Container im Space registrieren

Damit Ihr Data Warehouse Cloud Tenant zu Ihrem SAP-Cloud-Foundry-Benutzer (Global Account) zugeordnet werden kann, müssen Sie über *https://launchpad.support.sap.com/* ein Supportticket öffnen.

Folgende Informationen werden im Ticket benötigt:

- Tenant-ID des Data-Warehouse-Cloud-Systems (Sie finden diese im Menü unter About, siehe Abbildung 1.9)
- ID der Organisation der SAP Business Technology Platform, in der sich Ihre HDI-Container befinden
- ID des SAP Business Technology Platform Space, der zur Organisation der SAP Business Technology Platform gehört

! Space-Auditierung und HDI-Container

Die Auditeinstellungen auf Space-Ebene werden auch auf die Modelle Ihres HDI-Containers angewandt.

Doch Achtung: Spätere Änderungen an den Auditeinstellungen werden nicht automatisch für den HDI-Container vorgenommen!

Sollen die neuen Einstellungen ebenso für Ihren vorhandenen HDI-Container gelten, dann müssen Sie die Zuordnung dieses HDI-Containers aufheben und ihn nach der Änderung der Auditeinstellungen erneut zuordnen. Bestehende Modelle auf der Basis Ihrer HDI-Modelle werden verfügbar, sobald der HDI-Container wieder Ihrem Space zuwiesen ist.

Zukünftig ist geplant, diesen ticketbasierten Prozess direkt durch einen Self-Service-Dialog in der Software abzulösen.

Anschließend können Sie über die +-Schaltfläche Ihrem Space die verfügbaren HDI-Container zuweisen (siehe Abbildung 2.22). Während ein HDI-Container einem Space nur einmal zugeordnet werden kann, lassen sich einem Space mehrere HDI-Container zuordnen.

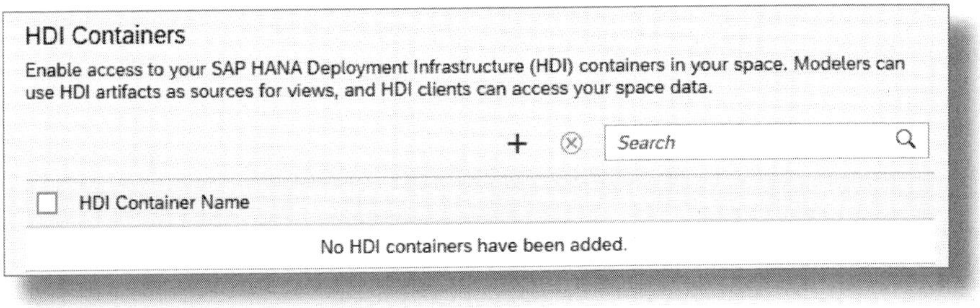

Abbildung 2.22: HDI-Container auswählen

Wenn Ihnen keine HDI-Container angezeigt werden, kann das mehrere Gründe haben:

- Das Supportticket ist noch nicht erstellt bzw. umgesetzt.
- Es sind keine HDI-Container vorhanden.
- Ihr HDI-Container enthält nicht die erforderlichen Rollen.

Folgende Rollen werden in einem HDI-Container benötigt:

- DWC_CONSUMPTION_ROLE –
  um z. B. die erforderlichen Tabellen auszuwählen,
- DWC_CONSUMPTION_ROLE# –
  diese Rolle besitzt zwar dieselben Berechtigungen wie die Rolle DWC_CONSUMPTION_ROLE, kann jedoch darüber hinaus weitere Berechtigungen erteilen.

Nach erfolgreicher Zuordnung lassen sich die Artefakte aus dem HDI-Container in Ihren Modellen weiterverwenden. Im Data Builder werden nun neben der Quellsystemverbindung und dem Open-SQL-Schema auch HDI-Container angezeigt.

Umgekehrt können Sie ebenfalls erlauben, aus dem HDI-Container auf exponierte Modelle und Daten aus Ihrem Space-Schema zuzugreifen. Dafür müssen Sie beim Datenbankbenutzer die HDI-Consumption gestatten (siehe Abbildung 2.23).

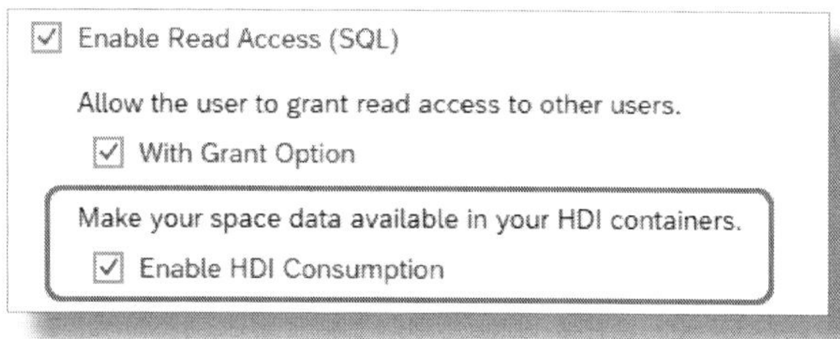

Abbildung 2.23: HDI-Zugriff erlauben

2.5.4 HANA Cloud Scriptserver aktivieren

Aktivieren Sie für Ihr Data-Warehouse-Cloud-System den *HANA Cloud Scriptserver*, um damit Funktionen aus den Bibliotheken für maschinelles Lernen (Automated Predictive Library (APL) und Predictive Analysis Library (PAL)) auszuführen.

Dies ist insbesondere bei Anwendungsfällen rund um Data-Science-Projekte interessant, denn HANA Cloud bietet die beiden genannten Bibliotheken integriert an. Hier können Sie den DB-Explorer oder das bei Data Scientists populäre *Jupyter Notebook* als externes Werkzeug verwenden.

Um diese Bibliotheken in Ihrem Space einsetzen zu können, müssen Sie zunächst ein Ticket erstellen. Daraufhin werden die APL- und PAL-Bibliothek für Sie eingerichtet.

Sobald der Scriptserver in Ihrem Tenant nutzbar ist, wird Ihnen bei den Berechtigungen der Datenbankbenutzer eine zusätzliche Option angezeigt (siehe Abbildung 2.24).

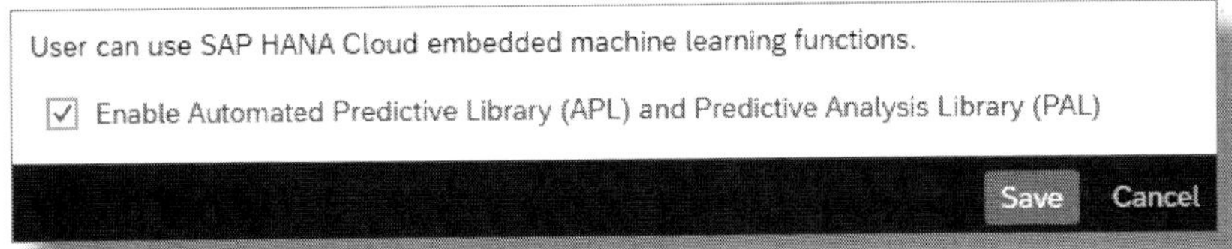

Abbildung 2.24: Bibliotheken aktivieren

Sie können für jeden Datenbankbenutzer explizit entscheiden, ob die beiden Bibliotheken verwendet werden dürfen.

Eine Anleitung zum Erstellen eines SAP-Tickets und zum Aktivieren der Bibliotheken für maschinelles Lernen finden Sie im SAP-Hinweis 2994416.

2.6 Zeitdaten

Sehr viele Datensätze beinhalten Zeitstempel oder ein Datum. Davon können allgemeine Zeitattribute wie z. B. ein Quartal, ein Monat oder ein Jahr sehr einfach abgeleitet werden.

Wie in Abbildung 2.25 dargestellt, lässt sich in einem Space eine komplette Zeitdimensionstabelle erzeugen (**eine** pro Space), die Sie Ihren Modellen im Data Builder als Zeitdimensionen hinzufügen und entsprechend in Berichten und Dashboards einsetzen können – auch als Zeithierarchie.

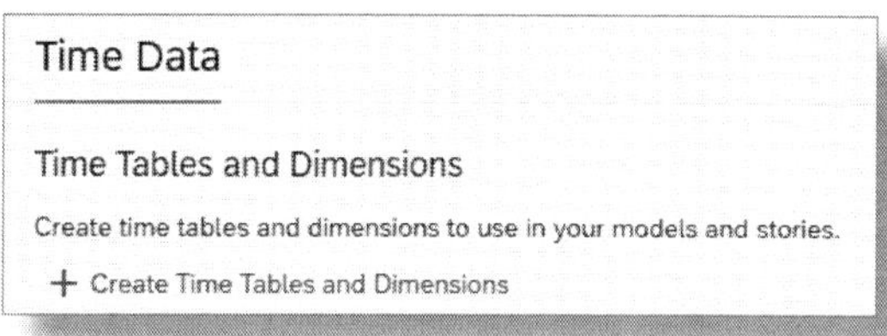

Abbildung 2.25: Zeitdimension im Space erstellen

Das Erstellen der Zeitdatentabelle und ihrer Dimensionen (siehe Abbildung 2.26 und Abbildung 2.27) wird von verschiedenen Parametern beeinflusst:

- Business-Namen der Zeitdatentabelle, der vier Zeitdimensionen (Jahr, Quartal, Monat, Tag) sowie der Übersetzungstabellen
- Auswahl eines Zeitraums in Jahren – der vorbelegte Standardwert ist 1900 bis 2050

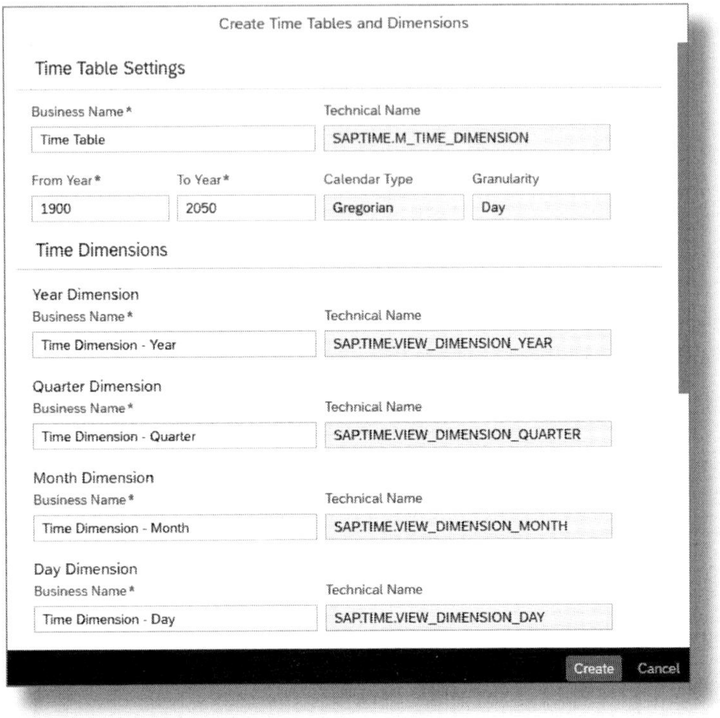

Create Time Tables and Dimensions

Time Table Settings

Business Name* Time Table
Technical Name SAP.TIME.M_TIME_DIMENSION
From Year* 1900
To Year* 2050
Calendar Type Gregorian
Granularity Day

Time Dimensions

Year Dimension
Business Name* Time Dimension - Year
Technical Name SAP.TIME.VIEW_DIMENSION_YEAR

Quarter Dimension
Business Name* Time Dimension - Quarter
Technical Name SAP.TIME.VIEW_DIMENSION_QUARTER

Month Dimension
Business Name* Time Dimension - Month
Technical Name SAP.TIME.VIEW_DIMENSION_MONTH

Day Dimension
Business Name* Time Dimension - Day
Technical Name SAP.TIME.VIEW_DIMENSION_DAY

Create Cancel

Abbildung 2.26: Erstellen der Zeitdaten (1)

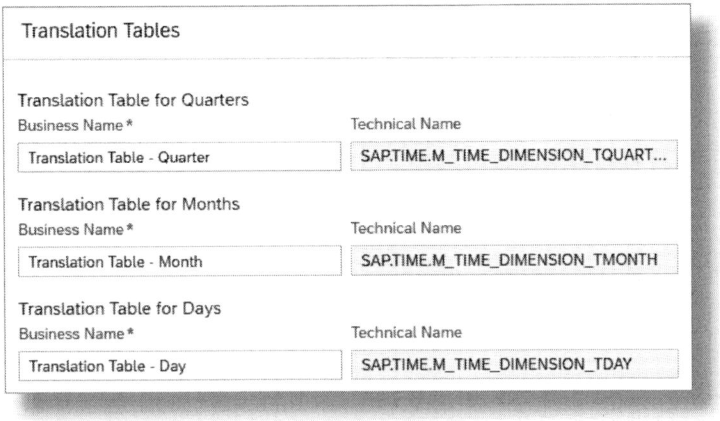

Translation Tables

Translation Table for Quarters
Business Name* Translation Table - Quarter
Technical Name SAP.TIME.M_TIME_DIMENSION_TQUART...

Translation Table for Months
Business Name* Translation Table - Month
Technical Name SAP.TIME.M_TIME_DIMENSION_TMONTH

Translation Table for Days
Business Name* Translation Table - Day
Technical Name SAP.TIME.M_TIME_DIMENSION_TDAY

Abbildung 2.27: Erstellen der Zeitdaten (2)

Die technischen Namen sind vordefiniert und werden automatisch zugewiesen. Sie können nicht verändert werden. Wählen Sie CREATE, um eine neue oder aktualisierte Zeitdimensionstabelle zu erzeugen.

Jetzt wird die Tabelle in der Datenbank angelegt und mit den Zeitdaten gefüllt. Nach erfolgreicher Erstellung sehen Sie im Space den Eintrag unter TIME DATA (Zeitdaten) (siehe Abbildung 2.28) sowie die erstellten Tabellen und Views im Data Builder (siehe Abbildung 2.29).

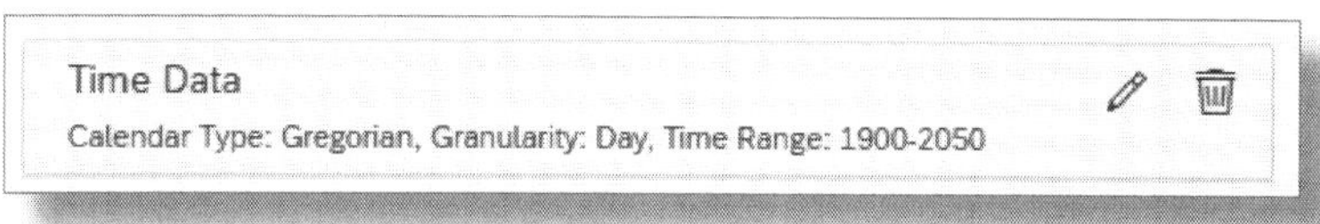

Abbildung 2.28: Zeitdatentabelle im Space

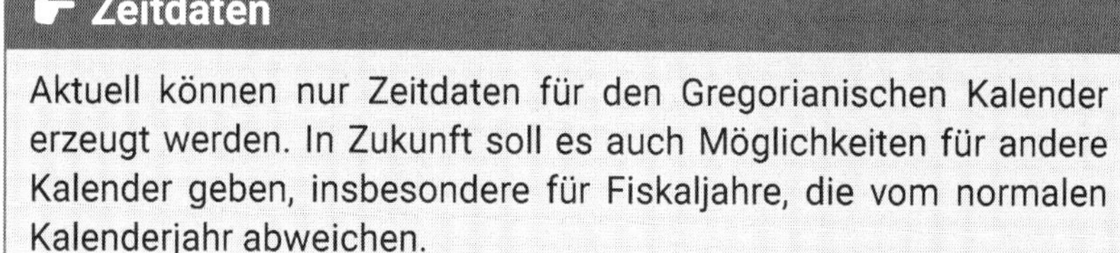

Business Name	Technical Name	Type
Time Dimension - Day	SAP.TIME.VIEW_DIMENSION_DAY	View (Dimension)
Time Dimension - Year	SAP.TIME.VIEW_DIMENSION_YEAR	View (Dimension)
Time Dimension - Month	SAP.TIME.VIEW_DIMENSION_MONTH	View (Dimension)
Time Dimension - Quarter	SAP.TIME.VIEW_DIMENSION_QUARTER	View (Dimension)
Translation Table - Day	SAP.TIME.M_TIME_DIMENSION_TDAY	Local Table (Text)
Translation Table - Month	SAP.TIME.M_TIME_DIMENSION_TMONTH	Local Table (Text)
Translation Table - Quarter	SAP.TIME.M_TIME_DIMENSION_TQUARTER	Local Table (Text)
Time Table	SAP.TIME.M_TIME_DIMENSION	Local Table (Rel...

Abbildung 2.29: Erzeugte Tabellen und Views im Data Builder

Zeitdaten

Aktuell können nur Zeitdaten für den Gregorianischen Kalender erzeugt werden. In Zukunft soll es auch Möglichkeiten für andere Kalender geben, insbesondere für Fiskaljahre, die vom normalen Kalenderjahr abweichen.

2.7 Space-Auditierung und -Monitoring

2.7.1 Space-Auditierung

Für jeden Space können Sie steuern (siehe Abbildung 2.30), ob Sie Lese- oder Änderungsoperationen im Space-Schema über eine Auditierungsfunktion protokollieren lassen wollen. Die Aufbewahrungszeit der protokollierten Informationen kann von mindestens sieben bis maximal 10.000 Tagen reichen.

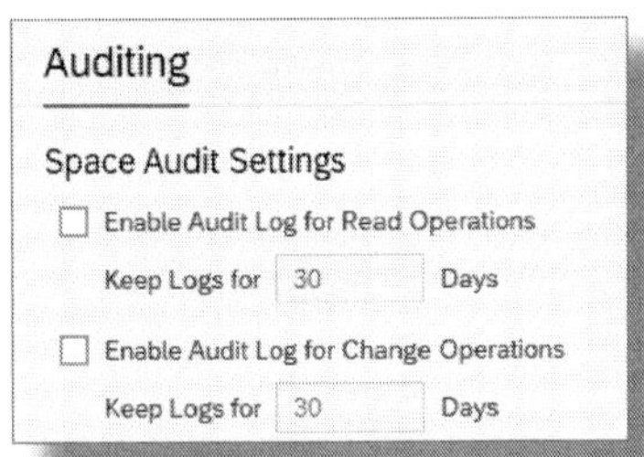

Abbildung 2.30: Space-Auditierungseinstellungen

Im Administrationsbereich des Systems, zu erreichen über ADMINISTRATION • AUDITING, legen Sie darüber hinaus fest, über welchen Space diese Informationen zugänglich sein sollen. Sobald Sie diese Zuordnung vorgenommen haben, sehen Sie im DATA BUILDER die Möglichkeit, auf diese Log-Daten zuzugreifen (siehe Abbildung 2.31). Die Auditierungseinstellung eines Open-SQL-Schemas können Sie direkt bei dem jeweiligen Schema vornehmen (siehe Abschnitt 2.5).

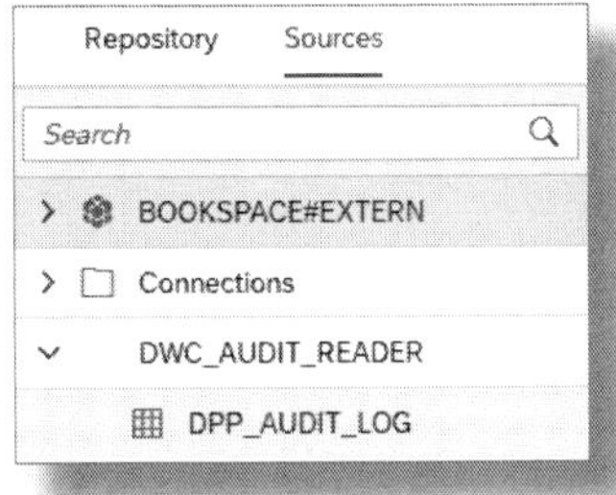

Abbildung 2.31: Zugriff auf Log-Daten im Data Builder

Space-Monitoring

Zum Space-Monitoring gelangen Sie über den Schalter MONITOR in den allgemeinen Space-Einstellungen oder indem Sie in der Space-Übersicht auf der jeweiligen Kachel den Punkt MONITOR SPACE (überwachen) wählen.

Sie können verschiedene Filtereinstellungen nach Tabellentyp und Schema auswählen (siehe Abbildung 2.32), die beliebig kombinierbar sind.

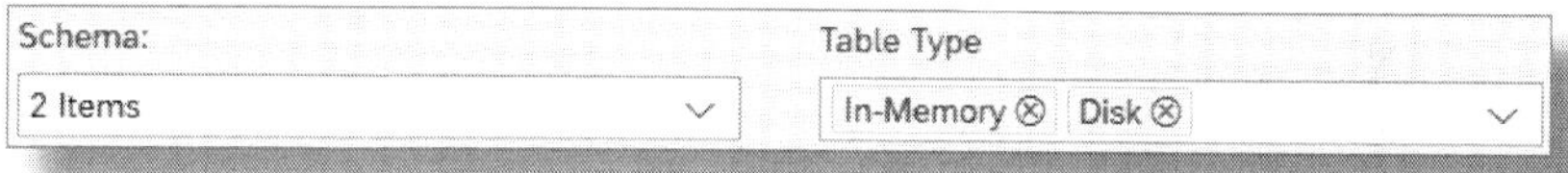

Abbildung 2.32: Space-Monitoring – Filtereinstellungen

Die erste Grafik stellt den Speicherverbrauch pro Schema dar (siehe Abbildung 2.33). In diesem Beispiel ist ein Open-SQL-Schema (BOOKSPACE#EXTERN) mit Daten vorhanden, der zweite Anteil entfällt auf die Daten des Space-Schemas (BOOKSPACE).

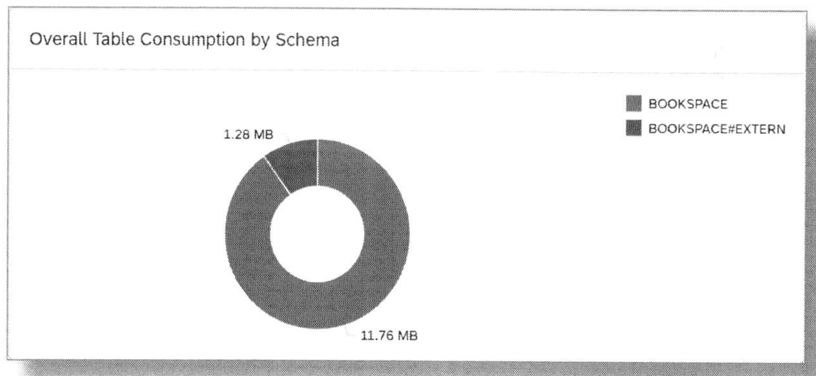

Abbildung 2.33: Speicherverbrauch pro Schema

Rechts daneben finden Sie eine Balkengrafik (siehe Abbildung 2.34) mit der Aufsplittung nach Tabellentyp (In-Memory oder Disk) und deren jeweiligen Speicherverbrauch im gesamten Space.

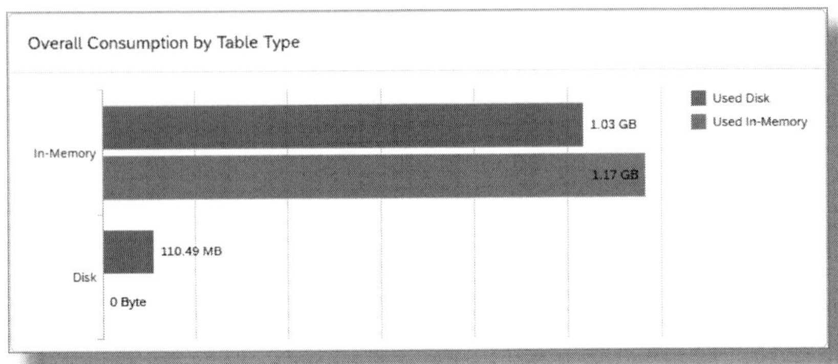

Abbildung 2.34: Speicherverbrauch pro Tabellentyp

Unterhalb wird Ihnen detailliert der Speicherverbrauch pro Tabelle ausgegeben (siehe Abbildung 2.35). Sollten Sie viele Tabellen im Space angelegt haben, können Sie die Grafik auch über das Icon ⛶ maximieren oder über die beiden Lupen verkleinern 🔍 bzw. vergrößern 🔍. Das Symbol ☰ blendet je nach Bedarf die Legende ein oder aus.

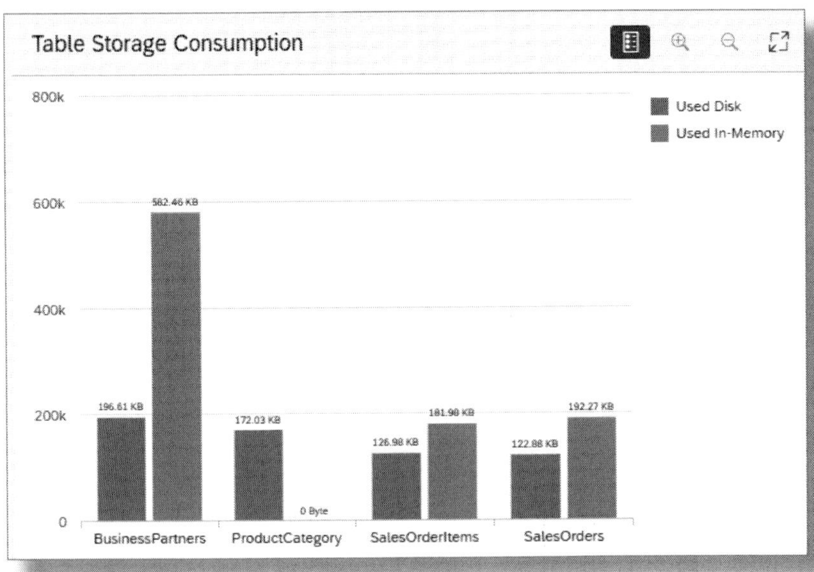

Abbildung 2.35: Speicherverbrauch pro Tabelle

Etwas kompakter sehen Sie dieselben Daten inklusive der Anzahl der Datensätze (Spalte: RECORD COUNT) in tabellarischer Darstellung im unteren Bereich des Space-Monitorings (siehe Abbildung 2.36). Bei vielen Tabelleneinträgen ist die Suchfunktion sehr hilfreich, da sie die Ergebnismenge dynamisch eingrenzt. Durch Zurücksetzen der Tabelle über das Icon erhalten Sie recht einfach wieder eine Auflistung aller Einträge.

Table Details

Business Name	Schema	Table Type	Record Count	Used Disk	Used In-Memory
ProductCategory	[illegible]	Disk	9	172.03 KB	0 Byte
SalesOrderItems	[illegible]	In-Memory	2,567	126.98 KB	181.98 KB
BusinessPartners	[illegible]	In-Memory	0	12.29 KB	101.38 KB
BusinessPartners	[illegible]	In-Memory	40	196.61 KB	582.46 KB
SalesOrders	[illegible]	In-Memory	450	122.88 KB	192.27 KB

Abbildung 2.36: Speicherverbrauch in tabellarischer Übersicht

Falls Sie die komplette Monitoring Ansicht auffrischen wollen, drücken Sie das AKTUALISIEREN-Icon am oberen Bildschirmrand.

3 Datenmodellierung im Data Builder

Neben dem Datenmanagement spielt die Datenmodellierung in einem Data-Warehouse-System eine zentrale Rolle. Ein Datenmodell definiert die Struktur der Datenbasis und bildet dabei möglichst genau die realen Benutzeranforderungen ab. Dieses Modell besteht aus verschiedenen Datenobjekttypen sowie deren Beziehungen untereinander [1].

In einer idealisierten Umgebung wäre Modellierung eine leichte Aufgabe: Ein Anwendungsentwickler könnte einfach alle benötigten Details in ein Datenmodell überführen und dieses den Anwendern bereitstellen – fertig. In der Realität bewegt man sich allerdings stets im Spannungsfeld zwischen den gewünschten Anforderungen und ihrer technischen Machbarkeit. Somit muss immer ein Kompromiss zwischen diesen Dimensionen gesucht und bestmöglich umgesetzt werden. Je mehr Informationen und Details etwa in ein Modell aufgenommen werden, desto schwieriger wird es, geforderte Antwortzeiten zu erreichen. Außerdem macht die daraus resultierende Komplexität das Datenmodell immer unübersichtlicher und erschwert eine flexible Nutzung sowie eine effiziente Wartung des Systems [2]. In-Memory-Technologien wie SAP HANA reduzieren diese Problematik erheblich, doch bleibt die Aufgabe der Datenmodellierung weiterhin eine wichtige und anspruchsvolle Tätigkeit.

In SAP Data Warehouse Cloud sind der **Data Builder** und der **Business Layer** die zentralen Bereiche zur physischen bzw. semantischen Datenmodellierung. Beide stellen entsprechende Editoren zur Verfügung, um die gewünschten Modelle abzubilden.

In diesem Kapitel lernen Sie zunächst den Data Builder mit seinen Editoren und Funktionalitäten kennen. Der Business Layer wird anschließend genauer in Kapitel 4 vorgestellt.

3.1 Data Builder im Überblick

Mit einem Klick auf das Symbol **Data Builder** im Hauptmenü (siehe linke Seite in Abbildung 1.2) finden Sie den Einstieg zum Data Builder. Sofern Sie zuvor noch keinen Space selektiert hatten, erhalten Sie zunächst eine Übersicht aller Ihnen zur Verfügung stehenden Spaces des Systems (siehe Abbildung 3.1). Das heißt, Sie sehen alle Spaces, denen Sie als Benutzer zugeordnet sind, und können einen Space auswählen, mit dem Sie weiterarbeiten möchten.

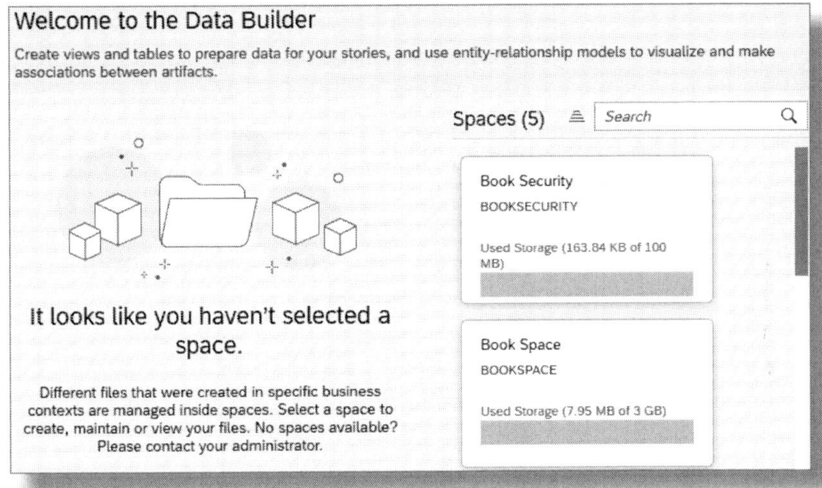

Abbildung 3.1: Auswahl eines Space im Data Builder

Haben Sie zuvor bereits einen Space ausgewählt, z. B. im SPACE MANAGEMENT, dann führt Sie das System direkt zur Objektübersicht für alle Objekte dieses Space im Data Builder (siehe Abbildung 3.2).

Im oberen Bereich sehen Sie die Kacheln aller Objekt-Editoren im Data Builder:

- Tabellen-Editor
- Grafischer View-Editor

- SQL-View-Editor
- Entity-Relationship-Editor
- Data-Flow-Editor

Diese Editoren werden in den nachfolgenden Abschnitten genauer vorgestellt.

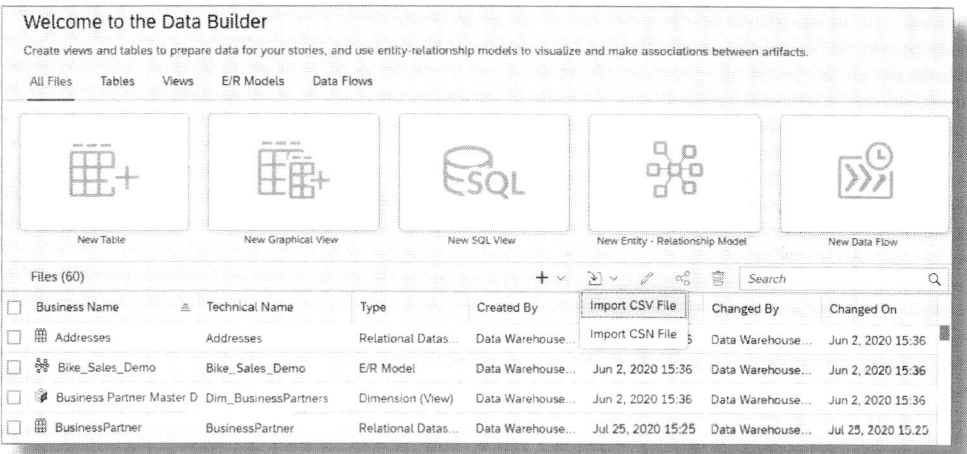

Abbildung 3.2: Objektübersicht im Data Builder

Unterhalb davon weist eine Tabelle alle in diesem Space vorhandenen Objekte aus. Sollten sich viele Objekte in einem Space befinden, ist die Suchfunktion direkt über der Tabelle sehr hilfreich, um den Tabelleninhalt einzuschränken und schnell die Objekte zu finden, die für Sie gerade von Interesse sind.

Sie können die einzelnen Spalten auf- und absteigend sortieren sowie Inhalte innerhalb dieser Spalten weiter filtern. Die Reihenfolge der Spalten lässt sich per Drag-and-drop beliebig anordnen.

Neben der Suchfunktion finden Sie einige Symbole sowie die Gesamtanzahl der Objekte (in Abbildung 3.2 sind es 60 Objekte) innerhalb der ausgegebenen Liste.

+ Erstellen neuer Objekte

Import von CSN- oder CSV-Dateien

Editieren der mit markierten Objekte

Freigeben von markierten Objekten für andere Spaces

Löschen von markierten Objekten

3.2 Tabellen-Editor

Der Tabellen-Editor erzeugt und verwaltet Tabellen innerhalb des Data Builder. Diese Tabellen sind dann in der weiteren Modellierung von Views einsetzbar.

3.2.1 Relationale Tabelle erstellen

Über die Kachel NEW TABLE erstellen Sie in der Data-Builder-Übersicht eine neue Tabelle. Im Tabellen-Editor werden Sie jetzt aufgefordert, verschiedene Felder auszufüllen oder die Standardeinstellungen zu übernehmen. Geben Sie in den allgemeinen Einstellungen zunächst eine Beschreibung (BUSINESS NAME) und einen technischen Namen an (siehe Abbildung 3.3), wobei für Letzteren maximal 30 Zeichen erlaubt sind.

Im Auswahlfeld für die semantische Verwendung (SEMANTIC USAGE) können Sie festlegen, ob es sich um ein *relationales Datenset*, eine *Dimension*, eine *Texttabelle* oder ein *analytisches Datenset* handelt. Die Voreinstellung ist das relationale Datenset, das einer normalen, relationalen Tabelle entspricht.

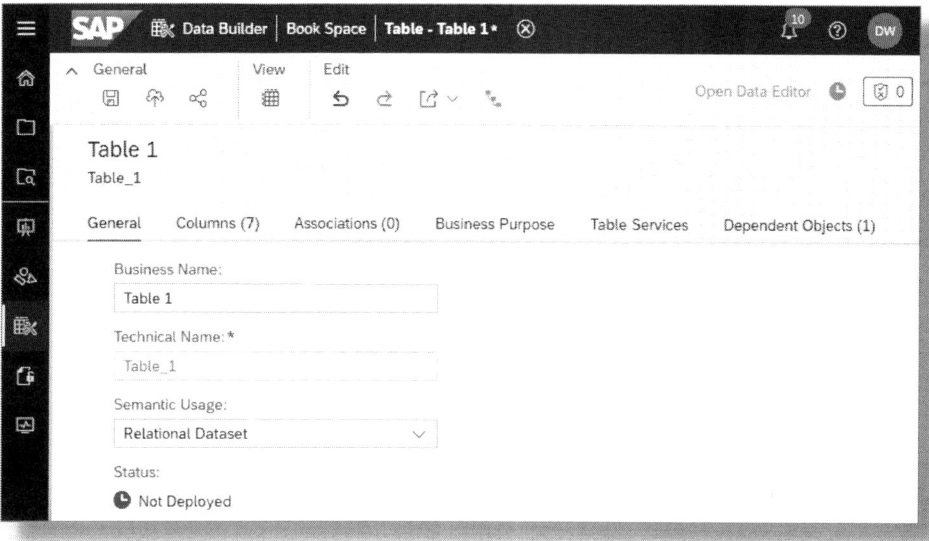

Abbildung 3.3: Allgemeine Einstellungen einer Tabelle

Dimensionen sind für Stammdaten gedacht; bei diesem Typ können Sie auch Hierarchien definieren. Ein analytisches Datenset wird direkt im Story Builder für Berichte verwendet und muss dafür auch Kennzahlen enthalten. Bei Dimensionen und analytischen Datensets lassen sich darüber hinaus semantische Annotationen definieren (siehe mehr dazu in Abschnitt 3.2.2). Texttabellen enthalten Beschreibungen, die in mehreren Sprachen vorliegen können.

Der DEPLOYMENT STATUS zeigt Ihnen an, ob Sie Ihre Tabelleneinstellungen nur gesichert oder auch implementiert haben. Nach der Erstellung einer Tabelle können Sie diese über 🖫 sichern; damit wird sie im lokalen Metadaten-Repository gespeichert. Um die Daten dieser Tabelle auszuwerten oder sie in anderen Modellen weiterzuverwenden, muss die Tabelle aber auch implementiert ⇪ (deployed) werden. Dadurch wird sie in der Datenbank erzeugt und kann anschließend von anderen Editoren genutzt werden. Um einen Schritt einzusparen, können Sie auch direkt implementieren, dies schließt das vorgelagerte Speichern automatisch ein.

Es gibt unterschiedliche Status für das Deployment:

- NOT DEPLOYED – nicht gespeichert und nicht implementiert
- DEPLOYED – gespeichert und implementiert
- LOCAL UPDATES – lokale Aktualisierungen, die gespeichert, aber nicht implementiert sind

Jetzt beginnt der spannende Teil, in dem die einzelnen Spalten (COLUMNS) einer Tabelle definiert werden (siehe Abbildung 3.4). Über das + fügen Sie eine neue Spalte hinzu. Jeder Spalte geben Sie eine Beschreibung (BUSINESS NAME), einen technischen Namen und weisen einen Datentyp zu.

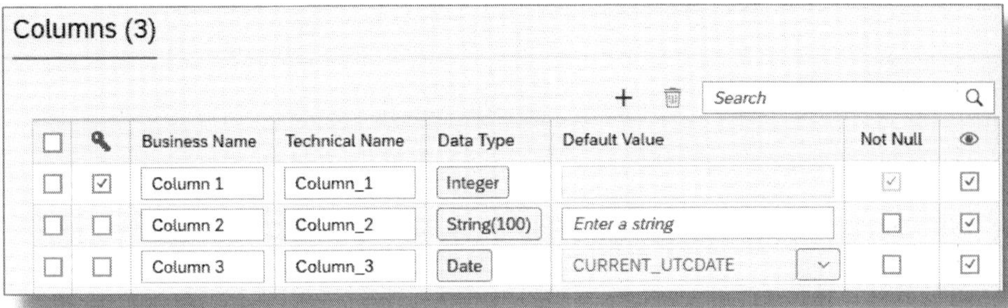

Abbildung 3.4: Relationales Datenset

Über die Schlüsselspalte können Sie spezifizieren, welche Spalte als Schlüssel oder Teil eines Tabellenschlüssels dienen soll. In diesem Beispiel ist `Column_1` als Schlüsselfeld gekennzeichnet.

Des Weiteren lassen sich Standardwerte hinterlegen, die Sie je nach Datentyp auch automatisch vorbelegen können, z. B. mit dem aktuellen Datum. Sofern Sie keine leeren Inhalte zulassen möchten, steuern Sie das durch Anhaken der Checkbox NOT NULL.

Über das Display-Kennzeichen bestimmen Sie, ob Sie gewisse Felder in weiteren Ebenen der Modellierung anzeigen möchten oder nicht. Standardmäßig werden alle Spalten dargestellt, jedoch kann es z. B. für technische Felder manchmal sinnvoll sein, diese auszublenden.

Tabelle 3.1 zeigt die möglichen Datentypen.

Klassifikation	Datentyp
Zeit- und Datumstyp	Date Time Datetime Timestamp
Zeichenkette	String LargeString
Numerischer Typ	Integer Integer64 Decimal (prec, scale) DecimalFloat Double
Boolescher Typ	Boolean
Binärer Typ	Binary LargeBinary
Universally Unique Identifier	UUID
HANA-Datentyp	hana.SMALLINT hana.TINYINT hana.SMALLDECIMAL hana.REAL hana.CHAR(<length>) hana.NCHAR(<length>) hana.VARCHAR(<length>) hana.CLOB[(<length>)] hana.BINARY(<length>) hana.ST_POINT[(<srid>)] hana.ST_GEOMETRY[(<srid>)]

Tabelle 3.1: Datentypen

Bei den Datentypen »String« und »Binary« können Sie die genaue LÄNGE spezifizieren, und bei »Decimal« die PRÄZISION und SKALIERUNG definieren. So ist beispielsweise bei einem String(45) eine Maximallänge von 45 Zeichen erlaubt.

Die Datentypen hana.ST_POINT[(<srid>)] und hana.ST_GEOMETRY [(<srid>)] können Geopositionsdaten beinhalten, um Dimensionen mit Längen- und Breitengradinformationen anzureichern und diese in analytischen Views zu verwenden. Im Story Builder in SAP Analytics Cloud können Sie diese für Bubble, Heat und Flow Layer einsetzen. Weitere geografische Darstellungen, wie z. B. der Choropleth-Layer oder die Verwendung von Regionalinformationen (z. B. Land oder Region), sollen im Laufe des Jahres folgen (Stand Juni 2021).

3.2.2 Dimensionstabelle

Wenn Sie im Auswahlfeld TYPE (siehe Abbildung 3.2) den Wert *Dimension* wählen, dann verändert sich die Tabellenstruktur der Felder, und Sie erhalten zwei weitere Attribute pro Feld: SEMANTIC TYPE und LABEL TYPE.

Es stehen sehr viele semantische Annotationstypen für Datums- und Zeitangaben, Währungen, Sprache, Texte etc. zur Verfügung, die in der SAP-Hilfe einzeln genauer erklärt werden.

Semantische Annotationen ermöglichen die standardisierte Ausgabe der Semantik in Analyse- und Visualisierungswerkzeugen. Sie stellen sicher, dass bestimmte Felder wie z. B. Datums-, Zeit-, Währungs- oder Mengenangaben enthalten sind und über alle Zugriffsmethoden (SQL, OData etc.) immer gleich dargestellt werden.

In Abbildung 3.5 ist beispielsweise der semantische Typ TEXT für `Column_2` gewählt. Derart gekennzeichnete Felder können über das LABEL COLUMN anderen Spalten zugeordnet werden. Hier wird `Column_2` als Textfeld der `Column_1` zugeordnet.

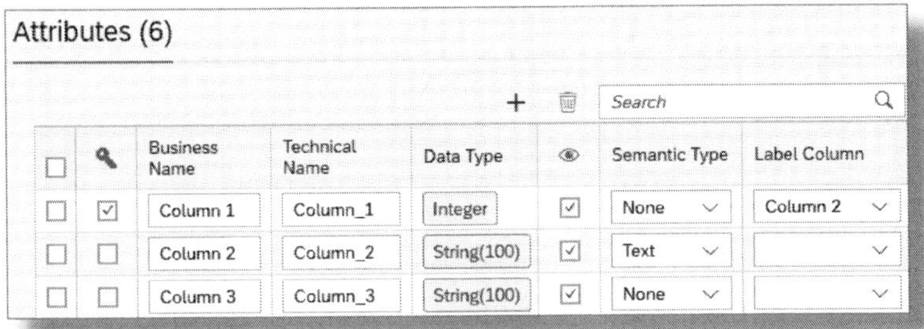

Abbildung 3.5: Dimension

Bei Tabellen vom Typ »Dimension« können Sie zusätzlich noch Hierarchien anlegen. In der Werkzeugleiste taucht deshalb das Symbol für Hierarchien auf. Wie Sie Hierarchien erstellen und welche Hierarchietypen zur Verfügung stehen, finden Sie in Abschnitt 3.3.

3.2.3 Analytisches Datenset

Bei Auswahl des Tabellentyps »analytisches Datenset« erhalten Sie nicht nur den Semantic Type und Label Type als weitere Attribute pro Feld (siehe Abbildung 3.6), sondern eine zusätzliche Angabe zu den Measures (Kennzahlen), wie Abbildung 3.7 zeigt.

Kennzahlen können Sie direkt im Bereich Measures über + neu anlegen. Falls Sie bereits Kennzahlen über Attributes angelegt haben, können Sie die entsprechende Zeile markieren ☑ und anschließend durch Verschieben ∨ (siehe Abbildung 3.7) in den Bereich der Kennzahlen übernehmen. Das Verschieben funktioniert ebenfalls in der Richtung Kennzahlen zu Attributen über Markieren ☑ und ∧.

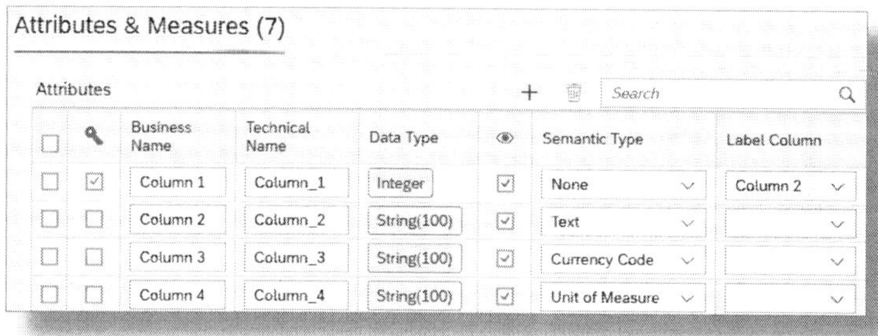

Abbildung 3.6: Analytisches Datenset – Attribute

Für Kennzahlen existieren zwei semantische Typen:

- Währungscodes (Currency Code) und
- Mengeneinheiten (Unit of Measure)

Im Beispiel enthält `Column_3` den Währungscode und `Column_4` die Mengeneinheit. Den Kennzahlen selbst (siehe Abbildung 3.7) können die semantischen Typen »Betrag mit Währung« (WITH CURRENCY) und »Menge mit Einheit« (QUANTITY WITH UNIT) zugewiesen werden. In der Spalte UNIT COLUMN (Einheit) weisen Sie den entsprechenden Feldern die Währungs- bzw. Mengenattribute zu.

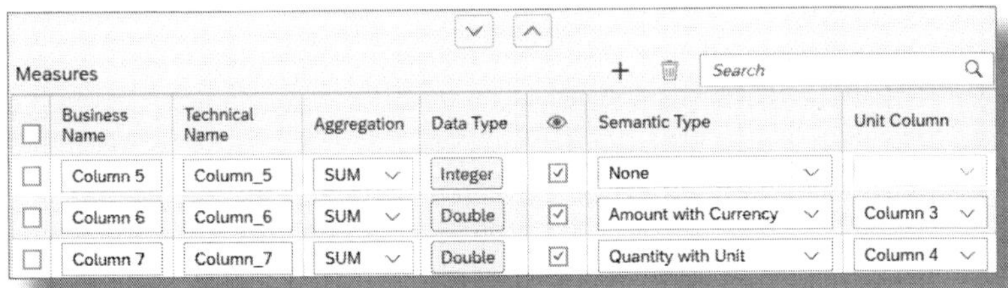

Abbildung 3.7: Analytisches Datenset – Kennzahlen

3.2.4 Texttabelle

Tabellen vom Typ TEXT enthalten sprachabhängige Beschreibungstexte. Damit erreichen Sie, dass z. B. Beschreibungen der Daten Ihres Berichts in SAP Analytics Cloud mit der Anmeldesprache des Benutzers erscheinen.

Voraussetzung für eine Texttabelle sind mindestens drei Spalten: ein eindeutiger Schlüssel, der Sprachschlüssel und der Text. In Abbildung 3.8 sehen Sie ein Beispiel anhand einer Texttabelle für Produkte.

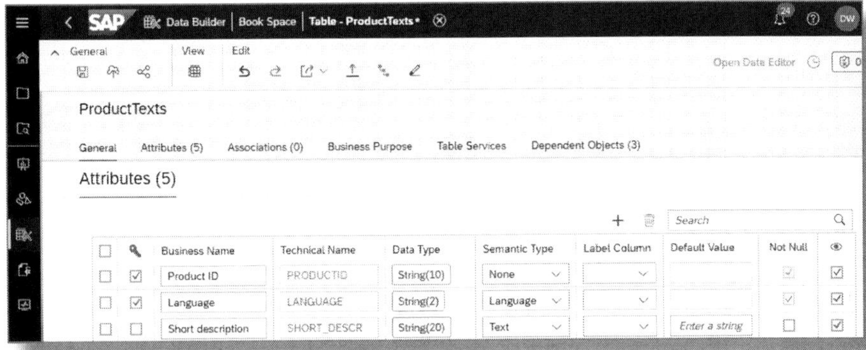

Abbildung 3.8: Texttabelle

3.2.5 Weitere Eigenschaften und Funktionen im Tabellen-Editor

Geschäftszweck

Über den Reiter BUSINESS PURPOSE in Abbildung 3.3 können Sie den Geschäftszweck der Tabelle näher spezifizieren und eine Beschreibung sowie den Zweck (PURPOSE), den Ansprechpartner und das verantwortliche Team angeben (siehe Abbildung 3.9).

Über Schlagworte (TAGS) geben Sie zudem verschiedene Attribute bzw. Gruppierungselemente mit. Alle Angaben in diesen Feldern sind zwar rein optional, können aber für Anwender recht hilfreich sein, denn nach diesen Inhalten kann im Business-Katalog gesucht und gefiltert werden.

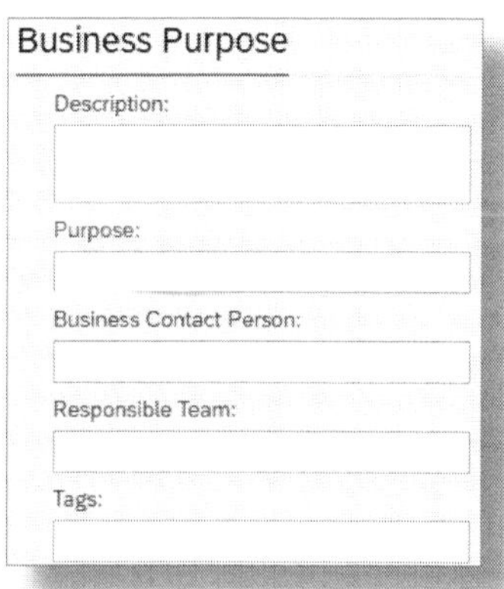

Abbildung 3.9: Business Purpose einer Tabelle

Assoziationen

In den Tabelleneigenschaften (siehe Abbildung 3.10) können Sie auch weitere Tabellen oder Views assoziieren, um z. B. Texte und Stammdatentabellen zu verbinden. Bei Assoziationen haben Sie den Vorteil, dass die Joins der jeweiligen Tabellen nur dann angewendet werden, wenn diese wirklich benötigt werden, d. h., wenn Daten aus den »gejointen« Tabellen in der Abfrage gefordert sind.

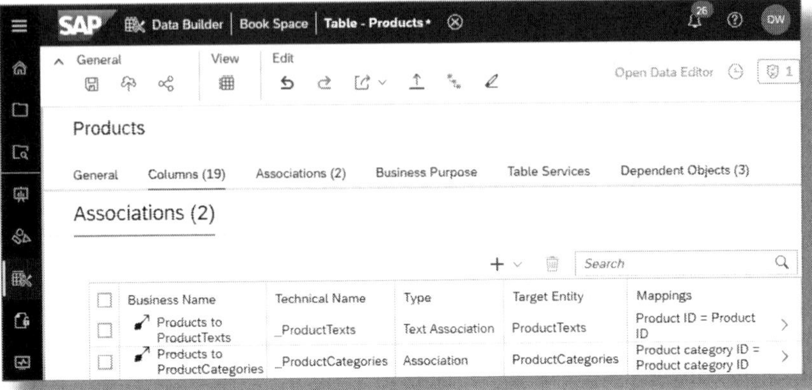

Abbildung 3.10: Assoziationen im Tabellen-Editor

Assoziationen werden durch + hinzugefügt oder durch 🗑 wieder gelöscht. Abbildung 3.11 zeigt den Dialog zum Mapping von assoziierten Objekten, wobei im dargestellten Beispiel die Produkttexte den Produktstammdaten zugeordnet werden.

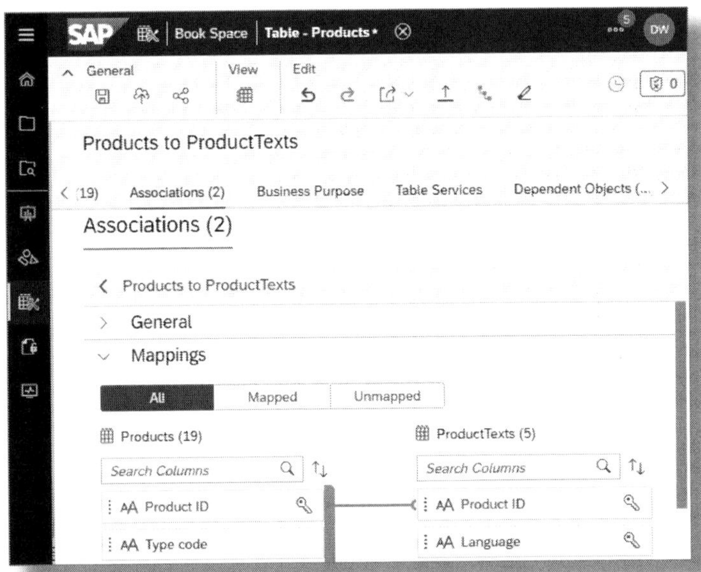

Abbildung 3.11: Mapping von Assoziationen

Table Services

Im Reiter TABLE SERVICES (siehe Abbildung 3.12) legen Sie fest, ob Ihre Tabellendaten permanent im Hauptspeicher von SAP HANA abgelegt werden sollen. Standardmäßig ist dieses Kennzeichen ausgeschaltet, und die Daten werden auf einer Disk abgelegt.

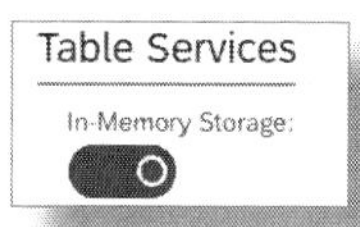

Abbildung 3.12: Tabellendienste – Table Services

Jetzt können Sie über 🖫 die Tabelle im lokalen Metadaten-Repository speichern. Indem Sie sie implementieren, wird die Tabelle schließlich in der Datenbank erzeugt.

Abhängige Objekte

Am unteren Ende der Tabelleneigenschaften finden Sie eine Liste der abhängigen Objekte (DEPENDENT OBJECTS). Dort können Sie ablesen, in welchen weiteren Objekten diese Tabelle verwendet wird. Das Beispiel in Abbildung 3.13 zeigt, dass dies drei weitere Male passiert, davon zweimal als Quellobjekt und einmal als Assoziation.

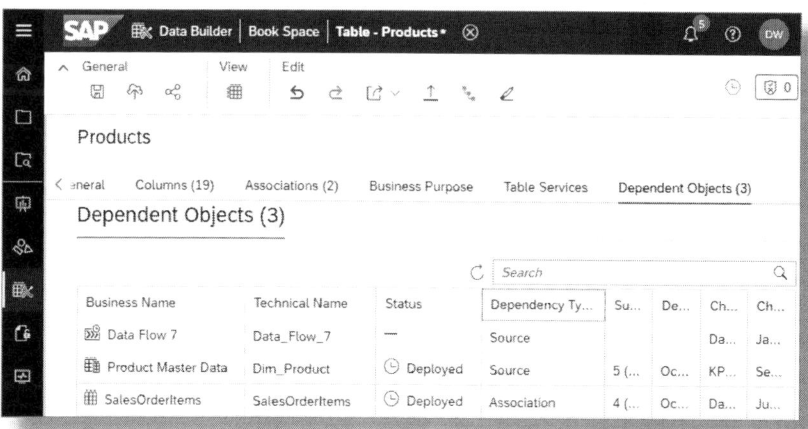

Abbildung 3.13: Anzeige der abhängigen Objekte im Tabellen-Editor

Daten-Editor

Im *Daten-Editor* (siehe Abbildung 3.14) werden die Daten von lokalen Tabellen bearbeitet, d. h., Sie können Datensätze hinzufügen, löschen oder duplizieren und bestehende Inhalte anpassen. Zum Daten-Editor gelangen Sie über die Schaltfläche Open Data Editor.

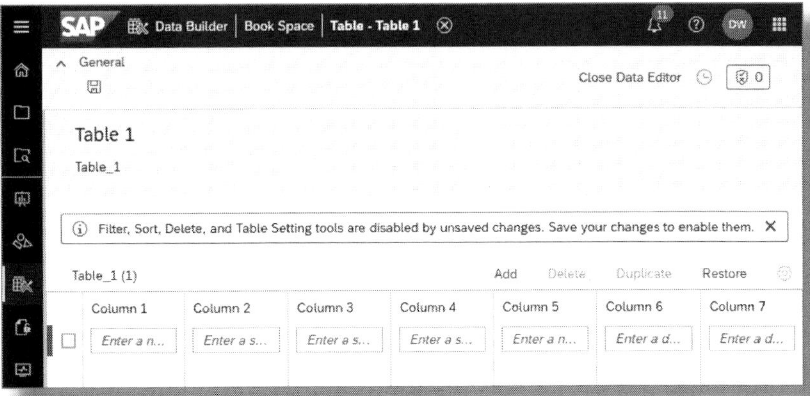

Abbildung 3.14: Daten-Editor

> **! Daten-Editor nur für lokale Tabellen**
>
> Datensätze in Quellsystemen, die Sie über Remote-Tabellen angebunden haben, können mit dem Daten-Editor nicht bearbeitet werden.

Tabellen für andere freigeben (share)

Implementierte Tabellen lassen sich auch für Nutzer anderer Spaces freigeben. Durch Anklicken des Icons erhalten Sie ein Dialogfenster (siehe Abbildung 3.15), in dem Sie einen oder mehrere Spaces auswählen, für die eine Tabelle freigegeben werden soll. Dadurch wird allerdings nur lesender Zugriff gewährt, d. h., Tabellenstrukturen und -eigenschaften können aus dem anderen Space heraus nicht verändert werden.

Share Table "Table_1"
Add Spaces:
Bike Sales 2020 (BIKESALES2020)
Access:
Read
Share
Cancel
Shared with 0 Spaces
Close

Abbildung 3.15: Tabelle freigeben

Nach erfolgreicher Freigabe werden im unteren Bereich des Dialogfensters alle Spaces aufgelistet, für die eine Freigabe erteilt wurde (siehe Abbildung 3.16). Dort können Sie auch Freigaben wieder zurücknehmen, indem Sie den Eintrag markieren ☑ und 🗑 entfernen.

Abbildung 3.16: Freigabe für andere Spaces erteilt

In der Objektübersicht des Data Builder können auch mehrere Objekte gleichzeitig für andere Spaces freigegeben werden. Wenn Sie die Objekte mit ☑ markieren, erhalten Sie hier über das Freigabe-Icon den gleichen Dialog wie im Tabellen-Editor. In der Übersicht erkennen Sie recht einfach, welche Objekte für andere freigegeben sind, da diese mit dem Freigabe-Icon gekennzeichnet werden (siehe TABLE 1 in Abbildung 3.17).

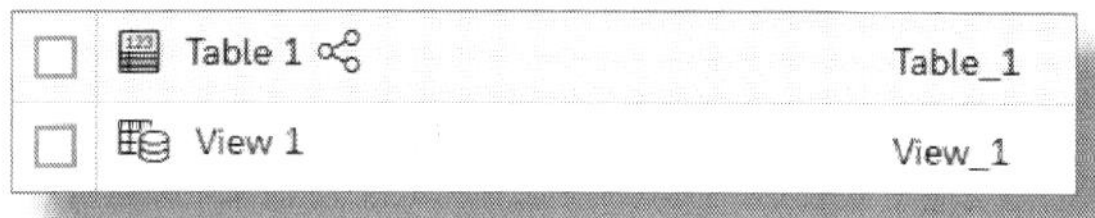

Abbildung 3.17: Anzeige freigegebener Objekte im Data Builder

! Freigabeberechtigung

Bitte beachten Sie, dass Ihre Systemadministratoren über die vergebenen Rollen festlegen können, welche Benutzer die Möglichkeit zum Freigeben und Teilen von Objekten erhalten. Hat Ihr Benutzer dafür keine Berechtigung, dann sehen Sie auch das Symbol nicht.

Wiederherstellung der letzten Version

Während des Aufbaus von Datenmodellen kommt es immer mal vor, dass Fehler auftreten und man gerne zu der zuletzt funktionierenden Version wechseln möchte. Diese Möglichkeit bieten die Editoren für E/R-Modelle, grafische und SQL-Views sowie Tabellen in den beiden folgenden Fällen:

1. Fehlerhafte Implementierung

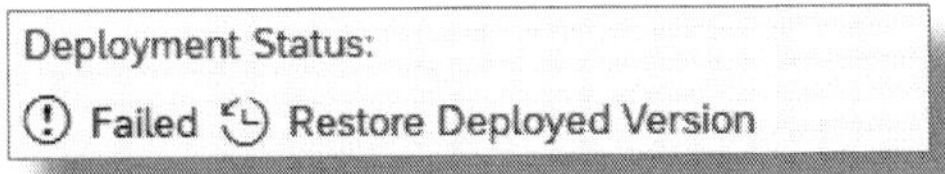

Falls der Implementierungsprozess fehlerhaft beendet wird, erhalten Sie neben einer entsprechenden Systembenachrichtigung auch einen Hinweis im Implementierungsstatus, dass der Prozess fehlgeschlagen (FAILED) ist. Rechts daneben besteht über RESTORE DEPLOYED VERSION die Möglichkeit, die letzte implementierte Variante wiederherzustellen.

2. Lokale Speicherung ohne Implementierung

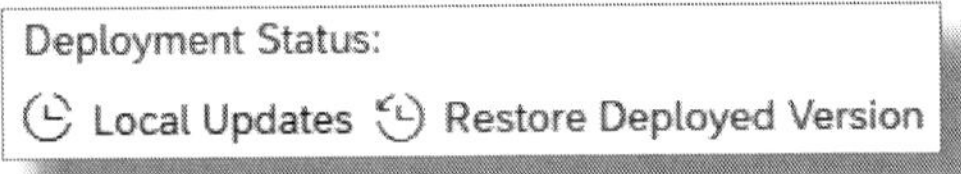

Haben Sie eine Änderung nur gespeichert und nicht implementiert, so können Sie genauso wie im Fehlerfall die letzte Version wiederherstellen.

! Sichern der wiederhergestellten Version nicht vergessen

Ist die vorige Version wiederhergestellt, dann vergessen Sie bitte nicht, erneut zu sichern. Das passiert nicht automatisch, was leider nicht direkt ersichtlich ist.

Wenn Sie eine dieser Optionen auswählen, erhalten Sie eine Sicherheitsabfrage, ob Sie diese Version tatsächlich wiederherstellen möchten (siehe Abbildung 3.18).

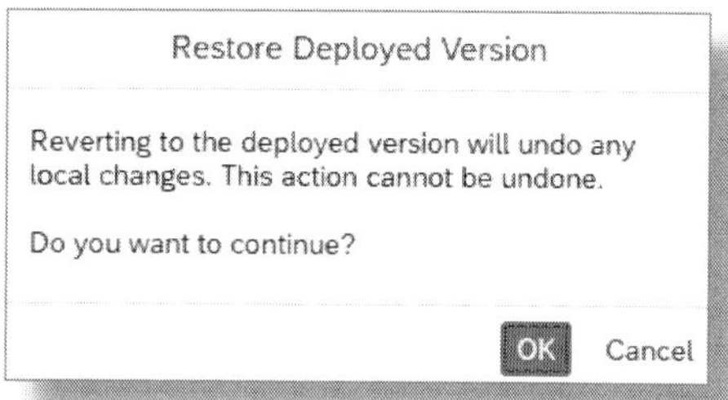

Abbildung 3.18: Letzte implementierte Version wiederherstellen – Abfrage

Wünschenswert wäre sicherlich, nicht nur im Fehlerfall auf eine vorige Version zurückgreifen zu können. Nicht selten kommt es zu Situationen, in denen die Implementierung zwar fehlerfrei läuft, man aber trotzdem zu einer älteren Version zurückkehren möchte. Diese Funktion ist von der SAP aktuell angedacht und wird voraussichtlich 2022 zur Verfügung stehen.

3.3 Hierarchien

Hierarchien sind bei mehrdimensionalen Analysen sehr beliebte Elemente zur Gruppierung und Aggregation von Auswertungen in einer Baumstruktur. SAP Analytics Cloud bietet die Möglichkeit, diese Hierarchien in einer Story nach Bedarf auf- und zuzuklappen.

Hierarchien bestehen aus unterschiedlichen Ebenen, die jeweils eine 1:n-Beziehung zueinander haben und insgesamt die vollständige Hierarchiestruktur abbilden. Klassische Beispiele sind Produkt-, Kunden- und Personalhierarchien oder im Finanzbereich Konten-, Kostenstellen- und Profit-Center-Hierarchien. Im täglichen Leben sind wir zudem mit der Hierarchie von Zeitelementen vertraut, also der Beziehung von einem Jahr zu Quartalen, Monaten, Wochen und Tagen (siehe Abbildung 3.19).

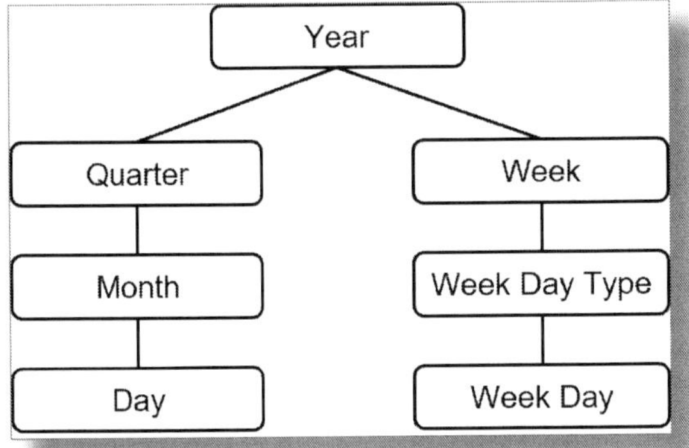

Abbildung 3.19: Hierarchiebeispiel

In Data Warehouse Cloud werden *interne Hierarchien* verwendet. Zwei Typen von Hierarchien sind möglich:

- Level-based-Hierarchien
- Parent-Child-Hierarchien

Sie können für eine Auswertung mehrere Hierarchien des gleichen Hierarchietyps anlegen.

Hierarchien können als semantische Objekte in verschiedenen Editoren angelegt werden: in Tabellen, Views oder Entity-Relationship-Modellen. Einzige Voraussetzung ist die Auswahl des Objekttyps DIMENSION, damit Sie das Symbol für Hierarchien im jeweiligen Editor sehen.

1. Nachdem Sie auf das Symbol für Hierarchien geklickt haben, kommen Sie zum Hierarchiedialog (siehe Abbildung 3.20).

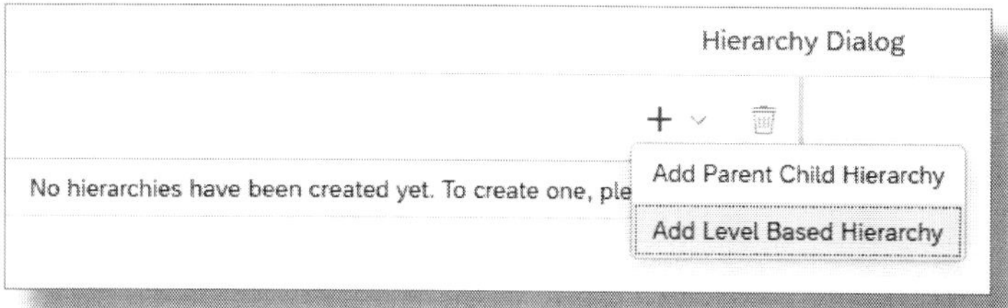

Abbildung 3.20: Hierarchie erstellen

2. Auch hier wird über das +-Symbol eine neue Hierarchie erzeugt. Dabei wählen Sie zwischen den zuvor beschriebenen Varianten PARENT CHILD und LEVEL BASED HIERARCHY aus. Je nachdem sind folgende Einstellungen vorzunehmen:

   - Parent-Child-Hierarchie
     - Name und Beschreibung eingeben
     - Parent- und Child-Elemente auswählen
     - Mit OK abschließen
   - Level-based-Hierarchie
     - Name und Beschreibung eingeben
     - Über ADD LEVEL eine oder mehrere Ebenen zur Hierarchie hinzufügen
     - Mit OK abschließen

3. Sie können eine oder mehrere Hierarchien des gleichen Typs erstellen oder diese wieder löschen 🗑.

Folgende Funktionen werden aktuell nicht unterstützt:

- Mehrere Elternknoten (Parents)
- Nicht zugeordnete Einträge
- Versionierung

Externe Hierarchien, wie sie etwa aus SAP BW bekannt sind, werden in Data Warehouse Cloud aktuell umgesetzt und können in Kürze genutzt werden.

3.4 View-Editor

Im grafischen View-Editor (siehe Abbildung 3.21) können Sie Sichten (*View*) per Drag-and-drop anlegen und verwalten, ohne ein SQL-Coding verwenden zu müssen. Er ist deshalb als »Low-Code/No-Code«-Werkzeug auch sehr gut für Anwender aus Fachabteilungen ohne tiefergehende SQL-Kenntnisse geeignet.

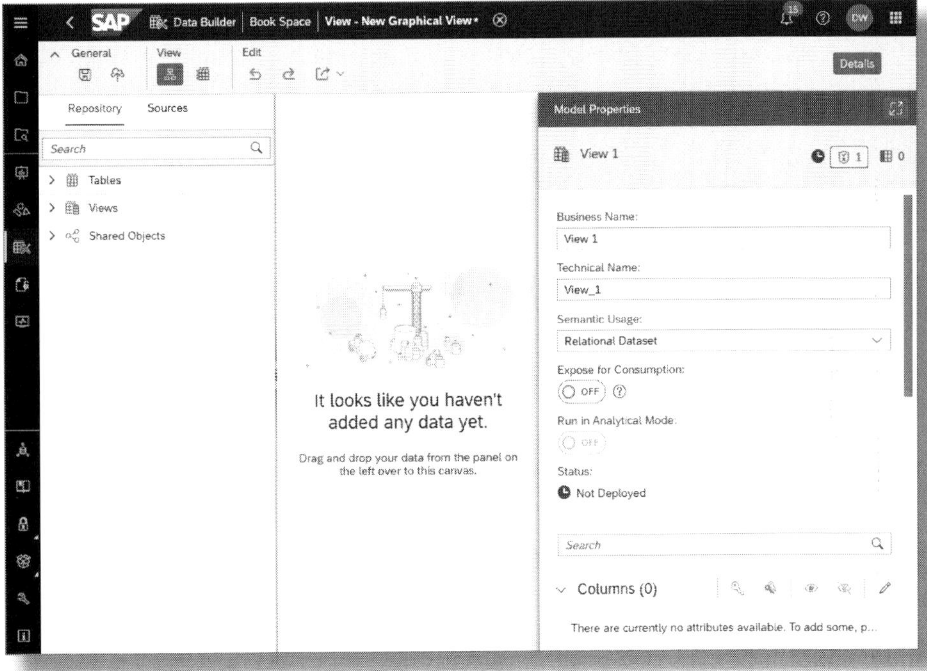

Abbildung 3.21: View-Editor

Ein *View* ist eine virtuelle Sicht auf Daten, die entweder in Data Warehouse Cloud liegen oder über den virtuellen Zugriff auf Remote-Tabellen in externen Systemen zur Verfügung stehen. Views können über `Join`- und `Union`-Operationen kombiniert werden.

Der View-Editor ist ein sehr mächtiges Werkzeug mit vielen Funktionen und dient primär der virtuellen Modellierung von Objekten. Ist der grafische View als analytisches Datenset definiert und enthält Kennzahlen, dann kann er in Berichten, z. B. einer SAP Analytics Cloud Story, genutzt werden. Sobald ein View angelegt ist, erscheint er auch im Business-Katalog.

3.4.1 Erstellen von grafischen Views

Wählen Sie im Data Builder (siehe Abbildung 3.2) die Kachel , um zum View-Editor für einen neuen grafischen View zu gelangen (siehe Abbildung 3.21). Alternativ erreichen Sie den Editor, indem Sie einen bereits existierenden View aus der Liste auswählen.

Beim Erstellen von Views haben Sie die Möglichkeit, Tabellen und andere Views in einer *Zielstruktur* zu kombinieren. In der Dokumentation wird auch von »Ausgabe« (Output) gesprochen, jedoch wird in diesem Buch der einfacher zu verstehende Begriff »Zielstruktur« benutzt.

Im Editor stehen unterschiedliche Operatoren zur Verfügung, die nachfolgend einzeln beschrieben werden. Darüber hinaus können Sie Ihren Daten semantische Eigenschaften geben, indem Sie den Elementen der Zielstruktur Business-Eigenschaften hinzufügen. Wie bei Tabellen existieren auch bei Views je nach semantischer Verwendung unterschiedliche Typen:

- Relationales Datenset
- Dimension
- Analytisches Datenset
- Text

Bei Views vom Typ »Dimension« bzw. »analytisches Datenset« (siehe Tabellen in Abschnitt 3.2) erhalten Sie zwei weitere Attribute pro Feld: SEMANTIC TYPE und LABEL TYPE. Es stehen sehr viele semantische Annotationstypen für Datums- und Zeitangaben, Währungen, Sprache, Texte etc. zur Verfügung, die in der SAP-Hilfe genauer erklärt werden.

Semantische Annotationen ergänzen Ihre zusammengeführten Daten um Beschreibungen und geschäftsrelevante Informationen, welche die spätere Analyse der Ergebnisse vereinfachen.

Zum Erstellen eines neuen Views wählen Sie eine bestehende Tabelle oder einen View aus dem aktuellen REPOSITORY bzw. aus den für Ihren Space freigegebenen Objekten auf der linken Seite ❶ aus (siehe Abbildung 3.22). Alternativ können Sie auch Objekte aus angebundenen Quellsystemen verwenden. Dazu wechseln Sie von REPOSITORY zu SOURCES und suchen dort ein Objekt aus. Mehr dazu finden Sie in Abschnitt 3.4.5. Wenn Sie das ausgewählte Objekt mit der Maus in den Arbeitsbereich ❷ ziehen, wird die Zielstruktur VIEW 1 automatisch erzeugt. Den Arbeitsbereich können Sie vergrößern, indem Sie die Details sowie den Quellbereich über die jeweilige Schaltfläche Details und ausblenden.

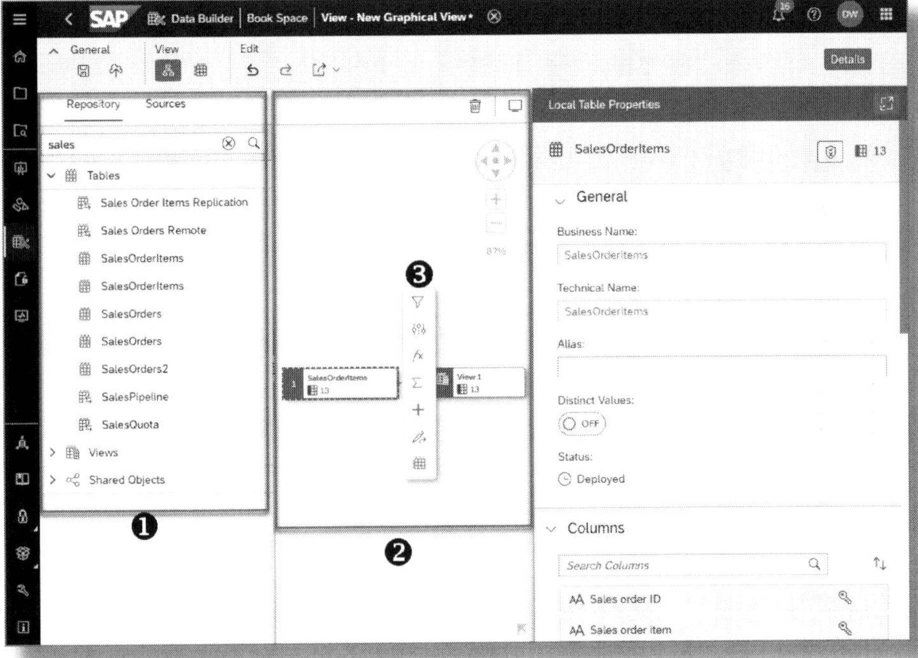

Abbildung 3.22: Neuen View erstellen

Markieren Sie ein Objekt, wie z. B. SALESORDERITEMS in Abbildung 3.22. Daraufhin sehen Sie rechts daneben diverse Kontextschaltflächen ❸, die Ihnen verschiedene Operatoren für Transformationen und andere nützliche Funktionen anbieten. Die kleine Zahl neben dem Symbol ▦ 13 zeigt übrigens die Anzahl der Spalten im jeweiligen Objekt an.

Die Symbole haben folgende Bedeutung:

- Daten filtern
- Felder umbenennen/ausblenden (Projektion)
- Berechnete Spalten hinzufügen
- Σ Aggregation erstellen
- + Join-Vorschläge erstellen
- Im Editor öffnen
- Datenvorschau anzeigen

In den Eigenschaften der Zielstruktur (VIEW PROPERTIES, siehe Abbildung 3.23) finden Sie viele Gemeinsamkeiten mit den Eigenschaften von Tabellen (siehe Abschnitt 3.2).

Abbildung 3.23: View-Eigenschaften

Der Schalter Expose for Consumption existiert allerdings nur im View-Editor. Eingeschaltet (On) ermöglichen Sie den Zugriff auf diesen View mit Reporting-Werkzeugen, wie z. B. dem Story Builder. Steht dieser Schalter auf Off, kann der View nicht mit diesen Tools genutzt werden.

Der nächste Schalter Activate OLAP Hint ist nur verfügbar, wenn Expose for Consumption aktiviert ist. Er bewirkt, dass der Datenbankhinweis (Hint) USE_OLAP_PLAN an den Optimizer gesendet wird, damit die Ausführung in der OLAP-Engine statt in der Join-Engine erfolgt. Diese Einstellung kann die Performance der View-Ausführung verbessern, insbesondere wenn eine UNION-Operation ausgeführt wird.

Im Eigenschaftsbereich der Felder bzw. Spalten (Columns) können Sie Schlüsselfelder setzen oder entfernen sowie Felder ein- und wieder ausblenden. Markieren Sie ein Feld und lassen Sie sich über das Icon weitere Informationen anzeigen (siehe Abbildung 3.24).

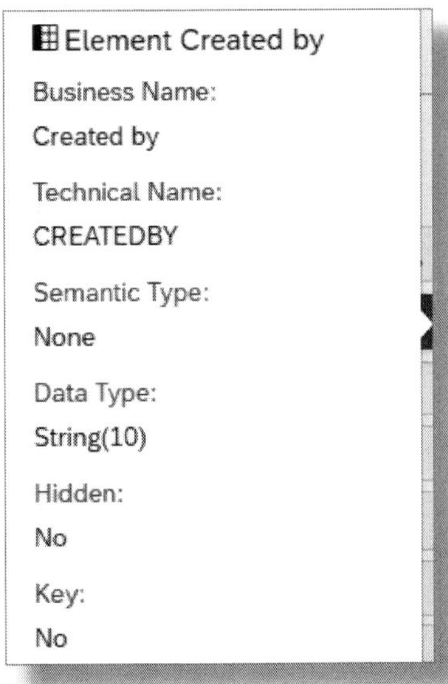

Abbildung 3.24: Weitere Feldinformationen

3.4.2 View-Operatoren

Join und Union

Mithilfe eines SQL-Joins bilden Sie aus den Datensätzen zweier Tabellen eine Ergebnistabelle.

Für diese Form der Zusammenführung gibt es zwei Möglichkeiten.

1. Join-Vorschlag erstellen über die Kontextschaltfläche + (siehe Abbildung 3.25).

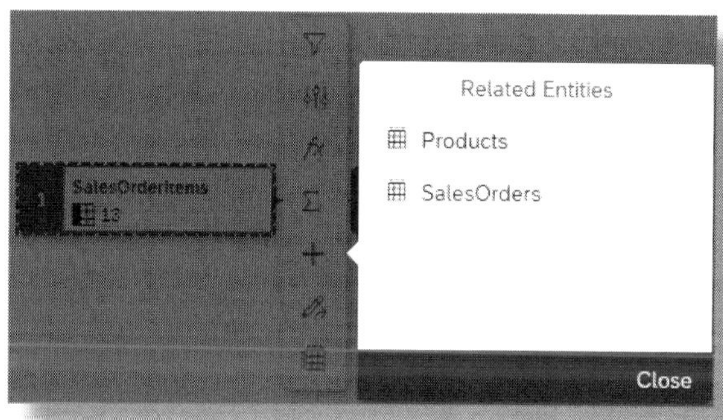

Abbildung 3.25: Join-Vorschlag

2. Alternativ kann die Tabelle SALESORDERS aus dem Repository (links) in den Arbeitsbereich gezogen werden (siehe Abbildung 3.26). Wenn sie per Drag-and-drop über die Tabelle SALESORDERITEMS gezogen wird, dann erscheinen zwei Möglichkeiten: `Join` und `Union`.

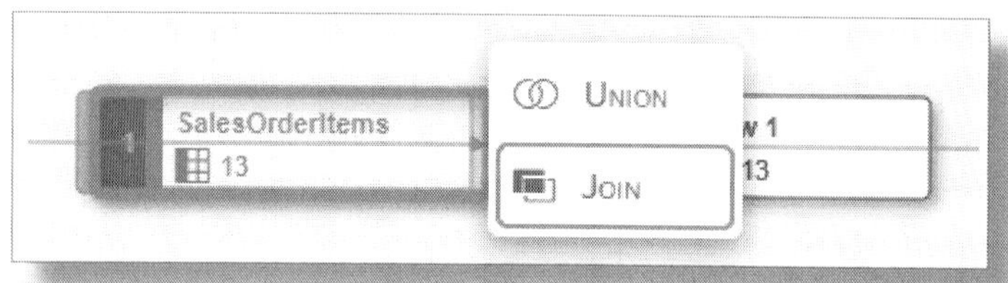

Abbildung 3.26: Drag-and-drop – Join

Schließlich wird Ihnen über beide genannten Wege das Modell wie in Abbildung 3.27 dargestellt. Rechts neben dem Join-Knoten erhalten Sie automatisch eine Projektion . Unterhalb des Join-Symbols wird der Join-Typ, in diesem Beispiel ein INNER JOIN, und rechts neben der Quellstruktur wird die Join-Kardinalität angezeigt.

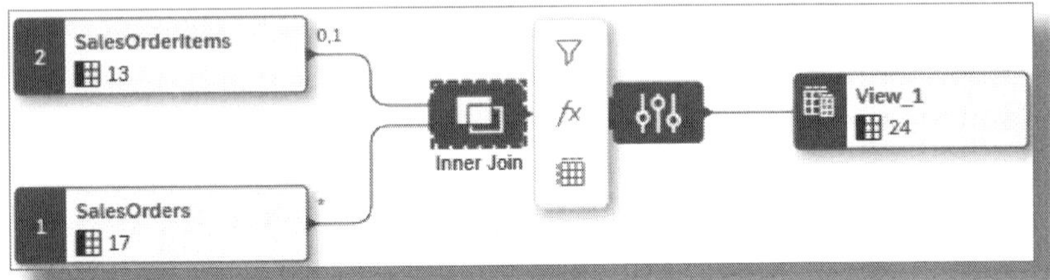

Abbildung 3.27: Tabellen-Join

In den Join-Eigenschaften auf der rechten Seite des Arbeitsbereichs finden Sie weitere Einstellungen (siehe Abbildung 3.28) und die Join-MAPPINGS, also die Verknüpfungen von Feldern aus beiden Quellstrukturen. Zunächst können Sie den Join-Typ auswählen und einstellen, ob nur eindeutige Werte (DISTINCT VALUES) zurückgeliefert werden sollen.

Insgesamt stehen Ihnen verschiedene Join-Typen zur Verfügung:

- INNER Join
  gibt Datensätze zurück, die übereinstimmende Werte in beiden Tabellen haben.
- LEFT Join
  auch als *Left Outer Join* bekannt; liefert alle Datensätze der linken Tabelle, selbst wenn es keine entsprechenden Datensätze in der rechten Tabelle gibt.
- RIGHT Join
  auch als *Right Outer Join* bekannt; liefert alle Datensätze der rechten Tabelle, selbst wenn es keine entsprechenden Datensätze in der linken Tabelle gibt.
- FULL Join
  auch als *Full Outer Join* bekannt; liefert alle Datensätze der Left und Right Outer Joins gemeinsam.

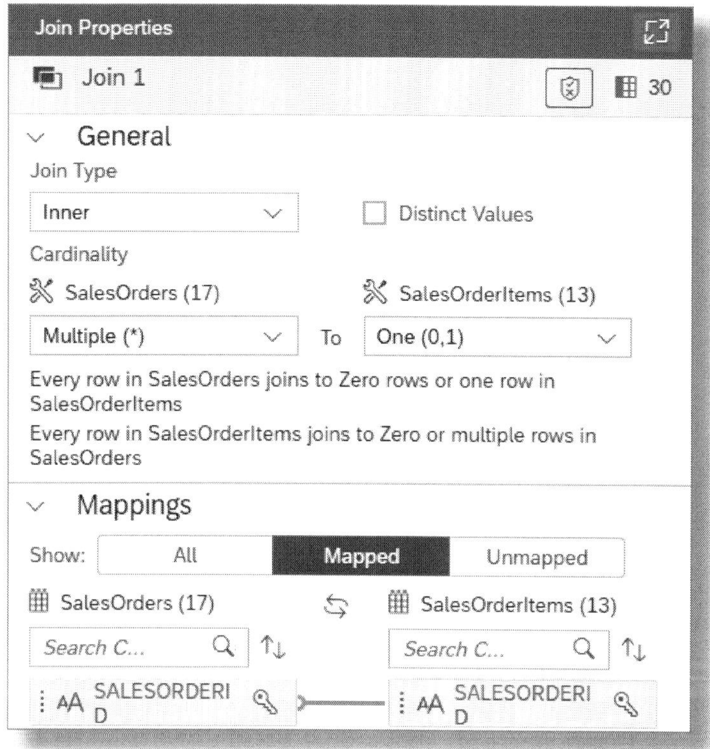

Abbildung 3.28: Join-Eigenschaften

- CROSS Join
  auch als *kartesisches Produkt* bekannt; dabei wird jeder Datensatz der linken Tabelle mit jedem anderen der rechten Tabelle verknüpft.
- UNION ALL
  liefert alle Datensätze von allen `Select`-Statements, wobei Duplikate nicht entfernt werden.
- UNION [DISTINCT]
  liefert alle eindeutigen Datensätze von allen `Select`-Statements, wobei alle Duplikate entfernt werden.

Darunter können Sie die Join-Kardinalität (CARDINALITY) je Quellstruktur einstellen, wobei jeweils drei Möglichkeiten zur Verfügung stehen:

- EXACTLY ONE (1) – genau eine
- ONE (0,1) – eine
- MULTIPLE (*) – mehrere

Wie schon in Abbildung 3.27 zu sehen war, wird die Join-Kardinalität auch im Modell dargestellt; sie verbessert die Join-Performance.

Durch die drei SHOW-Schaltflächen können Sie sich ALLE bzw. nur die MAPPED- oder UNMAPPED-Felder in der Liste anzeigen lassen. In diesem Fall wurde der `Join` vom System bereits korrekt zugeordnet, sodass in der Anzeige nur die gemappten Felder dargestellt werden. Das Mapping muss deshalb nicht mehr manuell vollzogen werden. Links steht standardmäßig diejenige Tabelle, die im Arbeitsbereich mit einer (1) gekennzeichnet ist. Mit der Schaltfläche können Sie die Tabellen auch vertauschen.

Alternativ zum Join kann auch ein Union erstellt werden. Auf eine theoretische Erklärung der unterschiedlichen Join- und Union-Typen wird an dieser Stelle verzichtet. Wikipedia gibt dazu einen guten Überblick.

In Abbildung 3.29 sehen Sie das Mapping eines Union-Views, wobei Sie oberhalb der linken Tabellen zwischen den beiden Quellstrukturen wechseln können. Über die drei SHOW-Schaltflächen lassen Sie sich ALLE oder nur die MAPPED- bzw. UNMAPPED-Felder in der Liste anzeigen.

Die Schaltfläche für Full Screen oben rechts ermöglicht Ihnen eine Vergrößerung des Eigenschaftenfensters auf die gesamte Bildschirmbreite, was insbesondere bei Mappings sehr hilfreich ist. Bei den Union-Views erscheint daraufhin eine neue Schaltfläche , über die Sie verschiedene Aktionen starten können (siehe Abbildung 3.30).

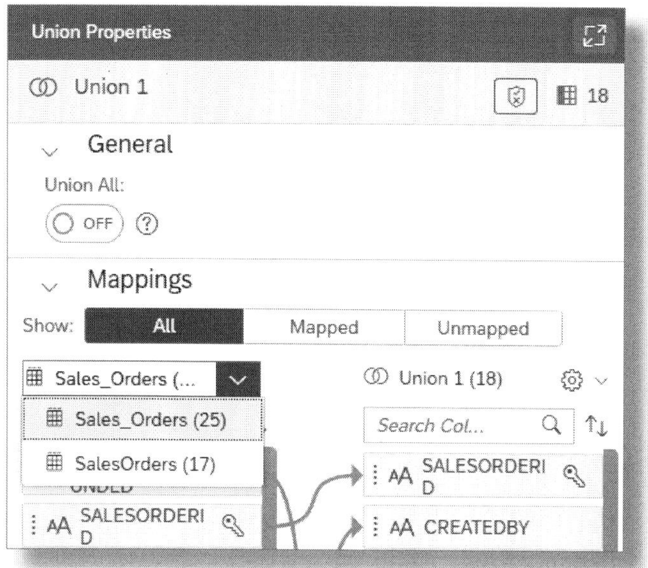

Abbildung 3.29: Union Mappings

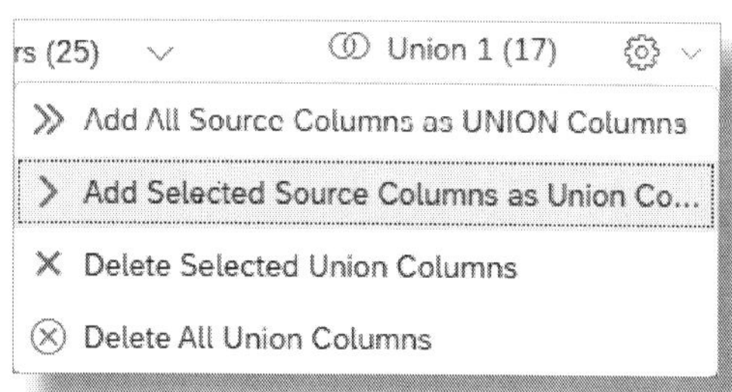

Abbildung 3.30: Union-Einstellungen

Projektion – Spalten umbenennen/ausblenden

Die Projektion wird nach dem Join automatisch eingefügt und ermöglicht in der Zielstruktur eine selektive Darstellung von Feldern beider Tabellen. Alle Felder, die sowohl in SALESORDERITEMS als auch in SALESORDER vorkommen, werden automatisch in der rechten Tabelle ausgeblendet. Die rechte Tabelle ist im Beispiel in Abbildung 3.28 die Tabelle SALESORDERITEMS. Damit wird vermieden, dass Ihnen in weiteren Modellierungsschichten identische Felder angezeigt werden. Sollten noch weitere doppelte Felder vorhanden sein, werden Sie in einer Fehlermeldung in der Projektion und Zielstruktur informiert, dass nicht alle Felder eindeutig sind. Diese können Sie über ausschließen (siehe Abbildung 3.31).

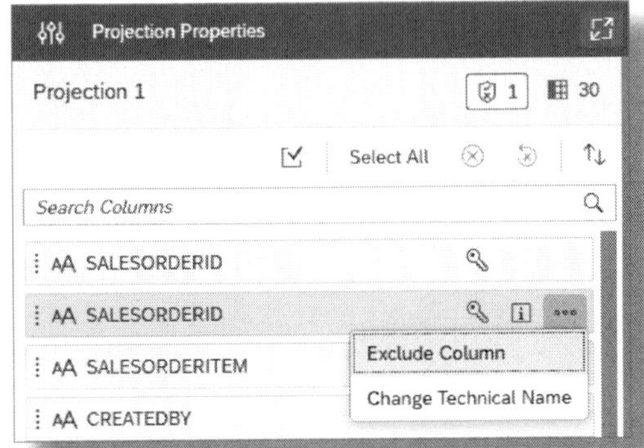

Abbildung 3.31: Projektion – Felder ein-/ausblenden

Die Projektion lässt sich außerdem dahingehend anpassen, dass Sie Spalten ausblenden (EXCLUDE COLUMN) bzw. wiederherstellen. Wenn Sie einen Eintrag markieren, wird die Ursprungstabelle im Arbeitsbereich hervorgehoben (siehe Abbildung 3.32).

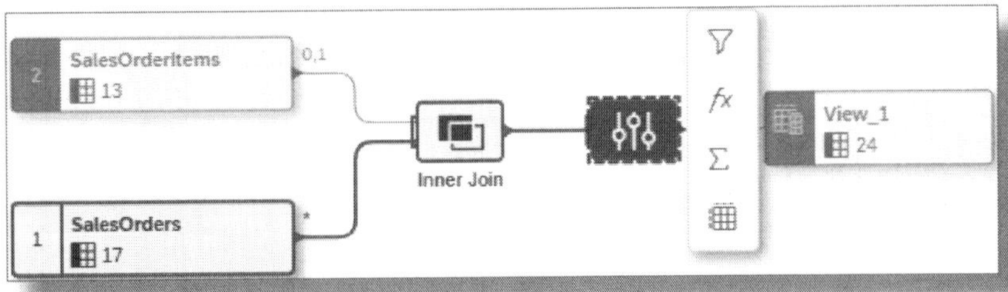

Abbildung 3.32: Feldherkunft beim Join

Durch Select All markieren Sie alle Felder und blenden, falls gewünscht, die gewählten über aus. Eine Mehrfachauswahl erzielen Sie mit gedrückter Strg-Taste. Falls Sie nur wenige Felder behalten möchten, kann dieser Weg einfacher sein. Durch Wiederherstellen machen

Sie den Vorgang wieder rückgängig, und mit ↑↓ stellen Sie die initiale Reihenfolge der Felder wieder her.

Filter

Wählen Sie die Schaltfläche ▽, um Filter hinzuzufügen und anzuzeigen. Mittels gezielter Filterung können Sie in Ihrer Zielstruktur nur die benötigten Daten darstellen, z. B. nur die Daten aus der Sales-Organisation EMEA (siehe Abbildung 3.33). Bei Joins, Projektionen, Quell- und Zielstrukturen lassen sich Filter zudem optional über die Kontextschaltflächen hinzufügen.

Über die Filtereigenschaften auf der rechten Seite können Sie verschiedene bestehende Filter anwenden oder eigene Filter über die Operatoren definieren, wie im Beispiel `SALESORG = 'EMEA'`. Es stehen Ihnen über 130 Standardfunktionen zur Verfügung. Eine detaillierte Erklärung zu den einzelnen Funktionen finden Sie in der Dokumentation durch einen Klick auf ⓘ.

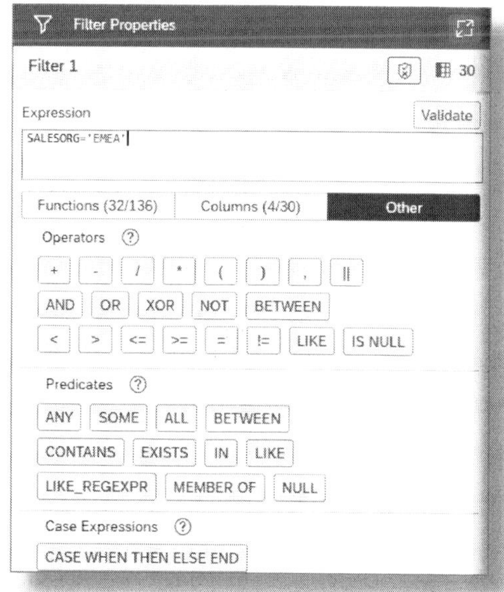

Abbildung 3.33: Filteroptionen

Berechnete Spalten

Als weiterer Operator bietet die Schaltfläche *fx* die Möglichkeit, neue berechnete Spalten (CALCULATED COLUMNS) hinzuzufügen oder die Berechnung bereits bestehender Spaltern zu verändern.

Berechnete Spalten können Sie bei Joins, Projektionen, Quell- und Zielstrukturen über die Kontextschaltflächen ergänzen. Wie zuvor bei den Filtern erhalten Sie auch hier auf der rechten Seite eine Übersicht der Eigenschaften aller berechneten Spalten (siehe Abbildung 3.34).

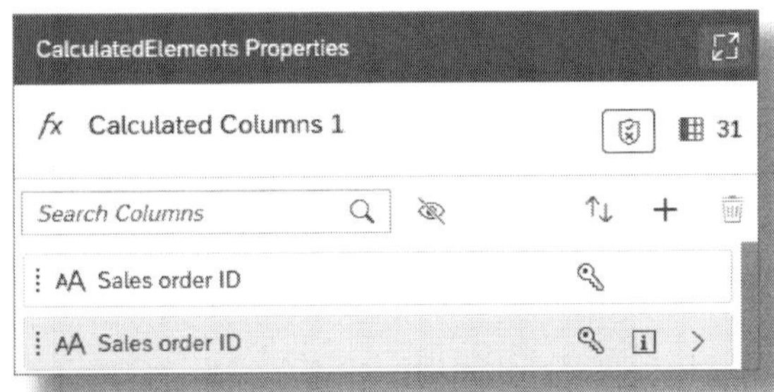

Abbildung 3.34: Berechnete Spalten

Mit ↑↓ können Sie die initiale Reihenfolge der Felder wiederherstellen. Die Berechnung bereits bestehender Spalten verändern Sie durch Markieren und Klick auf >. Über + fügen Sie eine neue berechnete Spalte hinzu.

Nach einem Klick auf + oder > ändert sich das Eigenschaftenfenster, wie in Abbildung 3.35 zu sehen ist. Dort geben Sie einen technischen Namen für die neue Spalte ein. Je nach Datentyp (siehe Details in Abschnitt 3.2) stehen Ihnen unterschiedliche zusätzliche Eigenschaften zur Verfügung, wie hier im Beispiel die Präzision (PRECISION) und Skalierung (SCALE).

Wie bei den Filtern können Sie auch für Spalten verschiedene Operatoren und Funktionen nutzen, im gezeigten Beispiel etwa das Runden der Zahl auf null Nachkommastellen durch den Ausdruck (EXPRESSION) `ROUND (GROSSAMOUNT,0)`. Eine detaillierte Erklärung zu den einzelnen

Funktionen finden Sie in der SAP-Dokumentation »SQL-Referenz für SAP Data Warehouse Cloud«.

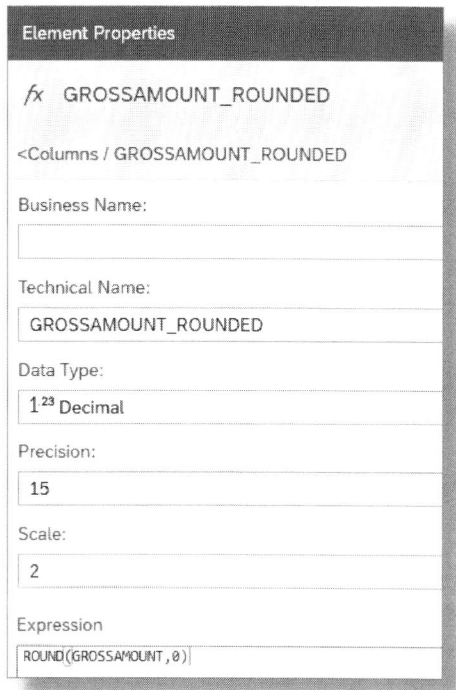

Abbildung 3.35: Definition der berechneten Spalte

Falls Sie zurücknavigieren möchten, um z. B. weitere berechnete Spalten anzulegen, können Sie den Link <COLUMNS nutzen. So kehren Sie zum vorigen Eigenschaftenfenster zurück, in dem Sie dann die neu erzeugte Spalte finden (siehe Abbildung 3.36). Der Stern * hinter dem Namen zeigt an, dass es sich hierbei um ein modifiziertes Feld handelt, welches nicht den ursprünglichen Ausdruck beinhaltet.

Abbildung 3.36: Neue berechnete Spalte

Aggregation

Wählen Sie die Schaltfläche $\sum$, um den gewünschten Operator für eine Aggregation hinzuzufügen. Bei numerischen oder berechneten Feldern haben Sie die Wahl zwischen den Aggregationen `SUM`, `COUNT`, `MIN`, `MAX` und `NONE`. In Abbildung 3.37 sehen Sie, wie die geänderten Aggregationen in den Eigenschaften dargestellt werden. Um ein anderes Aggregationsverhalten zu selektieren, klicken Sie auf NONE.

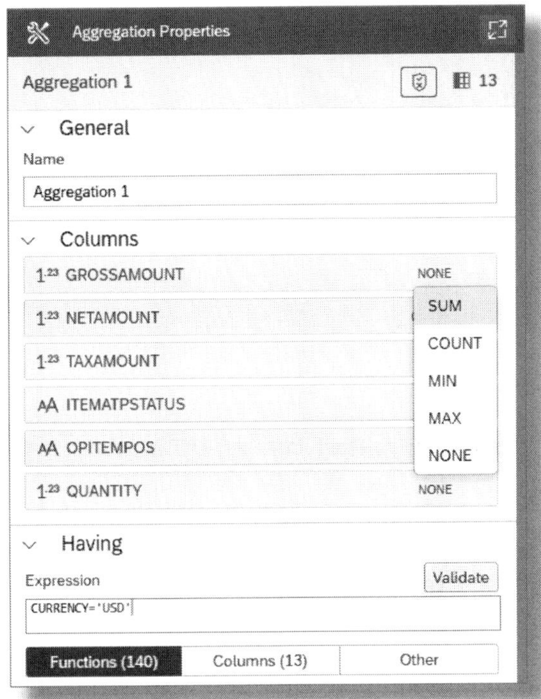

Abbildung 3.37: Aggregation hinzufügen

Optional lassen sich Aggregationen auch gruppieren, indem Sie eine `Having`-Klausel definieren – im Beispiel von Abbildung 3.38 ist das `CURRENCY = 'USD'`.

! Aggregationsknoten

Die Aggregation muss der letzte Operator des jeweiligen Astes in der grafischen Modellierung sein, denn danach können Sie weder einen weiteren Operator einfügen (siehe Abbildung 3.38) noch sich die Vorschau anzeigen lassen. Einzige Ausnahme wäre ein weiterer Join, indem Sie ein zusätzliches Quellobjekt in das Modell hineinziehen.

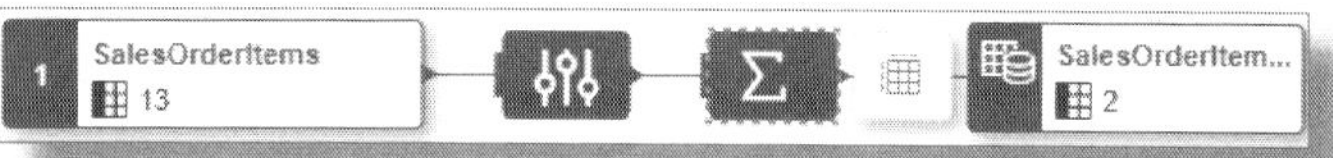

Abbildung 3.38: Aggregation im View-Editor

3.4.3 Dimensionaler View

Es gibt verschiedene Tabellen- und View-Typen. Wenn Sie eine View-Dimension modellieren, etwa die Produktdimension (siehe Abbildung 3.39), dann können Sie auf diesem View-Typ auch eine Hierarchie anlegen.

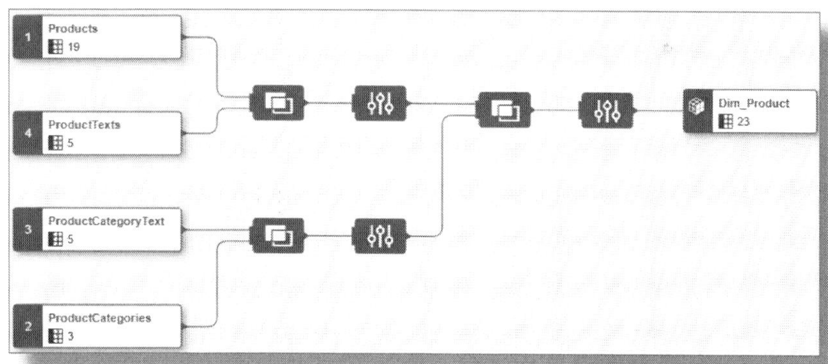

Abbildung 3.39: View vom Typ »Dimension«

Wie Sie Hierarchien anlegen und welche Typen es gibt, finden Sie in Abschnitt 3.3.

3.4.4 Analytischer View

Bei einem View vom Typ »analytisches Datenset« ist eine Definition von Kennzahlen erforderlich. Die im Beispiel in Abbildung 3.40 dargestellte Kennzahl GROSSAMOUNT_ROUNDED ist aktuell noch als Attribut gekennzeichnet. Sie können Attribute einfach markieren und per Drag-and-drop in den Bereich der Kennzahlen verschieben. Alternativ klicken Sie im Kontextmenu ••• des jeweiligen Feldes auf das Kommando CHANGE TO MEASURE (in Kennzahl umwandeln), wie Abbildung 3.40 zeigt. Der Business-Name ist auch in der Zielstruktur über ✎ editierbar.

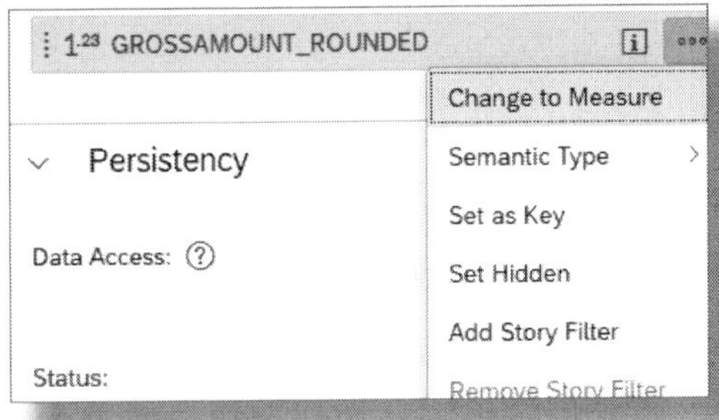

Abbildung 3.40: Attribut in Kennzahl umwandeln

Nach Abschluss aller Modellierungsaktivitäten speichern und implementieren Sie den View, damit er für Auswertungen in Stories oder in anderen Modellen verwendet werden kann.

Bei analytischen Views lassen sich auch Filter für Storys in SAP Analytics Cloud einbauen (siehe ADD STORY FILTER in Abbildung 3.40). Als Filter können mehrere Einzelwerte (SINGLE) oder Bandbreiten (RANGE) dienen. Unter DEFAULT VALUE können Sie Standardwerte hinterlegen und mit einem Haken bei MANDATORY die Eingabe verpflichtend machen (siehe Abbildung 3.41).

Abbildung 3.41: Story-Filter definieren

Nachdem Filter hinterlegt worden sind, sind diese in den Eigenschaften mit dem Filtersymbol zu sehen AA SALESORDERID.

3.4.5 Text-View

Ähnlich wie bei Texttabellen können Sie auch Views vom Typ TEXT mit sprachabhängigen Beschreibungstexten anlegen, um z. B. Beschreibungen der Daten Ihres Berichts in SAP Analytics Cloud mit der Anmeldesprache des Benutzers auszugeben.

Auch für Text-Views gilt die Voraussetzung, dass mindestens drei Spalten vorhanden sein müssen: ein eindeutiger Schlüssel, der Sprachschlüssel und der Text (siehe Abbildung 3.8).

3.4.6 Remote-Tabellen

Es mag seltsam erscheinen, dass Remote-Tabellen im Abschnitt des View-Editors beschrieben werden, aber genauso sieht es die Lösung vor. Im Tabellen-Editor können Sie keine Remote-Tabellen erstellen. Alternativ ist dies in einem E/R-Modell möglich. Die Vorgehensweise entspricht der für den nachfolgend beschriebenen View-Editor.

Erstellen einer Remote-Tabelle

Beim Erstellen einer Remote-Tabelle gehen Sie im Prinzip genauso vor wie beim Erstellen eines normalen Views. Dazu wechseln Sie vom Reiter REPOSITORY zu SOURCES (siehe Abbildung 3.42) und wählen ein Objekt aus einem angeschlossenen Quellsystem aus.

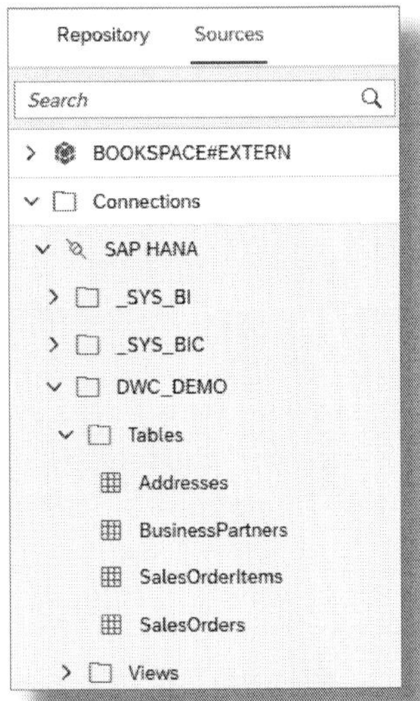

Abbildung 3.42: Remote-Tabelle erstellen

Ziehen Sie das ausgewählte Objekt mit der Maus in den Arbeitsbereich. Sie werden direkt gefragt, ob Sie die Tabelle auch importieren und implementieren möchten (siehe Abbildung 3.43).

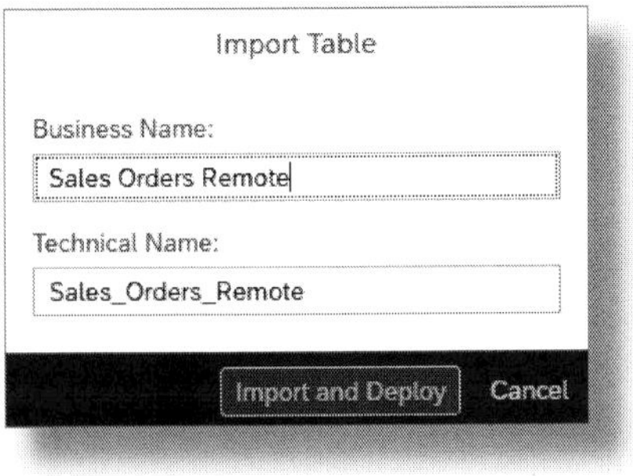

Abbildung 3.43: Remote-Tabelle importieren

Nach der erfolgreichen Implementierung der Remote-Tabelle erscheinen in den Eigenschaften (PROPERTIES) zusätzliche Informationen (siehe Abbildung 3.44):

- CONNECTION – Verbindungsdetails <SpaceName>_ <VerbindungsName>
- REMOTE TABLE – Details zur Remote-Tabelle <"SchemaName">.<"TabellenName">
- DATA ACCESS – Details zum Datenzugriff
  - REMOTE – virtueller Zugriff
  - REPLICATED – für replizierte Daten und Snapshots

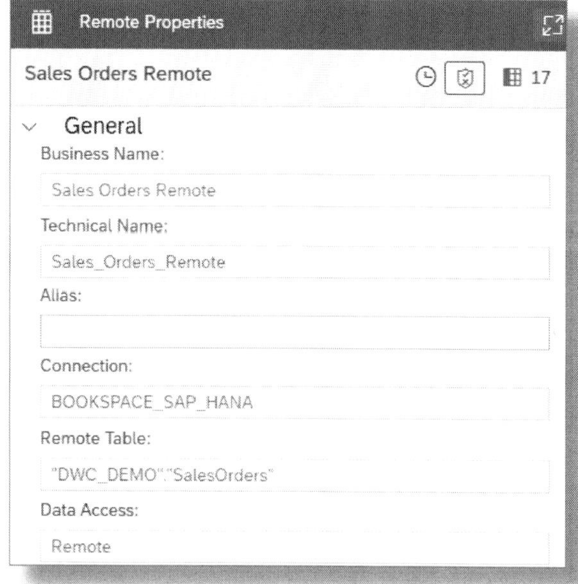

Abbildung 3.44: Remote-Tabellen – Eigenschaften

Den automatisch erzeugten Eins-zu-eins-View der Remote-Tabelle müssen Sie nicht speichern. Die Remote-Tabelle können Sie trotzdem in weiteren Modellierungen verwenden. Sie wird Ihnen als normales Repository-Objekt angezeigt.

Echtzeitreplikation

Um die Echtzeitreplikation verwenden zu können, müssen verschiedene Voraussetzungen erfüllt sein:

- Das Quellsystem muss generell Replikationen unterstützen. Prüfen Sie dazu Tabelle 2.1 in Abschnitt 2.4.
- Die Tabellen müssen *Change Data Capture (CDC)* ermöglichen, also die Änderungen Ihrer Daten erfassen. Ist dies nicht möglich, so erhalten Sie folgenden Hinweis beim Versuch, die Echtzeitreplikation zu aktivieren:

  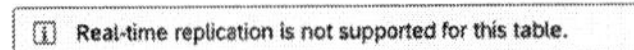

- Falls die Tabelle implementiert wurde, bevor Data Warehouse Cloud die Echtzeitreplikation unterstützt hat (mit Version 2020.6), müssen Sie die Tabelle erneut implementieren.
- Views im Quellsystem werden nicht unterstützt.
- Für ABAP-basierte ODP-Quellen wird die Echtzeitreplikation in folgenden Fällen unterstützt:
  - ODP-BW: für alle Standard-Data-Store-Objekte,
  - ODP-CDS: für alle ABAP-CDS-Views mit Primärschlüssel,
  - ODP-SAPI: für alle Extraktoren, die deltafähig sind (Delta-Methode ADD* nicht zulässig) und einen Primärschlüssel besitzen.

Freigegebene ODP-Extraktoren

Eine Übersicht aller für die ODP-Replikation freigegebenen Extraktoren finden Sie im SAP-Hinweis 2232584:

https://launchpad.support.sap.com/#/notes/2232584.

Sind alle genannten Voraussetzungen erfüllt, gehen Sie wie folgt vor:

Wählen Sie zuerst im Hauptmenü (siehe Abbildung 1.2) den *Datenintegrationsmonitor* [Data Integration Monitor] und dort den Space mit den zu replizierenden Tabellen aus. Markieren Sie in der Liste der Remote-Tabellen (siehe Abbildung 3.45) die zu replizierende Tabelle. Oberhalb der Tabelle in der Dropdown-Liste zu TABLE REPLICATION (Tabellenreplikation) können Sie die Option von REMOTE auf ENABLE REAL-TIME ACCESS (Echtzeitreplikation) umstellen.

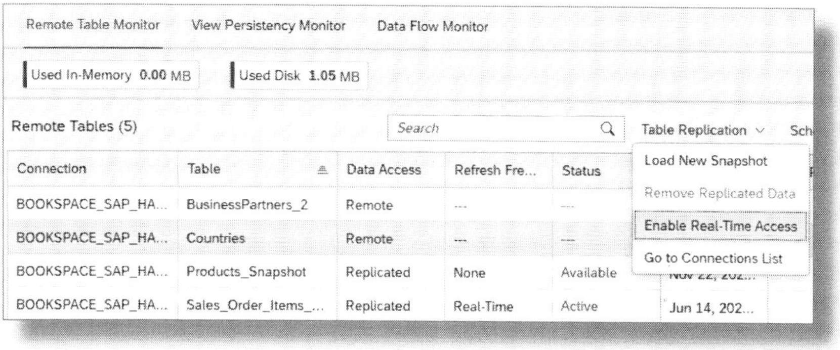

Remote Table Monitor | View Persistency Monitor | Data Flow Monitor

Used In-Memory 0.00 MB | Used Disk 1.05 MB

Remote Tables (5) — Search — Table Replication

Load New Snapshot / Remove Replicated Data / Enable Real-Time Access / Go to Connections List

Connection	Table	Data Access	Refresh Fre...	Status	
BOOKSPACE_SAP_HA...	BusinessPartners_2	Remote	---	---	
BOOKSPACE_SAP_HA...	Countries	Remote	---	---	
BOOKSPACE_SAP_HA...	Products_Snapshot	Replicated	None	Available	
BOOKSPACE_SAP_HA...	Sales_Order_Items_...	Replicated	Real-Time	Active	Jun 14, 202...

Abbildung 3.45: Echtzeitreplikation einschalten

Die Replikation wird nun im Hintergrund ausgeführt; deren Fortschritt erkennen Sie anhand des STATUS unter REMOTE TABLE MONITOR (siehe Abbildung 3.46). Zunächst steht der Status für die Replikation auf INITIALIZING und ändert sich, sobald die Replikation etabliert ist, auf ACTIVE. Daneben werden auch das Datum und die Uhrzeit der letzten Aktualisierung sowie die Größe der Remote-Tabelle angezeigt.

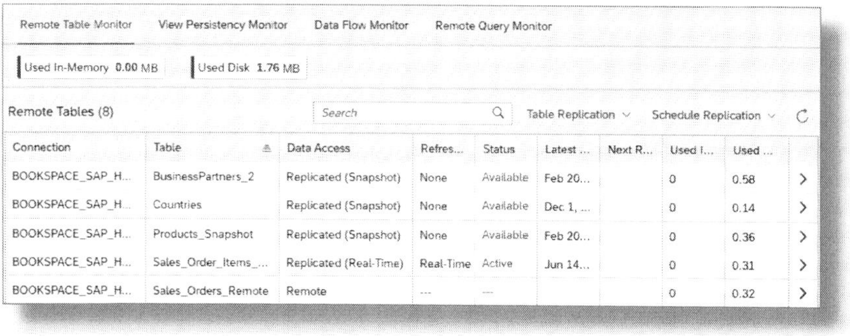

Remote Table Monitor | View Persistency Monitor | Data Flow Monitor | Remote Query Monitor

Used In-Memory 0.00 MB | Used Disk 1.76 MB

Remote Tables (8) — Search — Table Replication — Schedule Replication

Connection	Table	Data Access	Refres...	Status	Latest ...	Next R...	Used I...	Used ...	
BOOKSPACE_SAP_H...	BusinessPartners_2	Replicated (Snapshot)	None	Available	Feb 20...		0	0.58	>
BOOKSPACE_SAP_H...	Countries	Replicated (Snapshot)	None	Available	Dec 1, ...		0	0.14	>
BOOKSPACE_SAP_H...	Products_Snapshot	Replicated (Snapshot)	None	Available	Feb 20...		0	0.36	>
BOOKSPACE_SAP_H...	Sales_Order_Items_...	Replicated (Real-Time)	Real-Time	Active	Jun 14...		0	0.31	>
BOOKSPACE_SAP_H...	Sales_Orders_Remote	Remote	---	---			0	0.32	>

Abbildung 3.46: Monitor für Remote-Tabellen

Zu den Laufzeitdetails kommen Sie über den Pfeil > ganz rechts in der Tabelle. Auf der linken Seite des sich öffnenden Fensters sind die einzelnen Ausführungen aufgelistet, und rechts daneben finden Sie die Details zu den jeweiligen Läufen (siehe Abbildung 3.47).

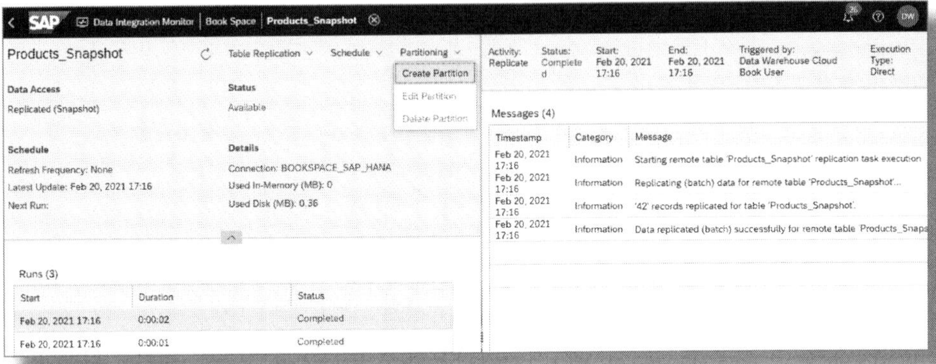

Abbildung 3.47: Log-Details

Wenn Sie zum virtuellen Zugriff zurückkehren möchten, dann wählen Sie in der Dropdown-Liste zur Tabellenreplikation in Abbildung 3.45 REMOVE REPLICATED DATA (replizierte Daten entfernen) für die Tabelle aus.

Für Replikationen von Tabellen mit größeren Datenmengen sollten Sie die *Partitionierung* verwenden, die Sie in den Log-Details einstellen können (siehe Abbildung 3.47). Dazu erzeugen Sie mittels CREATE PARTITION eine neue Partitionierung und geben jeweils die Unter- und Obergrenzen der Partitionierungsintervalle sowie die Anzahl der parallelen Prozesse an (siehe Abbildung 3.48).

Damit teilen Sie einen großen Datenbestand in kleinere Partitionen auf und können diese auch parallel übertragen. Gleichzeitig wird die Tabelle in Data Warehouse Cloud nach ebendiesen Kriterien partitioniert. Diese Vorgehensweise macht nicht nur die Datenübertragung effizienter, sondern verringert auch die Belastung des Quellsystems und optimiert das Schreiben in Data Warehouse Cloud.

Eine Spalte, die als Partitionierungskriterium dient, muss Bestandteil des Tabellenschlüssels sein.

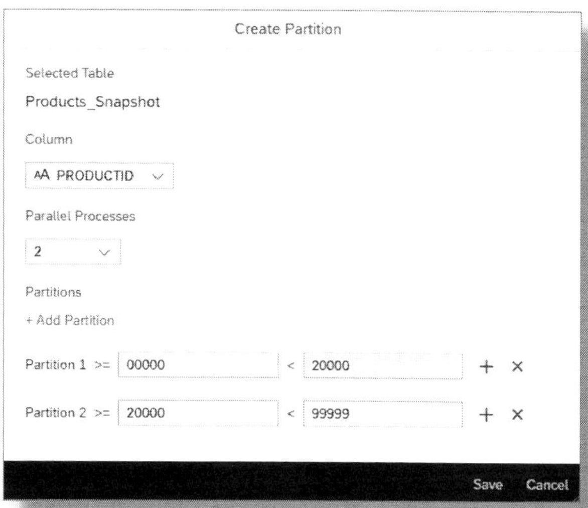

Abbildung 3.48: Partitionierungseinstellungen

Snapshot

Um nur eine Momentaufnahme (Snapshot) der Daten zu laden, wählen Sie in der Dropdown-Liste CREATE SNAPSHOT SCHEDULE (siehe Abbildung 3.49) und starten damit die Replikation eines Snapshots. In der Spalte REFRESH FREQUENCY (Aktualisierungshäufigkeit) sehen Sie den Eintrag NONE, der auf einen Snapshot hinweist.

Search | Table Replication | Schedule Replication: Create Snapshot Schedule, Edit Schedule, Delete Schedule

Table	Data Access	Refresh Fre...	Status	Latest U...		
BusinessPartners_2	Remote	---	---			>
Countries	Remote	---	---			>
Products_Snapshot	Replicated	None	Available	Nov 22, 202...	0	>

Abbildung 3.49: Snapshots einplanen

Möchten Sie einen Snapshot zu einem späteren Zeitpunkt aktualisieren, dann wählen Sie in der Dropdown-Liste erneut CREATE SNAPSHOT SCHEDULE. Dadurch werden die lokalen Daten gelöscht, und ein neuer Snapshot wird für die Tabelle geladen. Auch bei den Snapshots werden das Datum und die Uhrzeit der letzten Aktualisierung sowie die Größe der Remote-Tabelle angezeigt.

Sie können die Erstellung von Snapshots auch regelmäßig einplanen, indem Sie einen Zeitplan (SCHEDULE) dafür erstellen. Details zu den Einplanungsmöglichkeiten finden Sie in Abschnitt 3.7 für das Data Flow Scheduling und Monitoring beschrieben; diese sind für Snapshots identisch.

3.4.7 Weitere View-Eigenschaften und Funktionen im View-Editor

Datenvorschau

Wie im Tabellen-Editor gibt es auch hier eine Datenvorschau ( ), die im unteren Bildschirmbereich ausgegeben wird (siehe Abbildung 3.50). Eine Vorschau auf die Daten ist an jedem Objektknoten möglich. Damit lässt sich einfach nachvollziehen, ob die Transformationslogik in den einzelnen Schritten korrekt angewendet wurde und die Daten richtig dargestellt werden.

Die einzelnen Spalten der Vorschau können Sie über auf- oder absteigend sortieren und zusätzlich Filterwerte eingeben. Bei Remote-Tabellen wird die Filterung und Sortierung auf den gesamten Datenbestand angewendet, und es werden maximal 1.000 Datensätze in der Vorschau angezeigt. Suchen Sie bestimmte Datensätze, dann empfiehlt es sich, die angezeigten Sätze durch Filterkriterien einzugrenzen.

Rechts oberhalb der Datenvorschau in Abbildung 3.50 bietet der View-Editor die Möglichkeit, die Daten aufzufrischen oder über die Einstellungen die Auswahl der angezeigten Spalten zu definieren bzw. deren Reihenfolge zu ändern (siehe Abbildung 3.51).

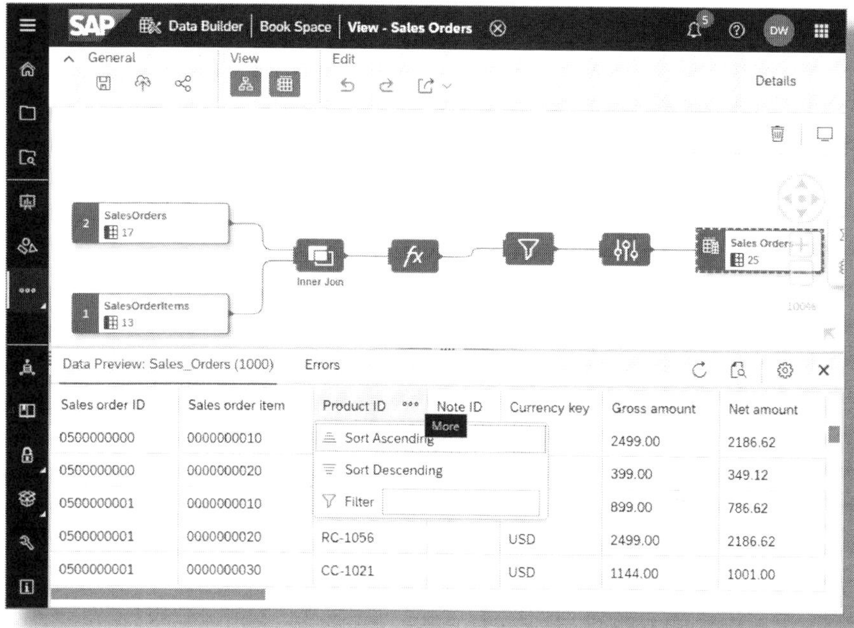

Abbildung 3.50: Datenvorschau

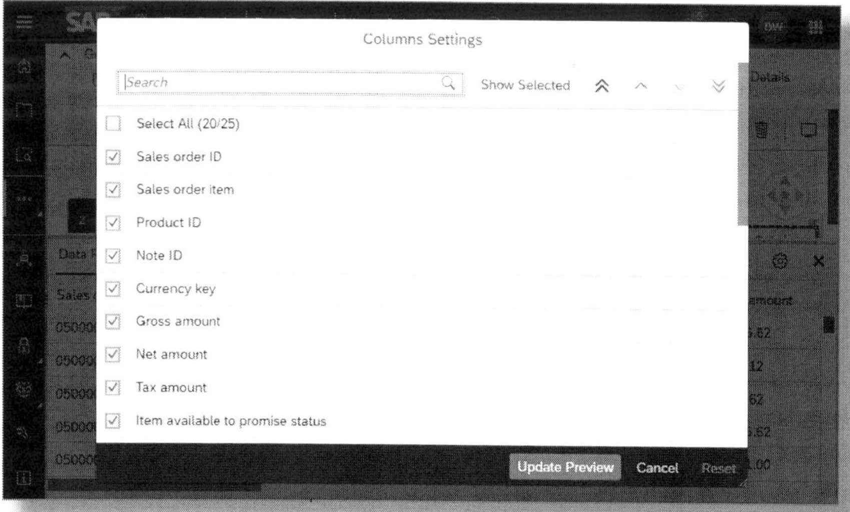

Abbildung 3.51: Datenvorschau – Spaltenauswahl

Die Schaltfläche ermöglicht die Anzeige des SQL-Statements (siehe Abbildung 3.52). Dieses können Sie z. B. kopieren und als Ausgangspunkt für einen SQL-View verwenden, der im nächsten Abschnitt näher beschrieben wird.

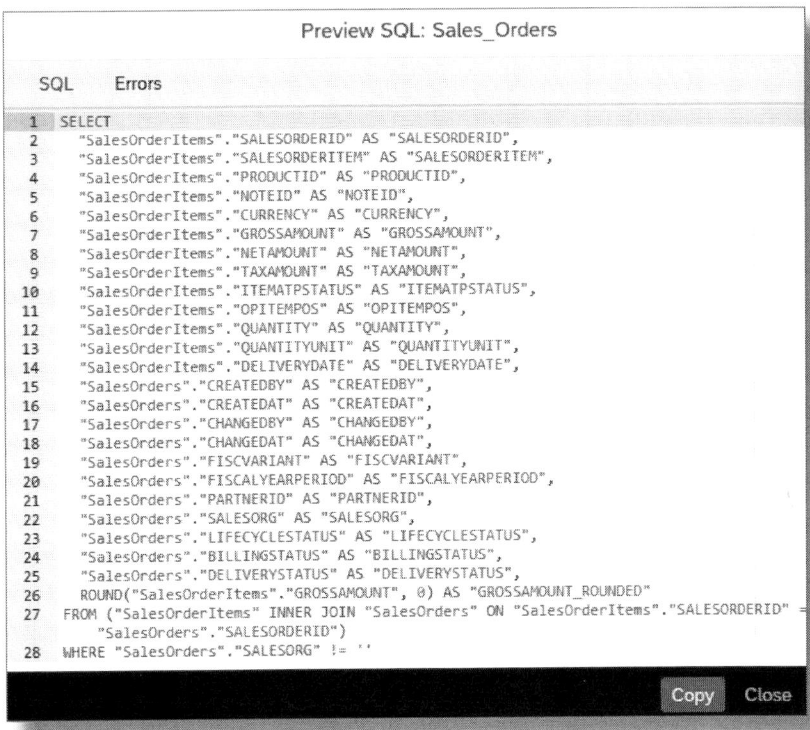

Abbildung 3.52: SQL-Vorschau

Im Editor öffnen

Die Option IM EDITOR ÖFFNEN tut genau das, was man erwartet. Sie öffnet das entsprechende Objekt in seinem jeweiligen Editor: Tabellen im Tabellen-Editor und Views im View-Editor.

Assoziationen

Ähnlich wie bei Tabellen können Sie in den View-Eigenschaften auch Assoziationen modellieren, z. B. zwischen analytischen Datensets, Texten und Dimensionen.

Datenzugriffskontrolle

Die *Datenzugriffskontrolle* (DATA ACCESS CONTROL) ermöglicht benutzerspezifische Einschränkungen beim Zugriff auf Daten. Sie bestimmt letztlich, welcher Benutzer welche Daten zu sehen bekommt. Wie Sie Datenzugriffskontrollen erstellen und was dabei zu beachten ist, finden Sie in Abschnitt 6.3.

In den View-Eigenschaften können Sie einem View mehrere Datenzugriffskontrollen zuordnen (siehe Abbildung 3.53).

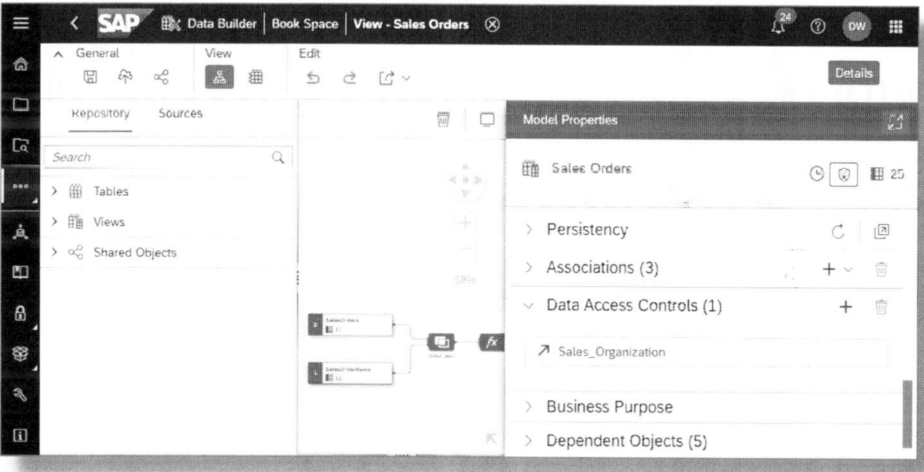

Abbildung 3.53: Auswahl des Berechtigungsobjekts

Im nächsten Schritt müssen Sie die Verknüpfung zwischen dem View und der Datenzugriffskontrolle festlegen. Dies erfolgt über einen JOIN der entsprechenden Felder (siehe Abbildung 3.54).

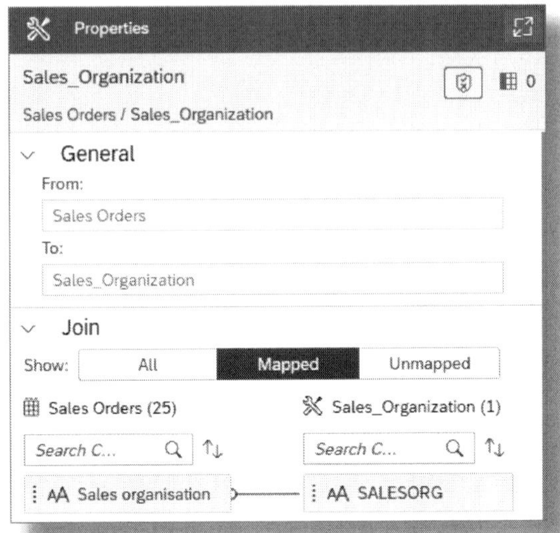

Abbildung 3.54: Verknüpfung von View und Datenzugriffskontrolle

Sobald Sie den View implementieren, greifen die verknüpften Datenzugriffskontrollen auch in der Datenvorschau der Zielstruktur.

Views für andere freigeben (share) und verwenden

Views können Sie genauso wie Tabellen für Nutzer anderer Spaces freigeben. Der Prozess ist bereits in Abschnitt 3.2 genauer beschrieben.

Sobald für Ihren Space freigegebene Objekte existieren, erhalten Sie dafür in der Repository-Übersicht auf der linken Seite (siehe Abbildung 3.55) den zusätzlichen Bereich SHARED OBJECTS. Im aktuellen Beispiel ist die Tabelle `TABLE_1` freigegeben.

Die Eigenschaften dieser Tabelle (siehe Abbildung 3.56) zeigen das deutlich an: Dem technischen Namen wird der technische Name des Space vorangestellt, der noch einmal unterhalb des Feldes ALIAS in einem gesonderten Feld SPACE NAME aufgeführt ist. Ansonsten unterscheidet sich der Umgang mit freigegebenen Objekten nicht von demjenigen mit den im eigenen Space erstellten.

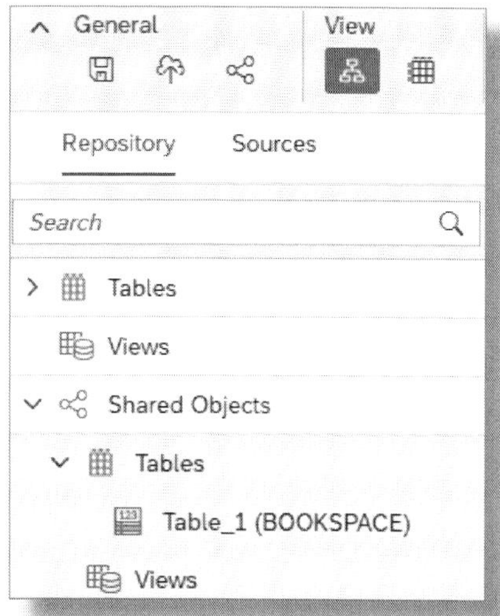

Abbildung 3.55: Freigebende Objekte verwenden

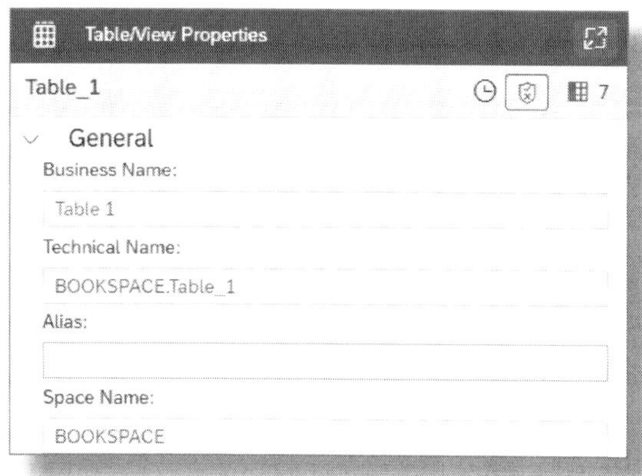

Abbildung 3.56: Eigenschaften der freigegebenen Tabelle im View

Wiederherstellung der letzten Version

Falls während des Aufbaus von Datenmodellen Fehler auftreten, ist es hilfreich, auf die zuvor funktionierende Version zu wechseln. Diese Möglichkeit bieten die Editoren für E/R-Modelle, grafische und SQL-

Views und Tabellen. In Abschnitt 3.2.4 ist der Prozess genauer beschrieben.

Abhängige Objekte

Auch in den View-Eigenschaften finden Sie eine Liste der abhängigen Objekte (DEPENDENT OBJECTS). Im Beispiel in Abbildung 3.57 wird der View fünf weitere Male verwendet, davon dreimal als Assoziation und zweimal als Quellobjekt.

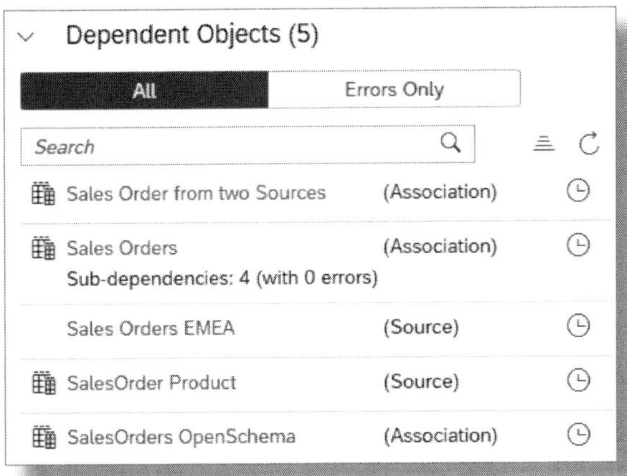

Abbildung 3.57: Abhängige Objekte

Persistente Views

Die Funktion der Persistenz (PERSISTENCY) ermöglicht es Ihnen, die Daten der View-Zielstruktur physisch abzuspeichern. In anderen Lösungen spricht man auch von *materialisierten Views*.

Im Unterschied zur Echtzeitreplikation bzw. zu Snapshots aus dem vorigen Abschnitt, werden hier die Daten **nach den Transformationen** gespeichert, also nicht auf Ebene der Quelldatenstrukturen vor der Veränderung durch die Transformationen. Diese Vorgehensweise kann aus verschiedenen Gründen sinnvoll sein, wobei Performance sicherlich einer der wichtigsten ist.

In den View-Eigenschaften finden Sie die Möglichkeit, eine View-Persistenz zu erzeugen oder bereits vorhandene persistierte Daten zu entfernen (siehe Abbildung 3.58).

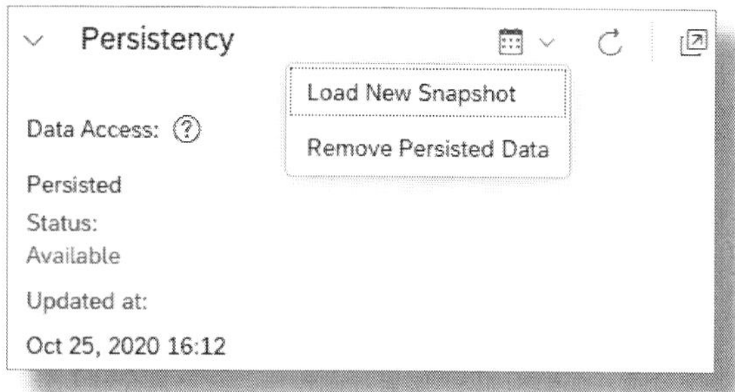

Abbildung 3.58: View-Eigenschaften zur Persistenz

Über die Schaltfläche lässt sich ein Snapshot laden oder eine existierende Persistenz entfernen. Daneben können Sie Ihre View-Persistenz auffrischen oder mittels Klick auf zum *Persistenzmonitor* wechseln.

Der Persistenzmonitor bietet eine ausführlichere Sicht auf alle persistierten Views (siehe Abbildung 3.59). Zu dieser Übersicht gelangen Sie außerdem über das Hauptmenü (Datenintegrationsmonitor) mit Klick auf VIEW PERSISTENCY MONITOR.

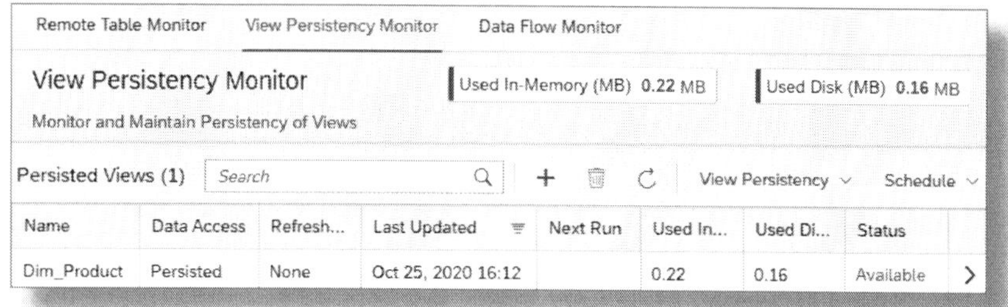

Abbildung 3.59: View-Persistenzmonitor

Im Monitor können Sie neue View-Persistenzen anlegen, diese auffrischen oder auch löschen. Außerdem lässt sich die Erstellung der Persistenz regelmäßig einplanen, indem Sie einen Zeitplan (SCHEDULE) dafür erstellen. Wie Sie dabei genau vorgehen, beschreibe ich am Beispiel »Data Flow Scheduling und Monitoring« in Abschnitt 3.7.3.

! Persistente Views und Datenzugriffskontrolle

Wenn Sie die Funktionen View-Persistenz und Datenzugriffskontrolle gleichzeitig verwenden möchten, dann prüfen Sie zuvor bitte den SAP-Hinweis 3001162 »Using Data Access Controls and View Persistency in the same View«.

Eingabeparameter

Eingabeparameter werden verwendet, um Daten flexibel zu filtern, indem die Benutzer von Berichten Parameter eintragen. Diese werden zur Laufzeit des Berichts als Filter an die Datenmodelle durchgereicht, woraufhin die Daten gemäß den eingegebenen Parametern abgerufen werden. Die Eingabeparameter können Sie im grafischen oder auch im SQL-View-Editor in den View-Eigenschaften erstellen (siehe Abbildung 3.60).

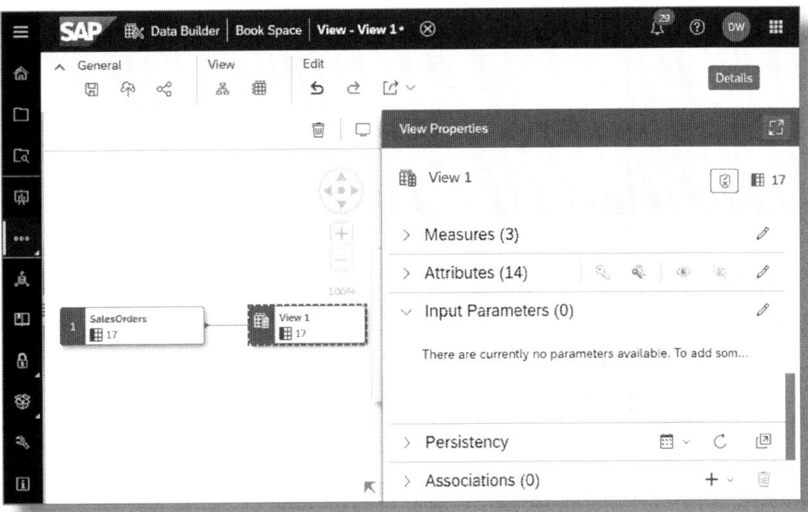

Abbildung 3.60: Eingabeparameter bei grafischen Views

Über die Schalfläche 🖉 erzeugen Sie neue oder editieren bestehende Eingabeparameter. Dazu vergeben Sie, wie in Abbildung 3.61 zu sehen, einen technischen Namen sowie eine Beschreibung, definieren den Datentypen und je nach Datentyp weitere Eigenschaften, wie etwa die Länge einer Zeichenkette. Das Beispiel verwendet einen Parameter für die Vertriebsorganisation mit dem Datentyp String (4).

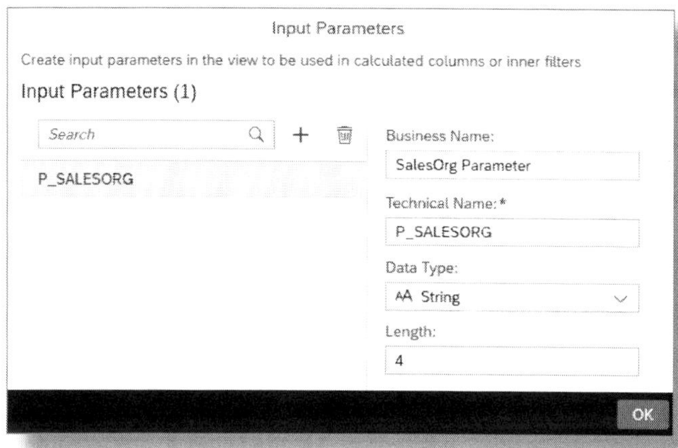

Abbildung 3.61: Eingabeparameter definieren

Jetzt können Sie diesen Parameter als Filter in einer berechneten Spalte oder innerhalb des Datenmodells verwenden. Im Beispiel in Abbildung 3.62 kommt der Parameter P_SalesOrg in einer Berechnung der Spalte Sales Organization zum Einsatz.

Nach der View-Implementierung ist der Eingabeparameter einsatzbereit. Sie können das z. B. direkt in der Datenvorschau testen und erhalten auch dort die Maske zur Eingabe der eben definierten Parameterwerte (siehe Abbildung 3.63).

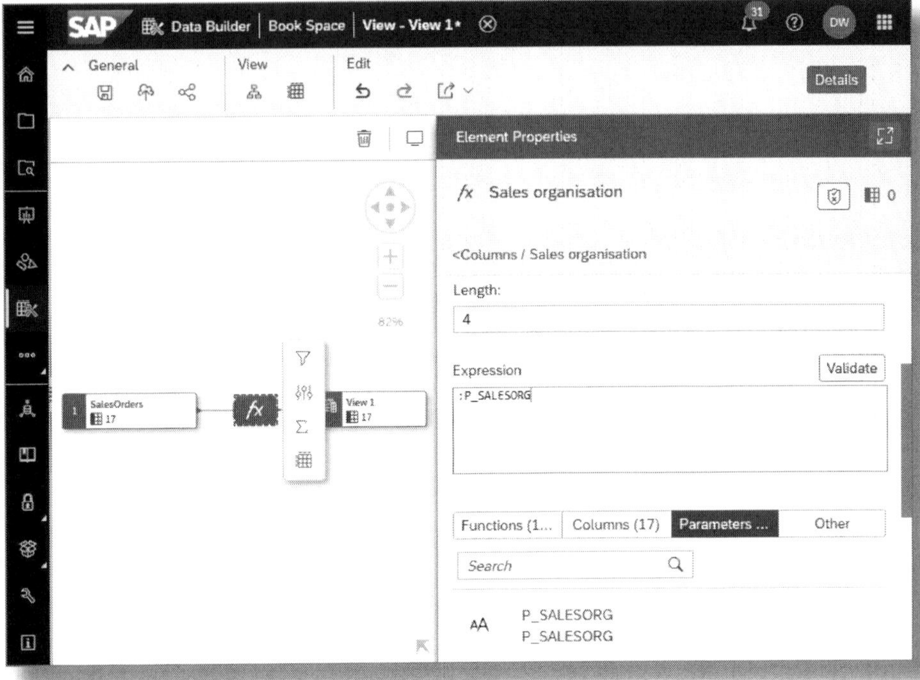

Abbildung 3.62: Eingabeparameter verwenden

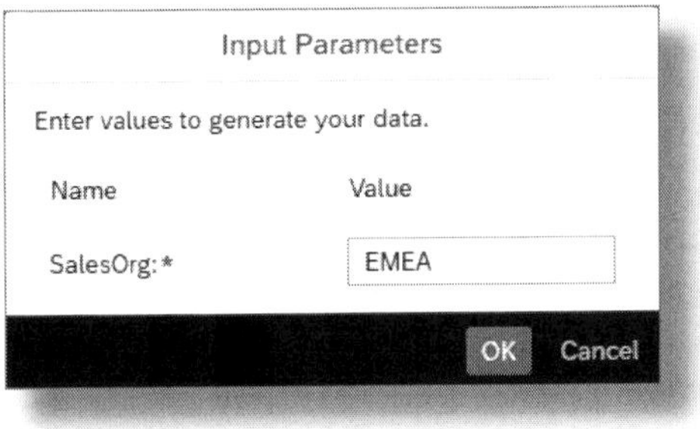

Input Parameters
Enter values to generate your data.
Name
Value
SalesOrg: *
EMEA
OK
Cancel

Abbildung 3.63: Parametereingabe

Mit Version 2021.12 wurden erstmals Eingabeparameter eingeführt. Es können nur Einzelwerte als verpflichtendes Eingabefeld benutzt werden. Die Unterstützung von Bandbreiten (Ranges), Variablen, Standardwerten, Wertehilfen, die Verwendung in Dimensionen und Hierarchien sowie weitere Funktionen sollen in zukünftige Versionen Einzug halten.

3.4.8 Währungsumrechnung

Die Währungsumrechnung wird zum Zeitpunkt der Drucklegung dieses Buches noch nicht als Standardfunktion in der Modellierung angeboten. Es gibt jedoch eine Möglichkeit, die Umrechnungstabellen aus einem ABAP-basierten Quellsystem zu replizieren und damit die bekannte SAP-Währungsumrechnung auch in Data Warehouse Cloud zu implementieren. Wie Sie das anhand grafischer oder SQL-basierter Views erreichen, beschreibe ich im Folgenden.

Remote-Tabellen anlegen

Stellen Sie sicher, dass Sie in Ihrem Space eine Quellsystemverbindung zu einem ABAP-System haben, in dem die Währungstabellen gepflegt sind.

Erstellen Sie neue grafische Views im Data Builder. Wählen Sie dazu aus dem Quellsystem jeweils eine der in Tabelle 3.2 aufgeführten ABAP-Tabellen aus, ziehen Sie diese auf die Arbeitsfläche und erzeugen Sie daraus die Remote-Tabelle, indem Sie Import and Deploy auswählen.

ABAP-Tabellenname	Beschreibung
TCURV	Konfigurationstabelle
TCURX	Präzisionstabelle
TCURN	Notationstabelle
TCURR	Umrechnungsratentabelle
TCURF	Prefactor-Tabelle
TCURC	Währungstabelle

Tabelle 3.2: Tabellen zur Währungsumrechnung

Speichern und implementieren Sie die Views jeweils mit dem Präfix »V_« im Namen und setzen Sie den Schalter EXPOSE FOR CONSUMPTION (siehe Abschnitt 3.4.1).

Damit haben Sie die Remote-Tabellen im System erzeugt (siehe Abbildung 3.64). Im Datenintegrationsmonitor können Sie nun optional die Echtzeitreplikation einschalten oder die Tabellen über den Remote-Zugriff verwenden.

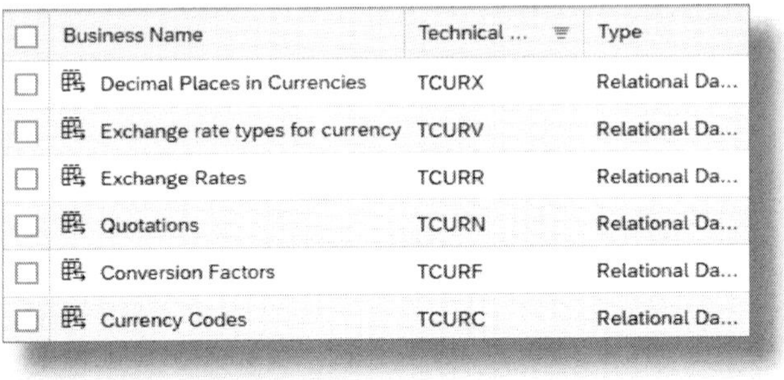

Business Name	Technical ...	Type
Decimal Places in Currencies	TCURX	Relational Da...
Exchange rate types for currency	TCURV	Relational Da...
Exchange Rates	TCURR	Relational Da...
Quotations	TCURN	Relational Da...
Conversion Factors	TCURF	Relational Da...
Currency Codes	TCURC	Relational Da...

Abbildung 3.64: Währungsumrechnung Remote-Tabellen

View anlegen und Währungsumrechnung erstellen

Erstellen Sie einen View für die Tabelle, bei der die Währungsumrechnung zur Anwendung kommen soll. Fügen Sie gemäß Abbildung 3.65 zwischen Quell- und Zielstruktur eine neue berechnete Spalte mit dem in Listing 3.1 gezeigten Code ein.

```
CONVERT_CURRENCY(
            "AMOUNT" => "PRICE",
            "SOURCE_UNIT" => "CURRENCY",
            "TARGET_UNIT" => 'USD',
            "CONVERSION_TYPE" => 'M',
            "REFERENCE_DATE" => CURRENT_DATE,
            "CLIENT" => '002',
            "SCHEMA" => 'ZST_TCUR',
            "ERROR_HANDLING" => 'set_to_null',
            "STEPS" => 'shift,convert,round',
            "PRECISIONS_TABLE" => 'V_TCURX',
            "CONFIGURATION_TABLE" => 'V_TCURV',
            "PREFACTORS_TABLE" => 'V_TCURF',
            "RATES_TABLE" => 'V_TCURR'  )
```

Listing 3.1: Währungsumrechnung

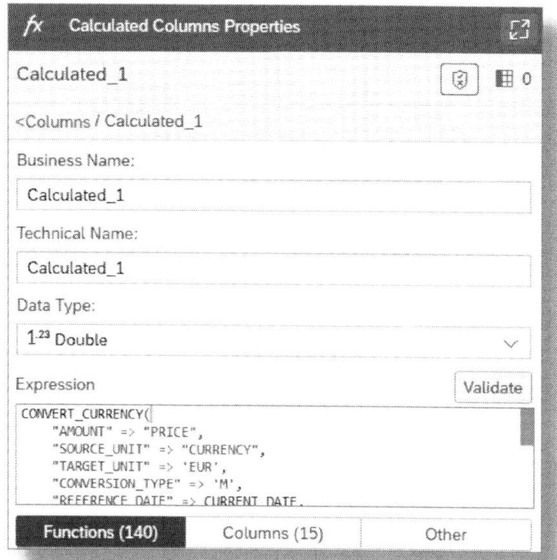

Abbildung 3.65: Währungsumrechnung über berechnete Spalte

Die einzelnen Parameter können Sie nach Ihren Bedürfnissen einstellen. Eine Beschreibung aller Parameter finden Sie in der SAP-Hilfe (siehe Linksammlung zu diesem Buch unter *https://www.espresso-tutorials.de/sap data-warehouse-cloud/*).

Dieselbe Funktion können Sie auch in einen SQL-View einbauen.

Neben der nicht vorhandenen Einbettung in die grafische Benutzeroberfläche ist die fehlende Unterstützung für Eingabeparameter die größte aktuell bekannte Limitation der Währungsumrechnung. Dadurch muss deren Parametrisierung statisch im Script definiert werden.

3.5 SQL-View-Editor

Wer direkt das SQL-Statement für einen View schreiben möchte, der verwendet am besten den SQL-View-Editor. Dieser Ansatz kommt meist den »Scriptern« oder »Codern« entgegen, die wenig mit grafischen Modellierungsumgebungen anfangen können. Wenn Sie nicht mit SQL vertraut sind, ist der grafische View-Editor für Sie eine sehr gute Option.

Eigene Entwicklungsumgebung

Wer eine gewohnte Entwicklungsumgebung nutzen und seine Coding-Werkzeuge verwenden möchte, für den ist der SQL-View-Editor nicht die beste Wahl. Für eine »Developer Experience« mit Ihren eigenen Werkzeugen wird die Variante über das Open-SQL-Schema empfohlen (siehe die Abschnitte 2.5 und 3.8).

Zum Erstellen neuer SQL-Views wählen Sie auf der Startseite des Data Builder die Kachel SQL.

Im SQL-View-Editor können Sie direkt Ihre SQL-SELECT-Anweisung eingeben (siehe Abbildung 3.66). Ähnlich wie im grafischen View-Editor sind aber auch Set-Operatoren wie »Join« oder »Union« anwendbar.

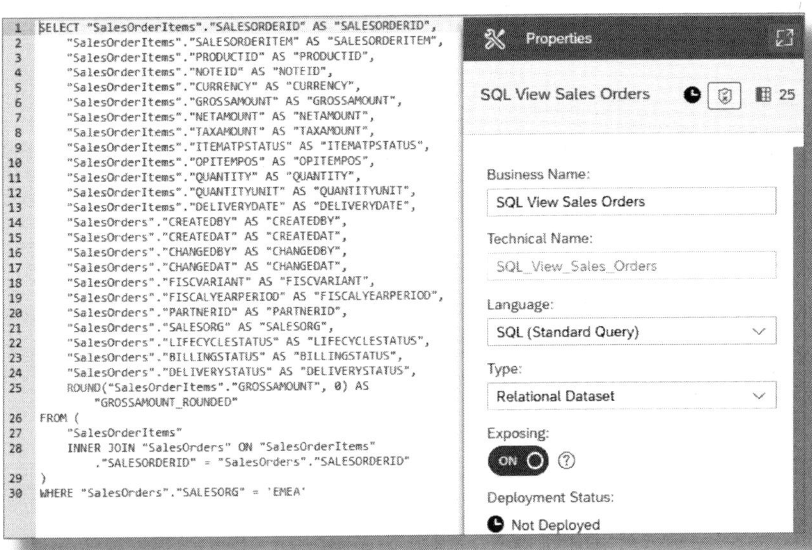

Abbildung 3.66: SQL-View erstellen

Weitere Informationen zu den SQL-SELECT-Anweisungen finden Sie in der SAP-Hilfe (siehe Linkliste unter *https://www.espresso-tutorials.de/sap-data-warehouse-cloud/*).

In den Einstellungen zur Sprache wählen Sie zwischen SQL (STANDARD QUERY) und SQLSCRIPT (TABLE FUNCTION). Letzteres basiert auf einer lesenden *User Defined Table Function* und ermöglicht die Verwendung von Variablen, IF-Abfragen und FOR-Schleifen.

Wie im grafischen View-Editor können Sie auch Assoziationen verknüpfen, die Daten im SQL-View bei Bedarf persistieren, Datenzugriffskontrollen zuweisen und Beschreibungen im Bereich BUSINESS PURPOSE hinterlegen.

Einschränkungen im SQL-View-Editor

Für die Standard-Query gilt aktuell die Einschränkung, dass SQL-Kommentare im üblichen Format `'-- Kommentar'` für einzeilige Kommentare oder `'/* Kommentar */'` für mehrzeilige Kommentare vom SQL-Parser ignoriert und deshalb nicht im SQL-View gespeichert werden.

Sie können die Kommentare aber im Beschreibungsfeld oder über das Open-SQL-Schema in der SQL-Anweisung hinterlegen.

Folgende Einschränkungen gelten für die SQLScript Table Function:

- Keine SQL-DML- oder DDL-Anweisungen
- Keine Eingabeparameter
- Keine freigegebenen Objekte
- Keine Assoziationen

Eventuell werden diese Einschränkungen in einer späteren Version von Data Warehouse Cloud aufgehoben.

3.6 Entity-Relationship-Modell-Editor

Das *Entity-Relationship-Modell* (*E/R-Modell*) ist eine sehr bekannte und gängige Methode, ein konzeptionelles Datenbankmodell in der Entwurfsphase einer Implementierung darzustellen. In Data Warehouse Cloud ist der E/R-Modell-Editor eher technisch als konzeptionell ausgelegt und deshalb im Data Builder angesiedelt. Auf weitere theoretische Ausführungen zu dieser Methode wird verzichtet.

☛ Weitere Informationen zu E/R-Modellen

Bei mehr Interesse zu den theoretischen Grundlagen empfehle ich eine gute Einführung bei Wikipedia (*https://de.wikipedia.org/wiki/Entity-Relationship-Modell*) oder die Literatur von Peter Pin Shan Chen [4], [5].

Entitäten sind Objekte, wie z. B. ein Kunde, ein Produkt oder eine Rechnung, die zueinander in Beziehung (*Relationship*) stehen. Der E/R-Modell-Editor in Data Warehouse Cloud visualisiert Views und Tabellen in einem Datenmodell mit ihren Beziehungen (*Assoziationen*) zueinander. Diese assoziierten Beziehungen werden an die unterliegenden Objekte vererbt und können in den darauf aufbauenden Modellen automatisch verwendet werden. Das wird in den Beispielen im weiteren Verlauf näher erklärt.

Über die Kachel können Sie in der Übersicht des Data Builder ein neues E/R-Modell erstellen. Sie gelangen daraufhin zu einem leeren E/R-Modell-Editor (siehe Abbildung 3.67). Dort werden verschiedene Wege angeboten:

- Neues Modell manuell erstellen
- + Objekte aus einem Repository importieren
- Objekte aus einer Quellsystemverbindung importieren
- Daten aus einer CSN-/JSON-Datei importieren

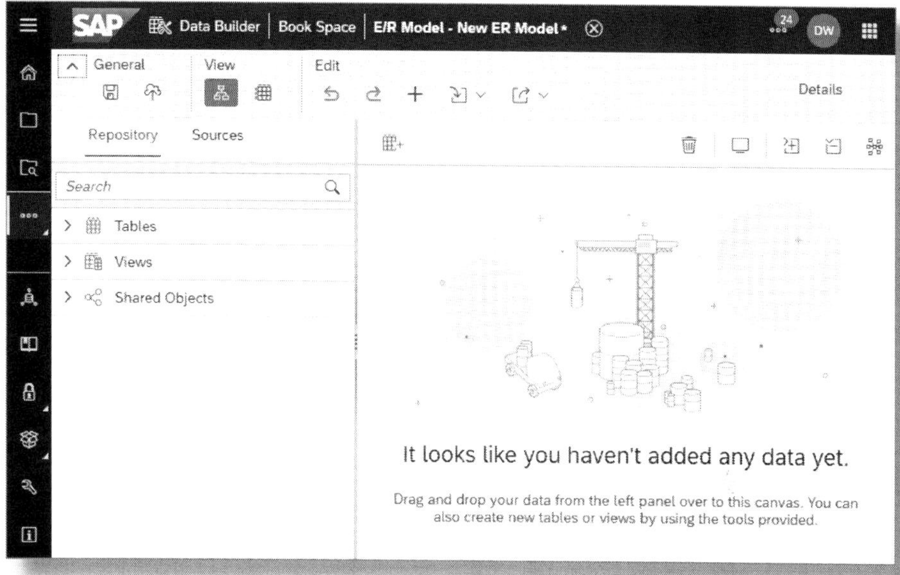

Abbildung 3.67: E/R-Modell-Editor ohne Modell

3.6.1 Neues Modell manuell erstellen

Eine neue Tabelle innerhalb eines E/R-Modells legen Sie über das Icon an. Daraufhin erhalten Sie ein Tabellenobjekt, welches Sie mit der Maus auf der Modellierungsfläche frei positionieren können.

Dabei handelt es sich um eine leere Tabelle (siehe Abbildung 3.68), die anfänglich eine Fehlermeldung anzeigt, da noch keine Felder zugewiesen sind.

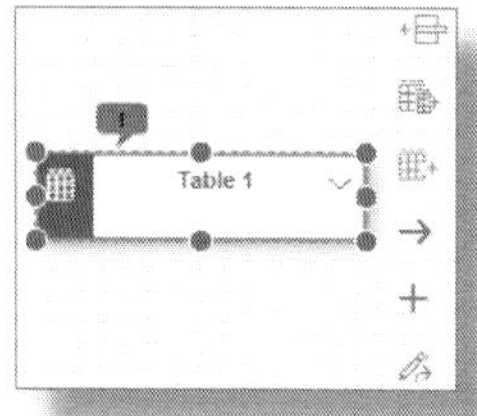

Abbildung 3.68: E/R-Modell – Tabelle erstellen

Die Felder können Sie über das Kontextmenü bzw. den Eigenschaftsbereich auf der rechten Bildschirmseite hinzufügen (siehe Abbildung 3.69) oder über die Tabelleneigenschaften wieder entfernen .

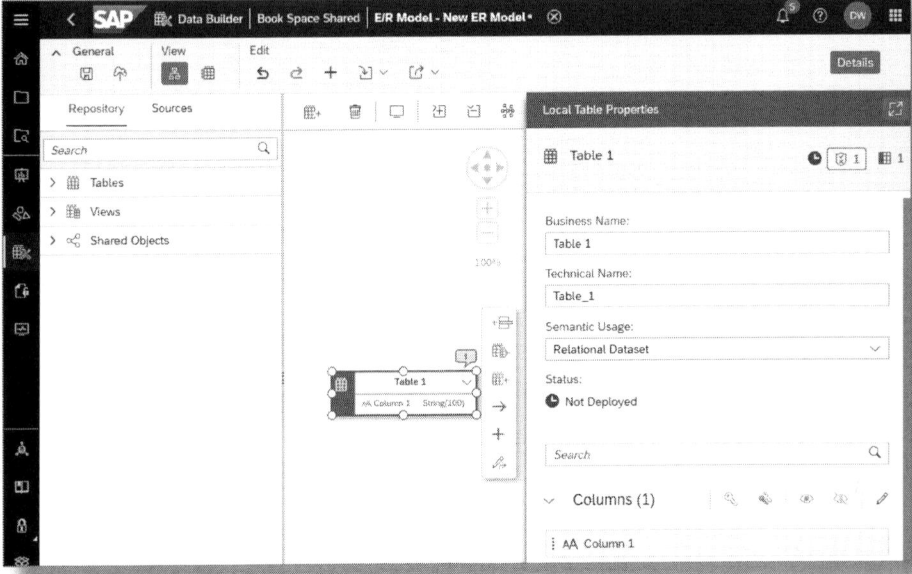

Abbildung 3.69: E/R-Modell – Tabelleneigenschaften

Ähnlich wie bei der Anlage von Tabellen im Tabellen-Editor können Sie pro Feld einen technischen und einen Business-Namen vergeben, den Datentyp festlegen sowie bestimmen, ob ein Feld als Schlüsselfeld dienen soll. Standardmäßig wird der Datentyp `String(100)` vergeben. Auch hier lassen sich die Tabelleneigenschaften pflegen, die in Abschnitt 3.2 näher beschrieben wurden.

Im Kontextmenü der Tabelle haben Sie weitere Optionen:

- View aus einer Auswahl erstellen
- Tabelle erstellen
- → Assoziation erstellen

+ Zugehörige Entitäten hinzufügen

In Tabellen-Editor öffnen

Datenvorschau öffnen

Die Reihenfolge der Felder variieren Sie, indem Sie einzelne Felder auswählen und deren Position über die Pfeile nach unten ▽ oder oben △ verändern. Genau wie im Tabellen- oder View-Editor können Sie beim Typ »Dimension« auch Hierarchien anlegen (siehe Abschnitt 3.3). Ebenso speichern Sie die E/R-Modelle im lokalen Repository und implementieren sie in der Datenbank über .

Wenn Sie auf den Hintergrund des Editors klicken, werden die Eigenschaften des E/R-Modells angezeigt (siehe Abbildung 3.70).

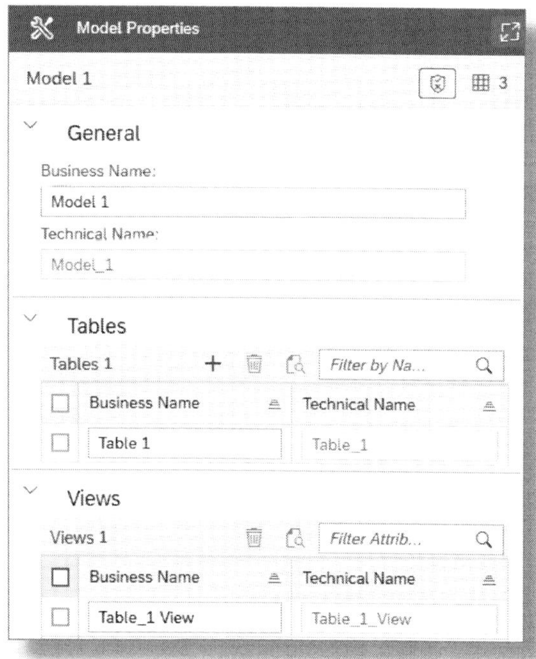

Abbildung 3.70: E/R-Modell-Eigenschaften

Wie Sie effizienter modellieren

Ein Vorteil des E/R-Modell-Editors gegenüber den anderen Data-Builder-Editoren ist das schnelle Wechseln zu anderen Objekten, um dort Anpassungen vorzunehmen. Dieses gleichzeitige Bearbeiten von verschiedenen Objekten ist nur im E/R-Modell-Editor möglich.

In Modellen, wie sie z. B. in Abbildung 3.74 oder Abbildung 3.77 gezeigt werden, können Sie Objekte und deren Eigenschaften direkt aus einem Editor heraus bearbeiten, sichern und implementieren, ohne beim Wechsel zwischen den Objekten den Editor jedes Mal verlassen zu müssen. Bei größeren Modellen lassen sich so Assoziationen und Hierarchien sehr effizient anlegen und pflegen.

3.6.2 Export und Import aus einem Repository

Bestehende Objekte aus dem aktuellen Repository können Sie ebenfalls importieren. Wenn Sie das Repository auf der linken Seite Ihres Bildschirms öffnen, sehen Sie alle vorhandenen Tabellen und Views, die Sie einzeln auswählen und in den Arbeitsbereich ziehen können. Objekte fügen Sie einfach über + hinzu. Darüber hinaus lassen sich in einem Dialog alle Objekte im lokalen Repository auswählen und importieren.

Ein weiterer möglicher Weg, bestehende Modelle zwischen Systemen oder auch unterschiedlichen Spaces innerhalb eines Systems effizient auszutauschen, ist das Speichern in einer CSN-Datei über die Exportfunktion.

3.6.3 Import aus Quellsystemverbindungen

Erzeugen Sie ein neues E/R-Modell und importieren Sie dorthin Objekte aus einer bestehenden Quellsystemverbindung (siehe Abbildung 3.71).

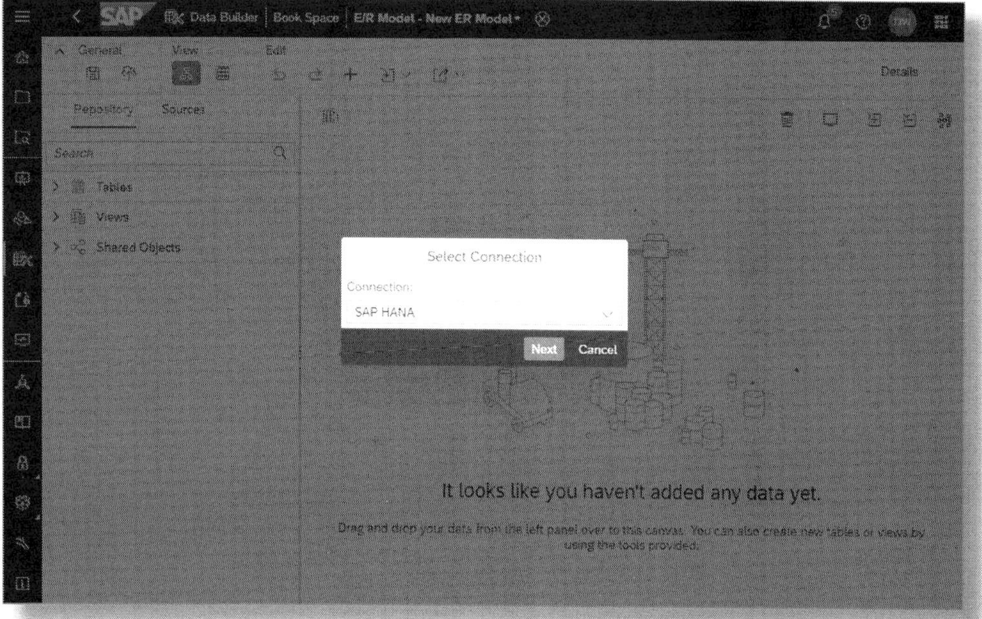

Abbildung 3.71: Modell aus Verbindung importieren

Auf diesem Weg können Sie *Reverse Engineering* eines bestehenden Modells aus einem anderen System anwenden. Damit vermeiden Sie eine manuelle Übertragung der Tabellenstrukturen.

Nachdem Sie das System bestimmt haben, erhalten Sie eine Auswahlmaske, in der Sie alle zu importierenden Datenbankobjekte selektieren (siehe Abbildung 3.72).

Im folgenden Dialogschritt (siehe Abbildung 3.73) werden alle zu importierenden Objekte geprüft, insbesondere dahingehend, ob Sie bereits im Space existieren. Vorhandene Objekte werden ganz links mit einer farbigen Markierung versehen, und in der Spalte STATUS (ganz rechts) steht ALREADY IN THE REPOSITORY. Ihr technischer Name ist dann weder änder- noch überschreibbar. Auch nicht benötigte Objekte können Sie an dieser Stelle markieren ☑ und aus der Liste löschen 🗑.

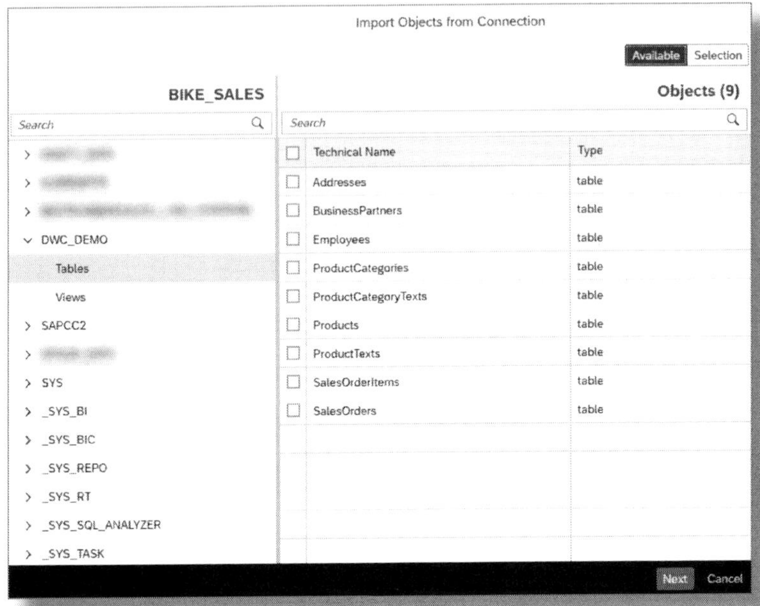

Abbildung 3.72: Objektauswahl

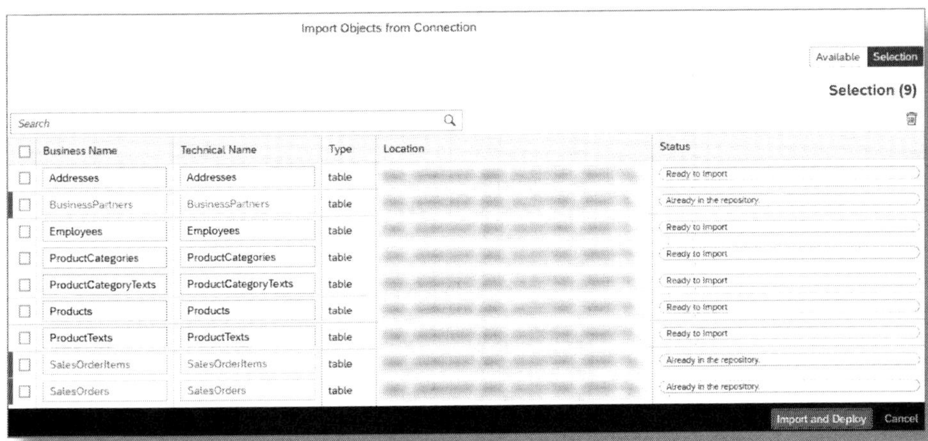

Abbildung 3.73: Objektprüfung

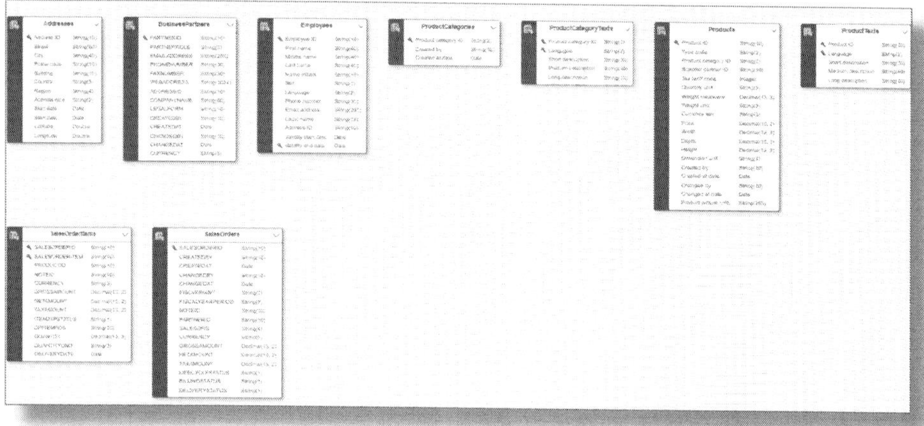

Abbildung 3.74: Importiertes E/R-Modell aus einer Verbindung

Alle weiteren Objekte in der Liste werden über `Import and Deploy` in das E/R-Modell übernommen und während des Importprozesses direkt implementiert (siehe Abbildung 3.74). Vergeben Sie noch einen Namen für Ihr E/R-Modell und speichern Sie es.

In diesem Importbeispiel bestehen keine Assoziationen. Beim Import der JSON-Beispieldatei im nächsten Abschnitt ist dies allerdings der Fall. Dann zeigt das Diagramm (siehe Abbildung 3.77) auch die Verbindungen zwischen den Tabellen.

3.6.4 Export und Import mit CSN-Dateien

Modelle in Data Warehouse Cloud werden im Format CSN (**C**ore Data Services **S**chema **N**otation) intern abgespeichert. Diese Dateien können Sie ex- und importieren. Dabei handelt es sich um JavaScript-Objekte. Ein bestehendes Modell können Sie – wie zuvor schon erwähnt – über die Exportfunktion in einer CSN-Datei speichern.

Erzeugen Sie ein neues E/R-Modell und importieren Sie dann Objekte aus einer CSN-Datei (siehe Abbildung 3.75). Hier wird die Datei BIKE SALES MODEL.JSON importiert.

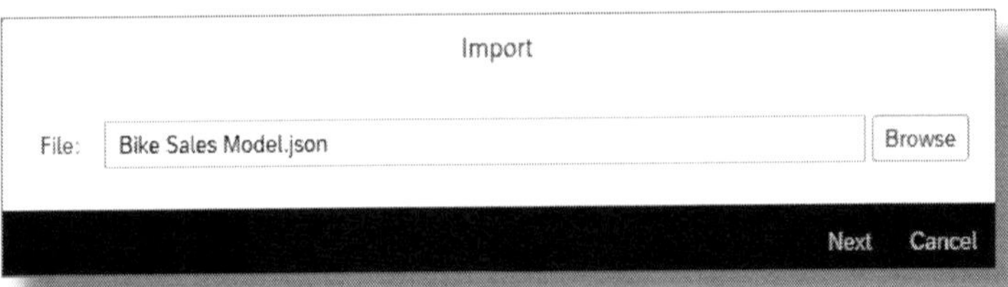

Abbildung 3.75: Selektion der importierten Datei

Nach der Selektion der Datei legen Sie fest, welche Objekte tatsächlich importiert werden sollen. Sie können auch alle auswählen und IMPORTIEREN drücken (siehe Abbildung 3.76).

Weiterführende Informationen zu CSN/JSON

CSN (gesprochen als »Season«) ist die Notation für eine kompakte Darstellung von CDS-Objekten (Core Data Services), ähnlich einem JSON-Schema; jedoch geht das Format über das klassische JSON-Format hinaus, um E/R-Modelle und deren Erweiterungen (z. B. Annotationen) vollständig abbilden zu können.

Mehr zu CDS und CSN: *https://cap.cloud.sap/docs/cds/csn.*

Mehr zum JSON-Schema: *http://json-schema.org/.*

Select Objects to Import

Search

Business Name	Technical Name	Type	Status
Addresses	Addresses	Local Table	Ready to Import
BusinessPartners	BusinessPartners	Local Table	Already in the repository.
Employees	Employees	Local Table	Ready to Import
ProductCategories	ProductCategories	Local Table	Ready to Import
ProductCategoryText	ProductCategoryText	Local Table	Ready to Import
Products	Products	Local Table	Ready to Import
ProductTexts	ProductTexts	Local Table	Ready to Import
SalesOrderItems	SalesOrderItems	Local Table	Ready to Import
SalesOrders	SalesOrders	Local Table	Ready to Import

Import Cancel

Abbildung 3.76: Selektion der importierten Objekte

Nach dem Import der Datei sehen Sie auf der Arbeitsfläche das gesamte Modell inklusive der Tabellenbeziehungen (siehe Abbildung 3.77). Sie können das Modell nun weiter anpassen oder direkt speichern 💾 und implementieren ☁. Bei der Implementierung werden alle vorhandenen Assoziationen automatisch erzeugt, sodass Sie diese in späteren Modellen oder Stories verwenden können.

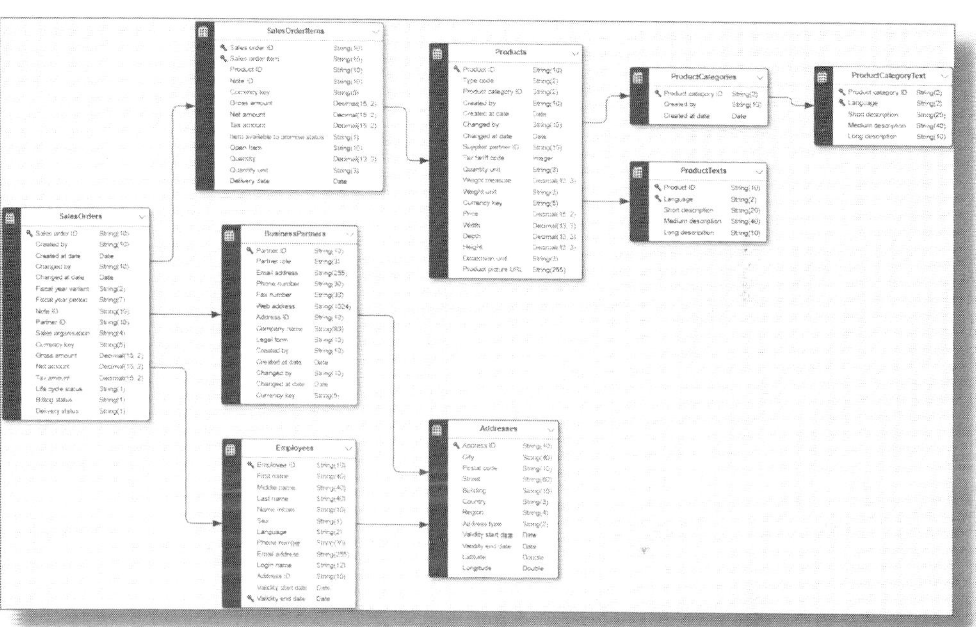

Abbildung 3.77: Importiertes E/R-Modell aus JSON-Datei

3.6.5 Freigegebene Tabellen und Views verwenden

Auch im E/R-Modell-Editor sind freigegebene Objekte einsetzbar (siehe Abbildung 3.78).

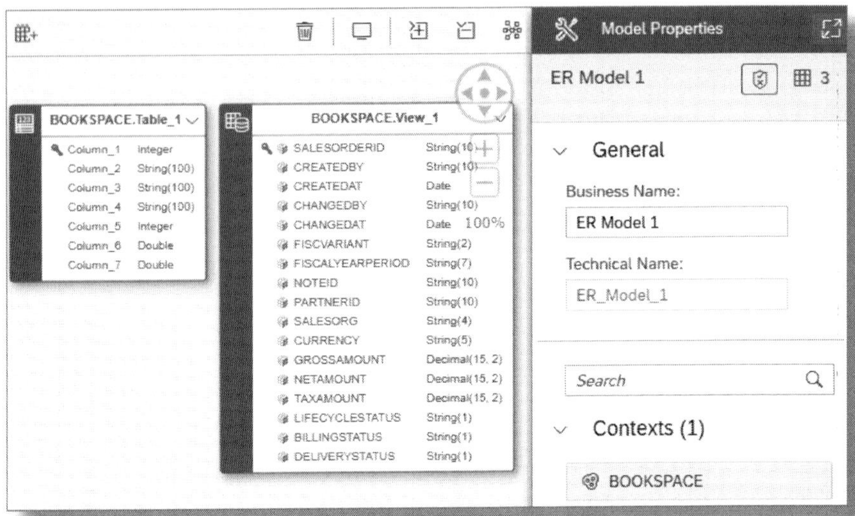

Abbildung 3.78: Verwenden freigegebener Objekte

Dem eigentlichen Tabellen- bzw. View-Namen ist der Space-Name vorangestellt. In den Eigenschaften auf der rechten Seite erhalten Sie einen Kontext, der alle Spaces auflistet, aus denen Tabellen und Views im Modell zum Einsatz kommen.

3.7 Data-Flow-Editor

Im Data-Flow-Editor können Sie einen Datenfluss modellieren und diese Daten in eine oder mehrere Zielstrukturen in Data Warehouse Cloud persistent speichern. Dafür lassen sich unterschiedliche Quellsysteme verwenden und die Daten über verschiedene Operatoren kombinieren.

Voraussetzungen zum Erstellen von Verbindungen

Je nach Quellsystem müssen verschiedene Voraussetzungen erfüllt sein, wie z. B. die Existenz eines DP-Agenten, des Cloud Connector, von Zertifikaten oder eines entsprechenden Treibers.

> Beachten Sie ggf. auch den SAP-Hinweis 3013431 »Data flow building disabled with Oracle Connection in DWC«.

Manche mögen nun fragen: Warum noch ein weiterer Editor zur Datenmodellierung, wenn man bereits im View-Editor die Daten über Operatoren transformieren kann? Was auf den ersten Blick identisch oder doppelt aussieht, hat durchaus seine guten Gründe.

3.7.1 Wann nutze ich den Data Flow und wann den View-Editor?

Der Datenfluss hat das Ziel einer persistenten Speicherung der transformierten Daten in Data Warehouse Cloud, wohingegen ein View die Daten nicht speichert, sondern nur eine virtuelle Sicht auf diese bietet. Tabelle 3.3 zeigt die Unterschiede zwischen beiden Editoren nach verschiedenen Kriterien auf.

	Data-View-Editor	Data-Flow-Editor
Ziel	Virtueller Datenzugriff	Datenpersistenz und Transformationen
Transformationen	Limitiertes Set an Transformationen SQLScript	Vollständiges Set an Transformationen Python und andere Sprachen
Quellobjekte	Quellsysteme, die virtuellen Zugriff unterstützen Views	Alle Quellsysteme Views
Zielobjekte	Eine Zielstruktur (vererbt) View	Mehrere Zielstrukturen (definierbar) Tabelle, persistiert
Zusätzliche Funktionen	View-Persistenz	Data Cleansing, Error Handling

Tabelle 3.3: Data-Flow- versus View-Editor

3.7.2 Data Flow erstellen

Wählen Sie im Data Builder (siehe Abbildung 3.2) die Kachel , um zum Data-Flow-Editor zu gelangen (siehe Abbildung 3.79). Haben Sie bereits einen existierenden Datenfluss, dann können Sie diesen auch aus der Liste auswählen und erreichen so ebenfalls den Editor.

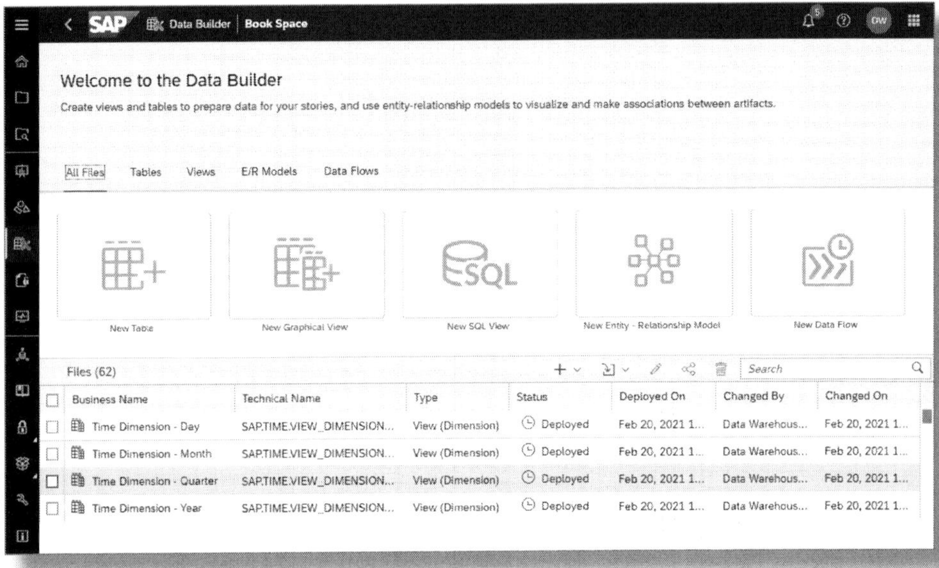

Abbildung 3.79: Einstieg zum Data-Flow-Editor

Sie haben die Möglichkeit, bestehende Tabellen und Views aus Ihrem Space mit Dateien aus angebundenen Quellsystemen zu kombinieren und in einer Zielstruktur (TARGET) zu speichern.

Als Quellstruktur ziehen Sie eine bestehende Tabelle bzw. einen View auf die Arbeitsoberfläche. Alternativ können Sie auch Dateien vom Typ CSV, ORC oder PARQUET aus angeschlossenen Quellsystemen verwenden. Tabellen sind als Quell- oder Zielstruktur (siehe Abbildung 3.80), Views nur als Quellstruktur einsetzbar.

Abbildung 3.80: Tabelle als Quelle oder Ziel definieren

In den Eigenschaften der Quellstruktur können Sie zwar die Bezeichnung anpassen, aber nicht den technischen Namen oder die Verbindung. Ist Ihre Quellstruktur eine CSV-Datei, dann können Sie die Datentypen der Spalten anpassen.

Bei Zielstrukturen ist neben der Bezeichnung auch der Modus einstellbar. Es gibt folgende Modi:

- *Append*: hängt die Datensätze aus dem Data Flow an die existierenden Einträge der Tabelle.
- *Truncate*: löscht bestehende Daten aus der Zieltabelle und fügt das Resultat aus dem Datenfluss in die Tabellen ein.

Im Kontextmenü der Quellstruktur stehen Ihnen folgende Aktionen zur Verfügung:

→ Datenfluss per Drag-and-drop zu einem anderen Operator ziehen; dies verbindet einzelne Operatoren untereinander

Datenvorschau anzeigen

Operator entfernen

In der Werkzeugleiste der Arbeitsoberfläche finden Sie rechts ebenfalls eine Schaltfläche zum Entfernen von Operatoren neben den Icons für »automatisches Layout« und »an die Fenstergröße anpassen«.

Links oben im Editor stehen Ihnen unterschiedliche Operatoren für Transformationen zur Verfügung. Für alle Operatoren bewirkt der Full-Screen-Modus eine Vergrößerung des Eigenschaftenfensters auf die gesamte Bildschirmbreite, was insbesondere bei Mappings und beim Coding sehr hilfreich ist.

Zieltabelle erstellen

In vielen Fällen fehlt Ihnen eine adäquate Zieltabelle für einen Datenfluss im System. Über die Schaltfläche ADD TABLE legen Sie eine passende Zieltabelle an. Wenn Sie die Zieltabellen mit dem letzten Knoten Ihres Datenflusses verbinden, werden die Felder automatisch übernommen (siehe Abbildung 3.81).

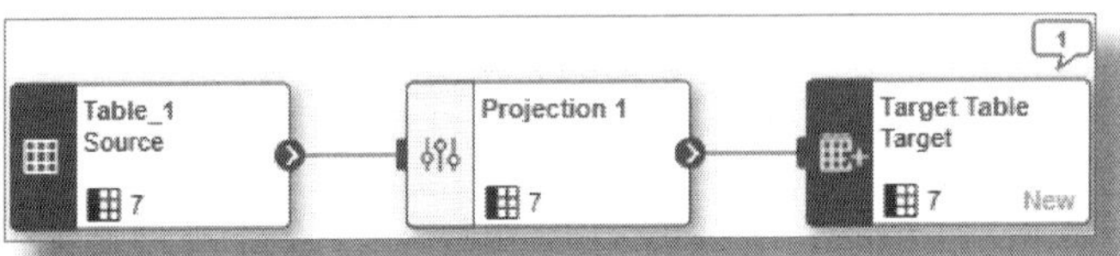

Abbildung 3.81: Zieltabelle im Data Flow erstellen

In den Eigenschaften der Zieltabelle (siehe Abbildung 3.82) sowie im Datenfluss (siehe Abbildung 3.81) wird Ihnen ein Fehler angezeigt, da die Tabelle erst noch erzeugt werden muss.

Der Link CREATE AND DEPLOY TABLE erstellt und implementiert die Tabelle im System. Anschließend ist die Fehlermeldung beseitigt.

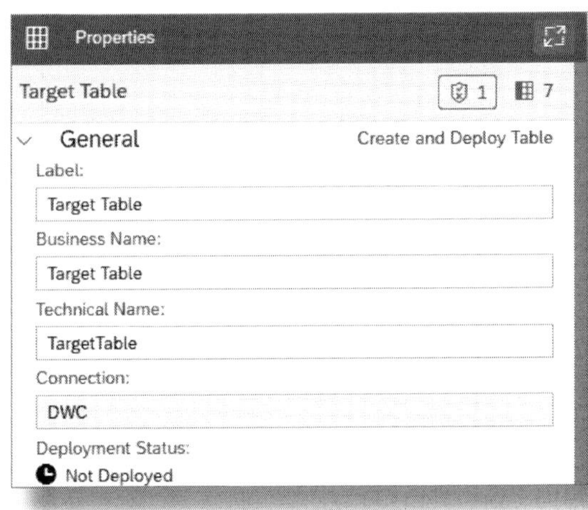

Abbildung 3.82: Tabelle erstellen und implementieren

Join-Operator

Der *Join-Operator* ermöglicht das Zusammenführen von zwei Input-Quellen in eine Zielstruktur. Dabei stehen die Join-Typen *Inner, Left Outer* und *Right Outer* zur Verfügung. Das Mapping wird als Vorschlag erstellt, kann aber selbstverständlich über das Icon verändert werden.

Darüber hinaus lassen sich weitere Spalten hinzufügen + oder auch löschen . Mithilfe der Schaltfläche (Information) werden Ihnen der Datentyp und die Quelle einer Spalte angezeigt. Funktionen wie Namen von Spalten anpassen oder Spalten duplizieren finden Sie hinter der »Mehr Optionen«-Schaltfläche .

Größenlimit

Die Dateigröße für den Join-Operator ist auf 10 GB limitiert.

Union-Operator

Der *Union-Operator* kombiniert zwei gleich strukturierte Datensets, also solche, bei denen Namen und Anzahl der Spalten, deren Datentypen und Reihenfolge identisch sind. Der Ausgabeknoten nutzt die Spaltennamen der zuerst verbundenen Quellstruktur.

Ist der Schalter UNION ALL aktiviert, liefert das Ergebnis alle Datensätze, wobei keine Duplikate entfernt werden. Das passiert nur, wenn der Schalter auf Aus steht.

Projektion und berechnete Spalten

Der *Projektionsoperator* erlaubt das Hinzufügen, Entfernen und Umbenennen von Spalten. Sie können Spalten über Funktionen und Operatoren filtern. Die Filter finden Sie am unteren Ende des Eigenschaftenfensters (siehe Abbildung 3.83).

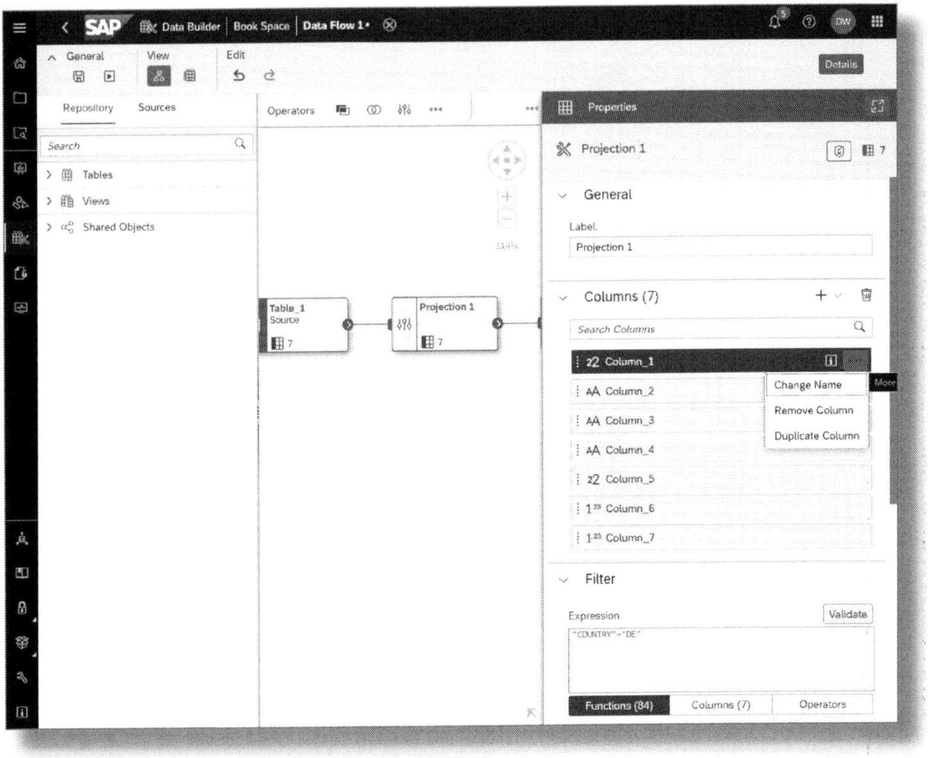

Abbildung 3.83: Filter für Spalten

Auch hier können Sie den Namen der Spalten anpassen oder Spalten duplizieren. Diese Funktionen sind der Schaltfläche ••• zugeordnet (siehe Abbildung 3.84).

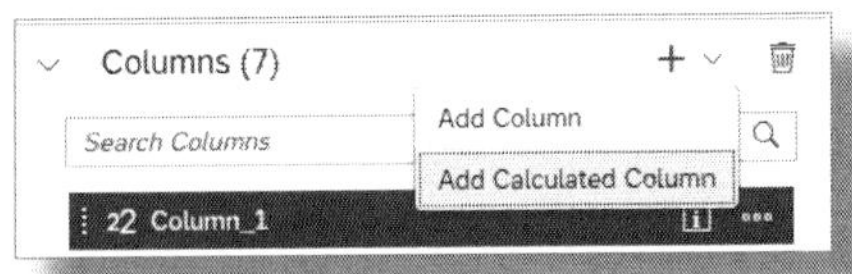

Abbildung 3.84: Berechnete Spalte hinzufügen

Über die Schaltfläche + ADD CALCULATED COLUMN lassen sich zudem weitere Berechnungen einzelner Spalten vornehmen. Es stehen hierfür verschiedene Operatoren und Funktionen zur Verfügung (siehe Abbildung 3.85).

! Richtige Anführungszeichen setzen

Bitte beachten Sie, dass bei Berechnungen die Spaltennamen mit doppelten Anführungszeichen eingeschlossen sind (siehe Beispiel "COUNTRY" in Abbildung 3.83). Konstante Werte werden in einfache Anführungszeichen gesetzt (siehe Beispiel 'DE').

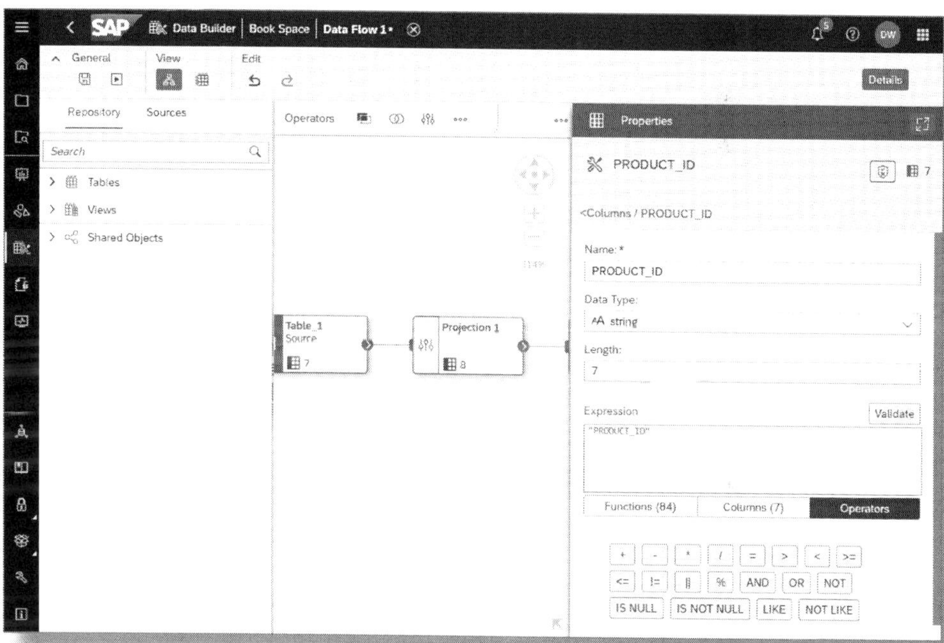

Abbildung 3.85: Berechnete Spalte definieren

Aggregation

Der Operator für Aggregationen $\sum$ ermöglicht es Ihnen, das Aggregationsverhalten von Spalten zu ändern. Abhängig vom Datentyp stehen unterschiedliche Aggregationen zur Verfügung. Für nicht numerisch dargestellte Felder gibt es `COUNT` und für numerische Felder `SUM`, `AVG`, `MIN`, `MAX` und `COUNT`. In Abbildung 3.86 sehen Sie, wie die geänderten Aggregationen in den Eigenschaften dargestellt werden.

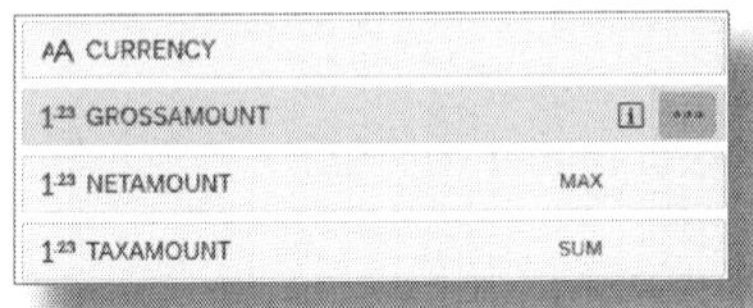

Abbildung 3.86: Aggregation

Script

Mit dem *Script-Operator* legen Sie Transformationen mittels Python-Code an (siehe Abbildung 3.87). Unterstützt werden die Bibliotheken *NumPy* und *Pandas*. Aktuell kommt Python in der Version 3.6.x zum Einsatz. Auf eine detaillierte Beschreibung der Funktionen dieser Bibliotheken wird verzichtet.

Äußerst nützlich ist an dieser Stelle die Online-Hilfe. Über das ? erhalten Sie eine sehr detaillierte Auflistung aller für Python, NumPy und Pandas zur Verfügung stehenden Funktionen inklusive der Beispiele für deren Verwendung.

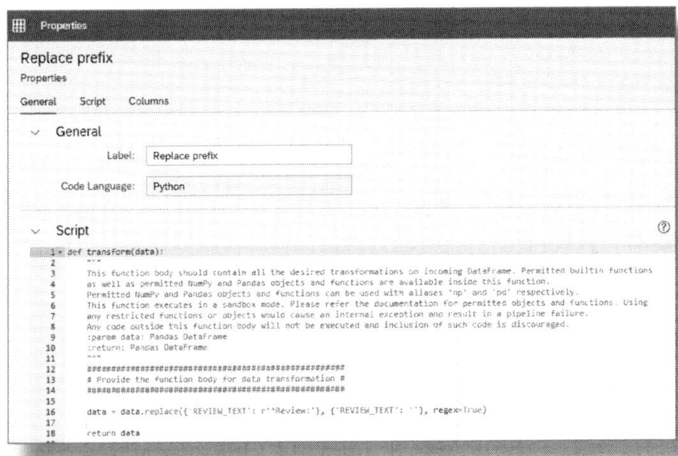

Abbildung 3.87: Beispiel für ein Python-Script

Ausführung und Monitoring

Nachdem Sie einen Datenfluss wie im Beispiel von Abbildung 3.88 erstellt und gespeichert 🖫 haben, können Sie diesen über ▶ manuell ausführen. Im Unterschied zum View-Editor existiert hier nur ein Design-Time-Objekt. Deshalb sind die Implementierung und die damit einhergehende Erzeugung von Laufzeitobjekten nicht notwendig.

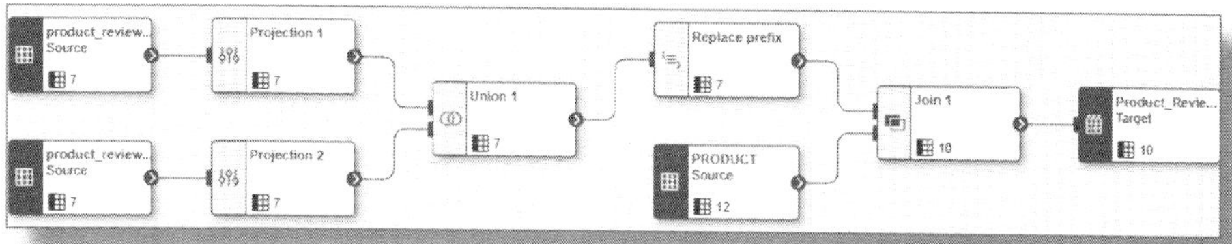

Abbildung 3.88: Beispiel eines Datenflusses

Nach dem Start der Ausführung ▶ erscheint im Eigenschaftenfenster rechts der EXECUTION STATUS (siehe Abbildung 3.89): Mit Klick auf das Icon zum Auffrischen ↻ wird Ihnen der aktuelle Status angezeigt. Zum Monitoring des Datenflusses gelangen Sie entweder über ⧉ oder über **Data Integration Monitor** und den Eintrag DATA FLOW MONITOR.

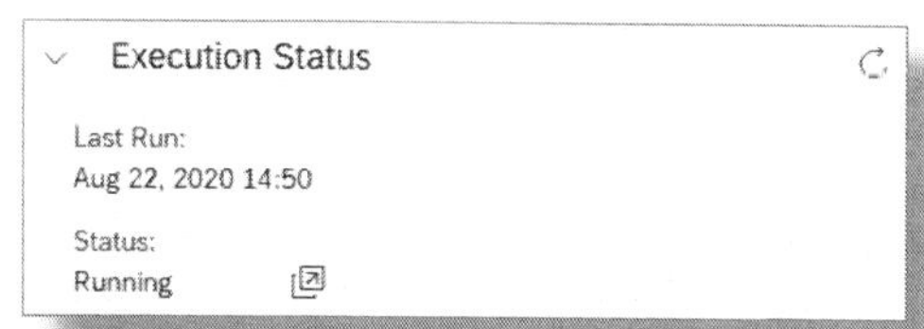

Abbildung 3.89: Datenfluss – Ausführungsstatus

Auf der linken Seite (siehe Abbildung 3.90) finden Sie die Liste der ausgeführten Läufe (RUNS) und rechts die jeweiligen DETAILS dazu (siehe Abbildung 3.91).

Abbildung 3.90: Datenflussmonitor – Laufübersicht

In dieser Detailübersicht haben Sie zudem während der Ausführung eines Datenflusses die Möglichkeit, den Lauf über Stop Run abzubrechen.

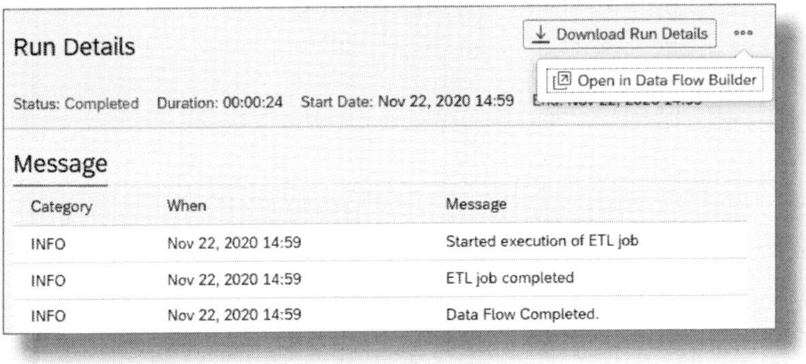

Abbildung 3.91: Datenflussmonitor – Laufdetails

Falls ein Lauf mit Fehler beendet wurde, besteht die Option, sich Details zu den Fehlermeldungen anzeigen zu lassen. Diese können Sie auch in einer JSON-Datei herunterladen, indem Sie den Schalter DOWNLOAD RUN DETAILS betätigen. Über das Icon ••• navigieren Sie zurück zum Data-Flow-Editor.

3.7.3 Scheduling und Monitoring

Neben dem Monitoring können Sie einen Datenfluss im Datenintegrationsmonitor auch einplanen (*Scheduling*) und regelmäßig ausführen lassen. Diese Funktionen finden Sie im Menü (siehe Abbildung 1.8) unter Data Integration Monitor.

Der DATA FLOW MONITOR zeigt alle bisher ausgeführten Datenflüsse in einer Übersicht (siehe Abbildung 3.92) an. Über den Pfeil > ganz rechts gelangen Sie zu den Details des jeweiligen Laufes, wie im vorigen Abschnitt dargestellt.

Rechts oberhalb der Tabelle können Sie über SCHEDULE neue Zeitpläne anlegen oder bestehende Pläne verändern bzw. löschen (siehe Abbildung 3.93).

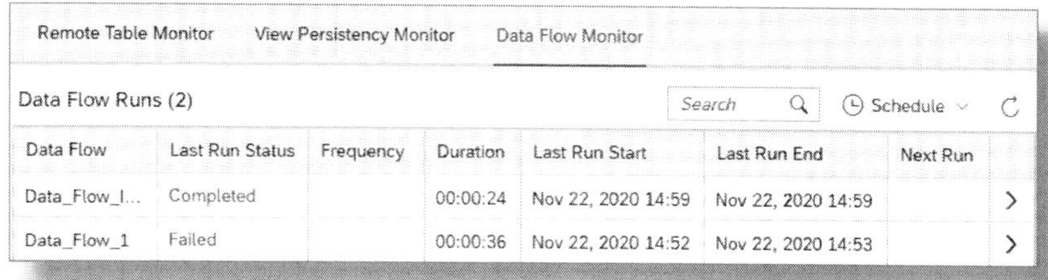

Abbildung 3.92: Datenflussmonitor – Gesamtübersicht

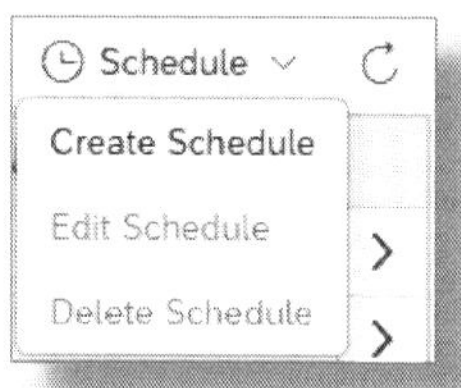

Abbildung 3.93: Zeitplan anlegen

Sofern Sie noch keine Zeitpläne ausgeführt haben, sehen Sie folgende Warnung in der Übersicht oberhalb der Tabelle ⚠ Authorize us to run recurring tasks that you have scheduled. Authorize .

☛ Voraussetzung zur Einplanung von Datenflüssen

Damit Sie einen Datenfluss einplanen können, benötigen Sie mindestens die Standardrolle »DW INTEGRATOR« in Verbindung mit einer der beiden Rollen »DW VIEWER« oder »DW MODELER«.

Alternativ ist eine benutzerdefinierte Rolle einsetzbar, welche die Privilegien der zuvor genannten Rollen beinhaltet.

Klicken Sie auf AUTHORIZE (berechtigen) und bestätigen Sie das sich öffnende Dialogfeld (siehe Abbildung 3.94), sofern Sie damit einverstanden sind, dass das System eingeplante Aufgaben für Sie ausführt. Diese werden nicht mit einem technischen Benutzer im Hintergrund, sondern immer benutzerbezogen erledigt, um eine Nachvollziehbarkeit im Sinne der Sicherheit und Auditierung zu gewährleisten.

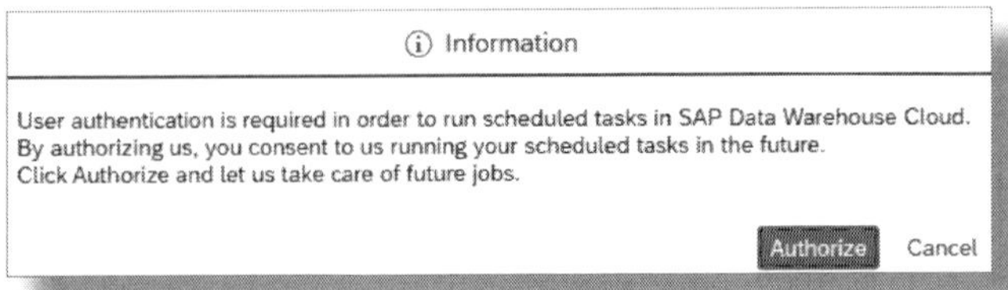

Abbildung 3.94: Ausführung bestätigen

Zum Erstellen eines neuen Zeitplans wählen Sie CREATE SCHEDULE (Zeitplan erstellen) in der Übersicht des Datenflussmonitors (siehe Abbildung 3.93) oder direkt auf der Detailseite zu einem Datenfluss.

Bei der Anlage in der Übersicht müssen Sie im nächsten Dialogschritt den Datenfluss wählen, zu dem Sie einen Zeitplan erstellen möchten (siehe Abbildung 3.95).

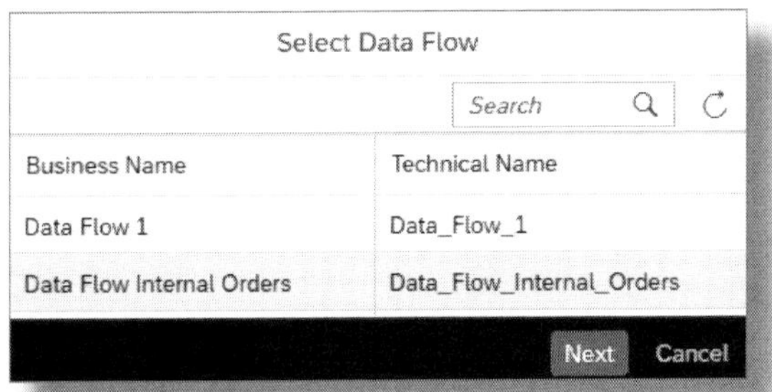

Abbildung 3.95: Auswahl des Datenflusses

Für den Zeitplan in Abbildung 3.96 legen Sie zuerst im Feld RECURRENCE die Wiederholungsoption fest. Hier stehen »stündlich«, »täglich« oder »monatlich« zur Verfügung. Im Feld darunter bestimmen Sie die Frequenz, im Beispiel ist das jeder siebte Tag, d. h. einmal pro Woche.

Im Feld für das Startdatum ist standardmäßig das aktuelle Datum vorbelegt. Die Uhrzeit basiert auf der koordinierten Weltzeit (Universal Time Coordinated, kurz UTC). In der Zusammenfassung werden die nächsten Ausführungen angezeigt. Dort können Sie von der UTC in die lokale, Ihrem Benutzer zugeordnete Zeitzone umschalten. Die Einträge passen Sie Ihren Anforderungen entsprechend an. Das Feld END DATE ist optional; einen unbegrenzten Zeitplan legen Sie fest, indem Sie auf die Angabe eines Enddatums verzichten. Datum und Uhrzeit sind jeweils auch direkt in die Felder eintragbar.

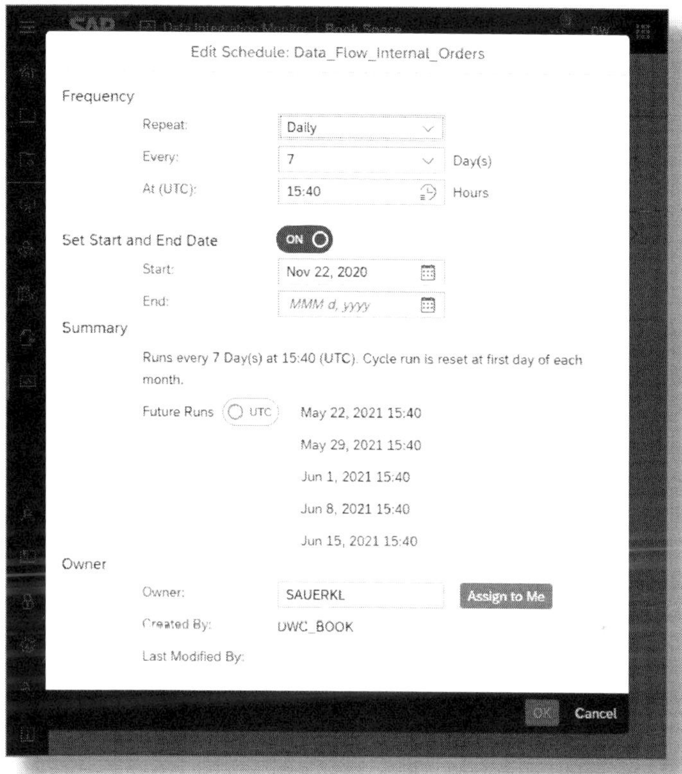

Abbildung 3.96: Zeitplan erstellen

Den ausführenden Benutzer (OWNER) eines Zeitplans können Sie in diesem Dialog ebenfalls austauschen (siehe Abbildung 3.96). Dafür müssen Sie allerdings mit einem anderen Benutzer angemeldet sein. Beim Editieren des Zeitplans erhalten Sie dann die Möglichkeit, den Benutzer auf Ihren aktuellen Benutzer zu ändern.

Nachdem Sie mit OK bestätigt haben, sehen Sie den Zeitplan in der Datenflussübersicht durch Einträge in den Feldern FREQUENCY und NEXT RUN (siehe Abbildung 3.97).

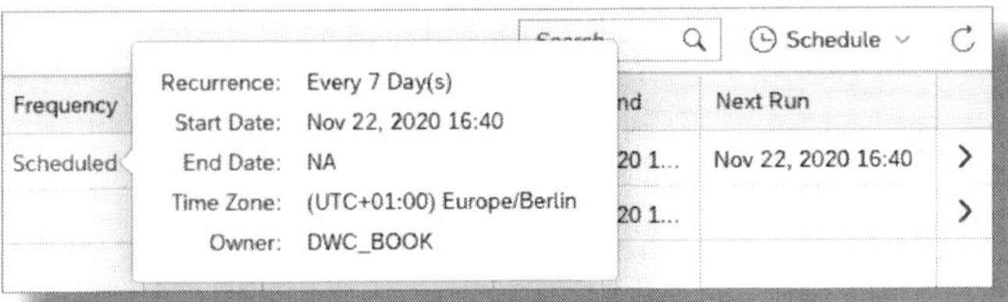

Abbildung 3.97: Übersicht mit Zeitplänen

3.8 File Upload im Data Builder

Die Objektübersicht im Data Builder bietet die Option, Daten aus einer CSV-Datei zu importieren und als lokale Tabelle zu speichern (siehe Abbildung 3.98).

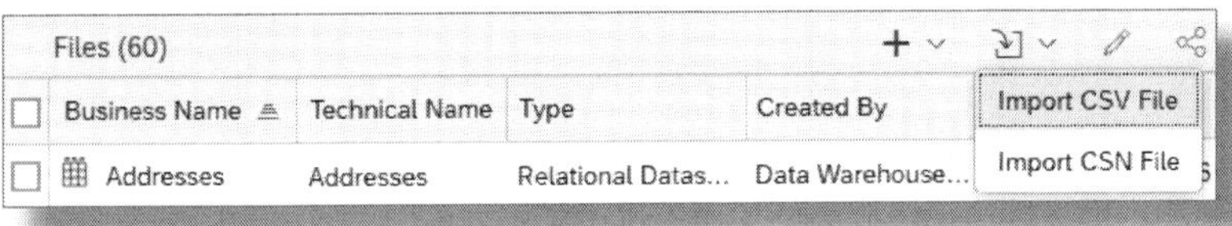

Abbildung 3.98: CSV-Datei hochladen

Dafür wählen Sie Ihre Datei im Upload-Dialog (siehe Abbildung 3.99) aus, legen das CSV-Trennzeichen (DELIMITER) fest und wählen UPLOAD.

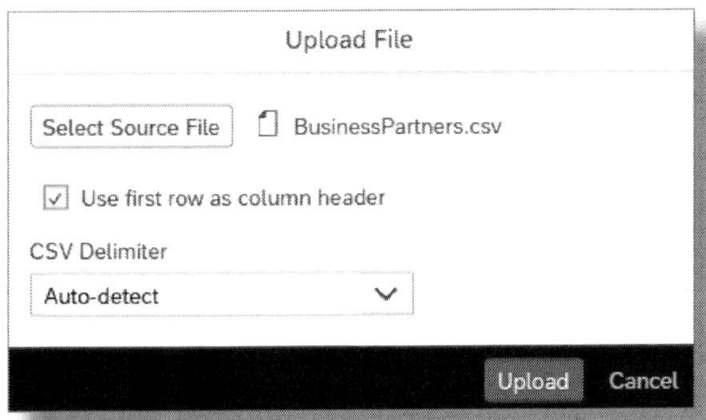

Abbildung 3.99: Datei auswählen

> **! Limits beim CSV-File Upload**
>
> Die Dateigröße sollte 200 MB nicht überschreiten. Die maximale Zellgröße ist auf 5.000 Zeichen begrenzt. Beachten Sie dazu auch den SAP-Hinweis 2952656 »DWC CSV file import is not working«.

Im nächsten Schritt erhalten Sie eine Datenvorschau (siehe Abbildung 3.100), in der Sie Daten weiter vorbereiten bzw. transformieren können.

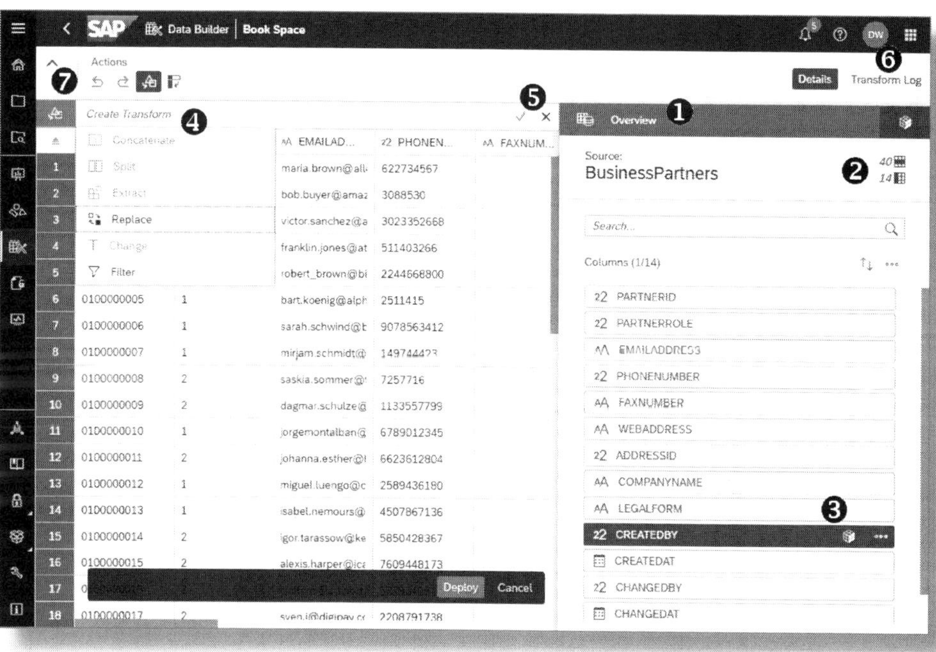

Abbildung 3.100: Datenvorbereitung im File Upload

Wenn Sie in der Tabelle auf Spalten oder Zeilen klicken, stehen schnelle Aktionen wie das Löschen von Spalten/Zeilen oder das Duplizieren von Spalten direkt im Kontextmenü zur Auswahl. Sie erhalten jeweils eine Vorschau für Ihre Aktionen.

Auch ein Anpassen der Datentypen ist möglich, falls diese nicht automatisch korrekt erkannt wurden. Es stehen die Datentypen `Boolean`,

`Date`, `Time`, `Datetime`, `Integer`, `String (5000)`, und `Number (Decimal 38,19)` zur Verfügung. Danach können Sie den Datentyp überprüfen, indem Sie VALIDATION auswählen.

Abhängig vom gewählten Datentyp können einige Werte abgelehnt werden. Diese Werte werden dann in Rot hervorgehoben und nicht importiert. Sie erscheinen in der importierten Tabelle als `NULL`.

In Abbildung 3.100 sehen Sie in den Eigenschaften ❶ eine Übersicht der Spalten und deren Datentypen, rechts oben ❷ außerdem die Anzahl der Zeilen (hier 40) und Spalten (hier 14). Bei ❸ können Sie über die Schaltfläche ••• auch Spalten umbenennen, löschen oder diese als Schlüsselwert festlegen. Die Schaltfläche öffnet eine Detailansicht der einzelnen Spalten (siehe Abbildung 3.101), in der u. a. die Verteilung der Werte grafisch dargestellt wird.

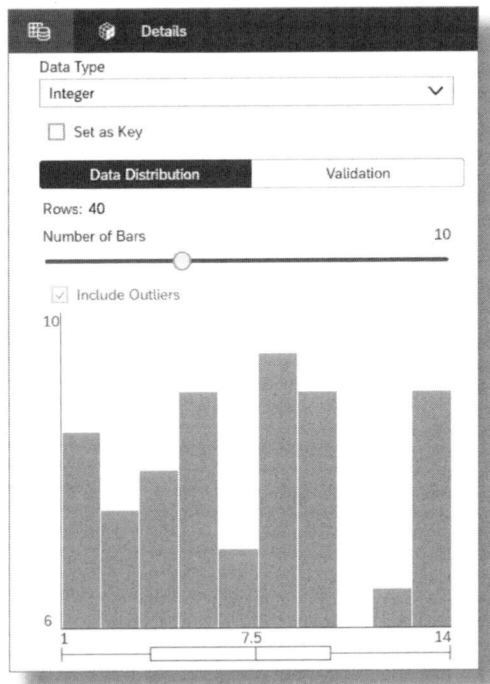

Abbildung 3.101: Datenverteilung im File Upload

In der Leiste ❹ oberhalb der Tabelle (siehe Abbildung 3.100) stehen Ihnen weitere Transformationen zur Verfügung:

- CONCENATE: Verbinden von zwei oder mehr Spalten miteinander (nur bei Feldern vom Datentyp `String`)
- SPLIT: Aufteilen einer Textspalte mit einem ausgewählten Trennzeichen
- EXTRACT: Textblöcke mit Zahlen, Wörtern oder Zielwerten aus einer Spalte extrahieren und in eine neue Spalte einfügen
- REPLACE: Ersetzen einer ganzen Zelle oder eines Inhalts, der in verschiedenen Zellen gefunden wurde
- CHANGE: Änderung der Groß-/Kleinschreibung einer Spalte
- FILTER: Filtern einer Spalte anhand eines bestimmten Wertes bzw. Wertebereichs sowie das Löschen von Zeilen, die nicht den Kriterien entsprechen

Wiederum erhalten Sie eine Vorschau auf Ihre Aktionen, bevor diese tatsächlich über die Eingabetaste oder ✓ umgesetzt werden ❺. Das Abbrechen einer Aktion erfolgt über ✕. Im Anschluss können Sie die nächste Transformation erstellen.

Ein Protokoll aller Transformationen ❻ wird unter Transform Log angezeigt. Dort können Sie auch bestimmte Transformationen löschen oder über die Schaltflächen UNDO und REDO rückgängig machen bzw. wiederholen ❼.

Ist die Vorbereitung der Daten abgeschlossen, können Sie die Tabelle über DEPLOY implementieren. Wie üblich geben Sie ihr dazu einen betriebswirtschaftlichen und einen technischen Namen.

Daten aus einer CSV-Datei importieren

Mehr Informationen erhalten Sie in der SAP-Hilfe, insbesondere Details zu allen Transformationen und den Datentypen:

https://help.sap.com/viewer/c8a54ee704e94e15926551293243fd1d/cloud/de-DE/8bba251c78874736963703cff56b1b74.html.

Mit einem Doppelklick auf die neue Tabelle in der Data-Builder-Übersicht lässt sich diese im Tabellen-Editor bearbeiten. Dort können Sie auch eine CSV-Datei hochladen; dabei handelt es sich allerdings um einen einfachen Upload, bei dem keine Datenvorbereitung möglich ist!

3.9 Datenmodellierung im Open-SQL-Schema

In Abschnitt 2.5 wurde das Open-SQL-Schema bereits erklärt. Neben dem Zugriff auf Werkzeuge zur Datenintegration können auch externe Code-Editoren, universelle Datenbankwerkzeuge zur Datenmodellierung oder Werkzeuge für Data-Science-Projekte genutzt werden, die insbesondere bei der Gruppe der Entwickler zum Einsatz kommen. Ein solches Werkzeug wäre beispielsweise der *SAP-Database(DB)-Explorer*, während außerhalb des SAP-Portfolios z. B. *DBeaver* infrage käme.

3.9.1 SAP-Database-Explorer

Aus der Übersicht der Datenbankbenutzer im Space Management können Sie den DB-Explorer direkt starten, indem Sie einen Benutzer markieren ☑ und Open Database Explorer auswählen (siehe Abbildung 3.102).

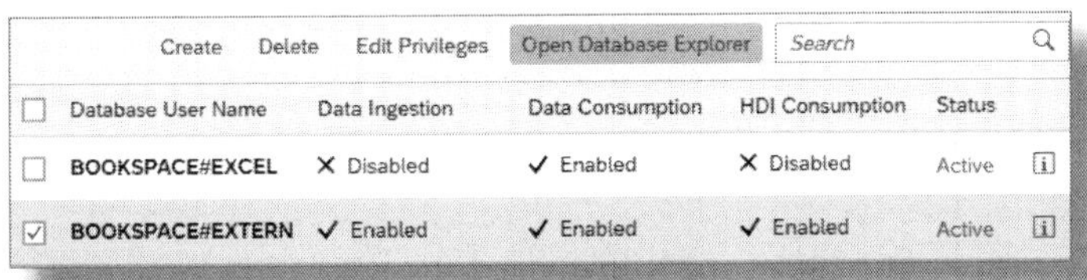

Abbildung 3.102: Starten des DB-Explorers

Der DB-Explorer startet in einem separaten Browser-Tab oder Fenster. Zunächst werden die Verbindungsdaten zur Datenbank für Data Warehouse Cloud in den Anmeldedialog übernommen. Sie müssen lediglich das erzeugte Passwort eingeben, um sich entsprechend zu authentifizieren (siehe Abbildung 3.103). Das Passwort speichern Sie permanent, indem Sie das Kontrollkästchen SAVE PASSWORD ☑ markieren. Sofern Sie den DB-Explorer häufiger verwenden, ist das durchaus sinnvoll.

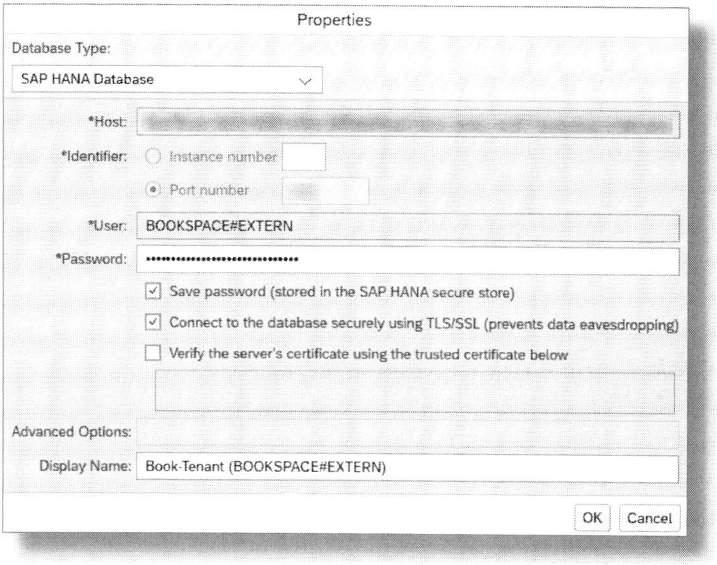

Abbildung 3.103: DB-Explorer – Verbindungsdaten

Ganz unten im Dialogfeld können Sie auch einen Anzeigenamen (DISPLAY NAME) vergeben, sodass Sie Ihre Verbindung selbst bei mehreren Datenbanken oder Spaces leicht wiederfinden.

Sobald die Verbindung erfolgreich hergestellt ist, sehen Sie im DB-Explorer auf der linken Seite (siehe Abbildung 3.104) das soeben verbundene Open-SQL-Schema BOOK-TENANT (BOOKSPACE#EXTERN). Sofern Sie noch weitere Datenbanken oder Spaces angebunden haben, werden Ihnen diese ebenfalls angezeigt.

Sie können von hier nicht nur auf das Open-SQL-Schema, sondern auch auf die exponierten Views aus dem Space-Schema zugreifen (hier BOOKSPACE).

Im DB-Explorer lassen sich beliebige eigene Objekte, wie z. B. Tabellen, Views, Prozeduren etc., erstellen und mit SQL-Mitteln modellieren.

Dabei ist auch ein Zugriff auf Daten aus dem Space-Schema möglich. Im Beispiel in Abbildung 3.104 sind die Tabellen `SalesOrderItems` und `SalesOrder` bereits über SQL-DDL-Anweisungen (DDL = Data Definition Language) erzeugt worden.

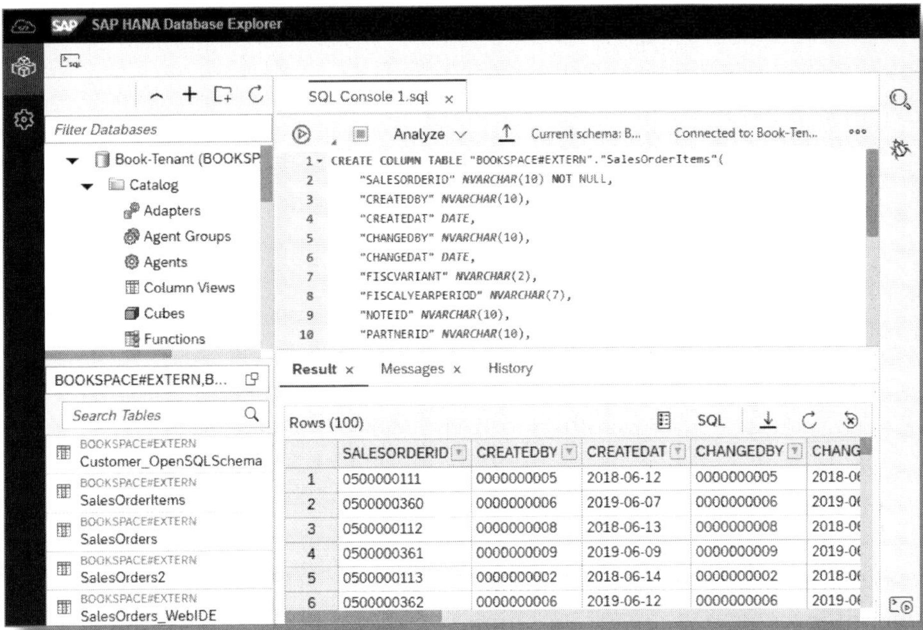

Abbildung 3.104: DB-Explorer

Im Data Builder finden Sie die Open-SQL-Schemata neben den Quellsystemen, die unter CONNECTIONS gelistet sind (siehe Abbildung 3.105), und können diese zur weiteren Modellierung verwenden.

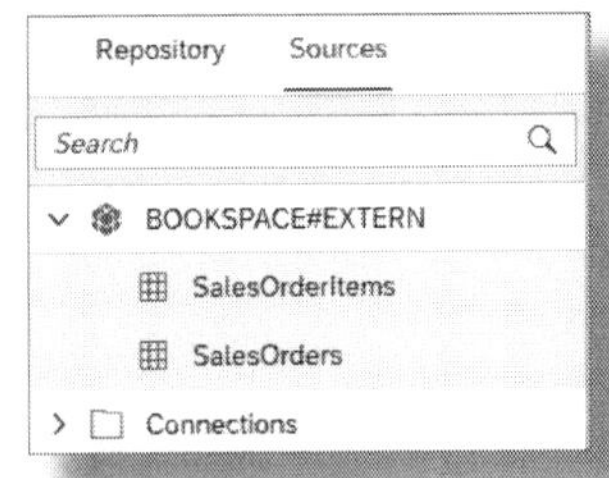

Abbildung 3.105: Open-SQL-Schema-Objekte im Data Builder

3.9.2 DBeaver Community Edition

DBeaver Community Edition ist als Open-Source-Software kostenlos einsetzbar. Sie bietet Funktionen für Entwickler und Administratoren für gängige Datenbanken wie SAP HANA und ist damit auch für Data Warehouse Cloud geeignet. Die Software kann in der Community Edition für Linux, Windows, Mac OS und als Eclipse Plugin heruntergeladen werden (*https://dbeaver.io/*).

Um DBeaver nach der Installation mit Ihrem Data-Warehouse-Cloud-System zu verknüpfen, wählen Sie eine neue Datenbankverbindung vom Typ »SAP HANA« aus. Im nächsten Dialogschritt (siehe Abbildung 3.106) geben Sie die Verbindungsdaten (HOST NAME, PORT, USER NAME und PASSWORD) an, die Sie zuvor im Space durch das Anlegen eines Datenbankbenutzers generiert haben. Im Beispiel ist dies das Schema *BOOKSPACE#EXTERN*.

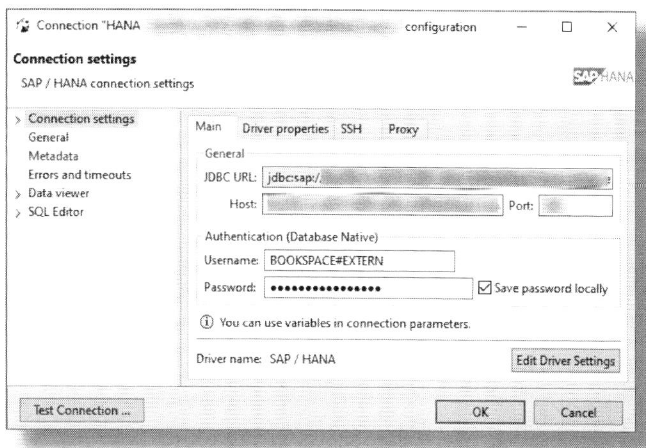

Abbildung 3.106: DBeaver-Verbindung zu Data Warehouse Cloud

Für einen erfolgreichen Zugang zu Ihrem System sollten Sie beachten, dass nur sichere und damit verschlüsselte Verbindungen unterstützt werden. Den Parameter `encrypt` müssen Sie deshalb unbedingt über einen rechten Mausklick und ADD NEW PROPERTY in den Treibereigenschaften (DRIVER PROPERTIES) hinzufügen und den Inhalt mit dem Wert `true` füllen (siehe Abbildung 3.107). Mit der Schaltfläche TEST CONNECTION können Sie die Verbindung prüfen.

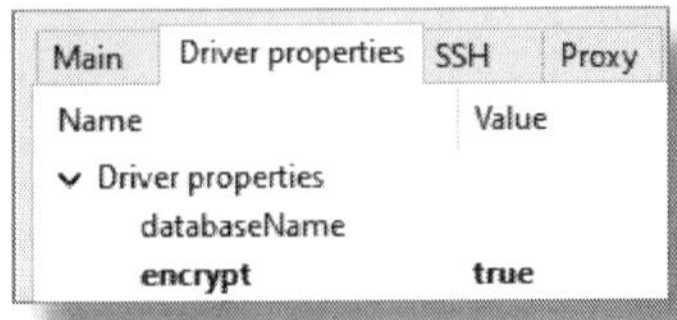

Abbildung 3.107: Verschlüsselungsparameter

Sobald die Verbindung erfolgreich hergestellt ist, sehen Sie in DBeaver die verschiedenen Datenbankschemata Ihres Space. Für unser Beispiel ist dies das Open-SQL-Schema BOOKSPACE#EXTERN (siehe Abbildung 3.108).

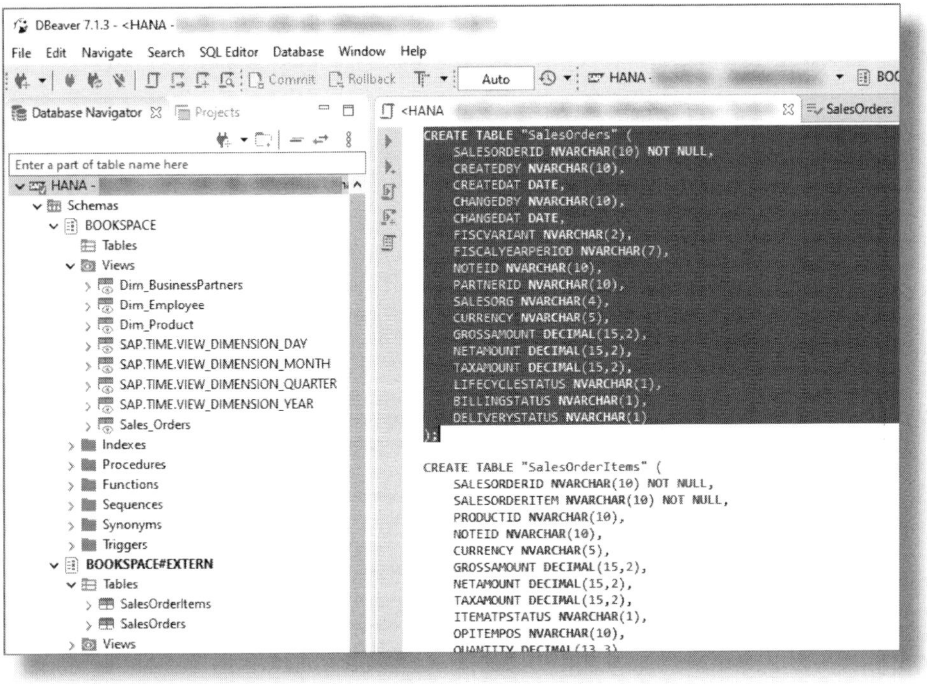

Abbildung 3.108: DBeaver – Schemaüberblick

In Abbildung 3.108 sehen Sie im Space-Schema BOOKSPACE alle über den Schalter EXPOSE FOR CONSUMPTION freigegebenen VIEWS. Ist dieser Schalter aus (OFF), kann auf diese Objekte nicht zugegriffen werden, und Sie finden sie nicht in der Übersicht.

Im Open-SQL-Schema können Sie jetzt mit SQL-Mitteln beliebige eigene Tabellen, Views, Prozeduren etc. erstellen und modellieren. Im Beispiel in Abbildung 3.108 wurden bereits die Tabellen SALESORDERITEMS und SALESORDERS über SQL-DDL-Anweisungen erzeugt.

Genauso wie im DB-Explorer lassen sich auch diese Objekte nahtlos in den Editoren von Data Warehouse Cloud anzeigen und im Data Builder weiterverwenden (siehe Abbildung 3.105).

3.10 Explorer

Der *Explorer* Explorer gibt Ihnen eine Übersicht über die Datenmodelle in Ihrem System (siehe Abbildung 3.109), und zwar über alle Spaces, für die Sie Berechtigungen besitzen. Rechts oben bieten sich Ihnen unterschiedliche Möglichkeiten der Darstellung: tabellarisch, als Raster und als Listenansicht, wie in Abbildung 3.109 gewählt. Aus dieser Explorer-Übersicht können Sie durch Markieren und Edit zum Data Builder springen, um dort das entsprechende Objekt zu bearbeiten.

In der Suchleiste lässt sich über eine Fuzzy-Suchfunktion nach verschiedenen Begriffen, Namen, Tags und sonstigen Metadaten filtern, die nicht unbedingt korrekt geschrieben sein müssen. Hier wurde beispielsweise nach *sales orders* gesucht.

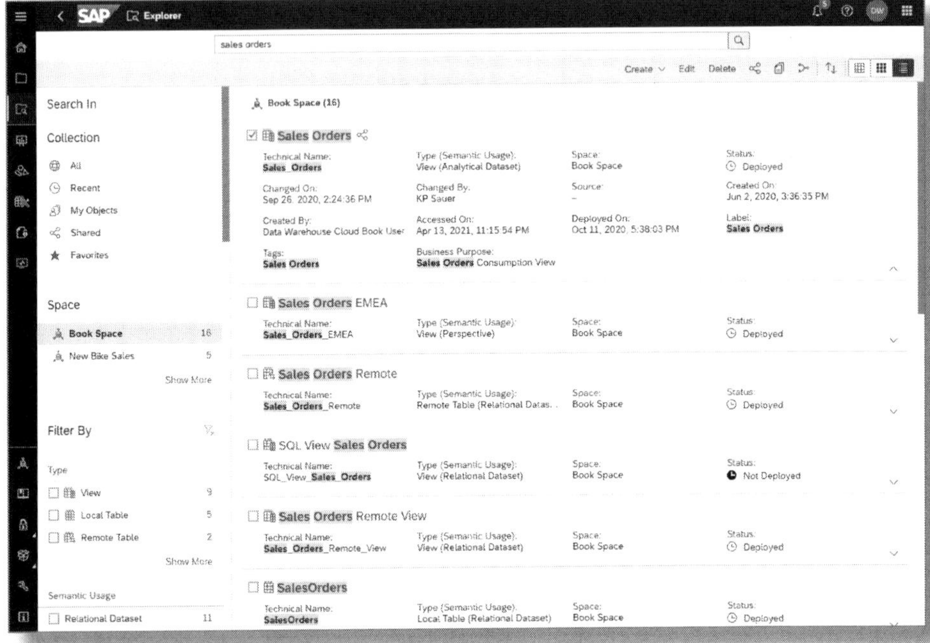

Abbildung 3.109: Explorer – Übersicht

Die Explorer-Menüleiste bietet einen direkten Zugriff auf verschiedene Aktionen:

- Create – neue Objekte erstellen, z. B. Tabelle, View, E/R-Modell, Datenfluss oder Datenzugriffskontrolle
- Edit – markierte Objekte editieren
- Delete – markierte Objekte löschen
- – markierte Objekte freigeben
- – markierte Objekte kopieren
- – Data Lineage markierter Objekte anzeigen
- – Auswahl der angezeigten Spalten (steht nur in der tabellarischen Ansicht zur Verfügung)
- ↑↓ – Sortierbedingungen festlegen

Auf der linken Bildschirmseite lässt sich die Ergebnismenge der angezeigten Objekte mithilfe unterschiedlicher Filterkriterien eingrenzen. Über die Schaltfläche SHOW ALL FILTERS (siehe Abbildung 3.110) können Sie zusätzliche Filterkriterien einstellen sowie eigene Filterkonditionen definieren.

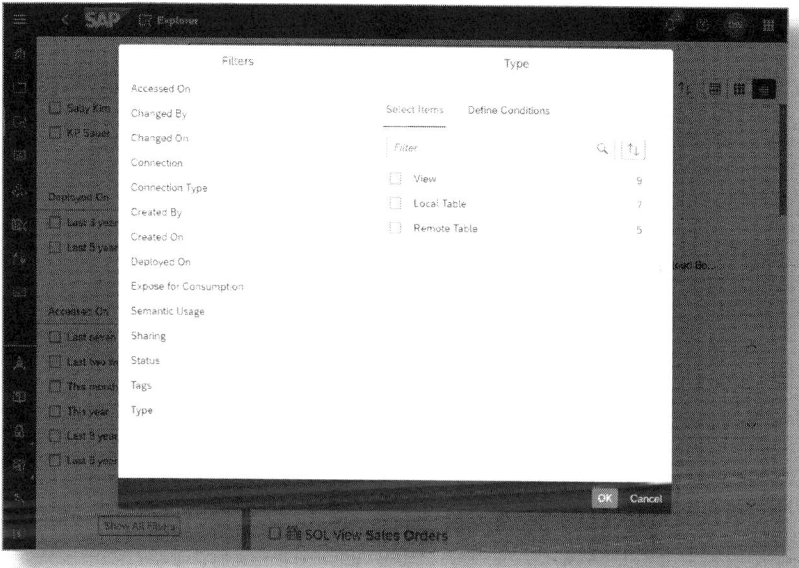

Abbildung 3.110: Explorer – Filtereinstellungen

Die Reihenfolge der angezeigten Objekte legen Sie über die Sortierkriterien ↑↓ fest (siehe Abbildung 3.111).

Darüber hinaus können Sie sich über die Schaltfläche LINEAGE die Datenherkunft grafisch anzeigen lassen (siehe Abbildung 3.112). Sie veranschaulicht die Zusammensetzung und Abhängigkeit der unterliegenden Objekte.

Funktionen wie Objektvergleiche, ein Workflow mit Prüfschritten und Freigaben oder ein Verwendungsnachweis fehlen aktuell ebenso wie die Möglichkeit, Verantwortlichkeiten bestimmter Personen für Objekte zu definieren.

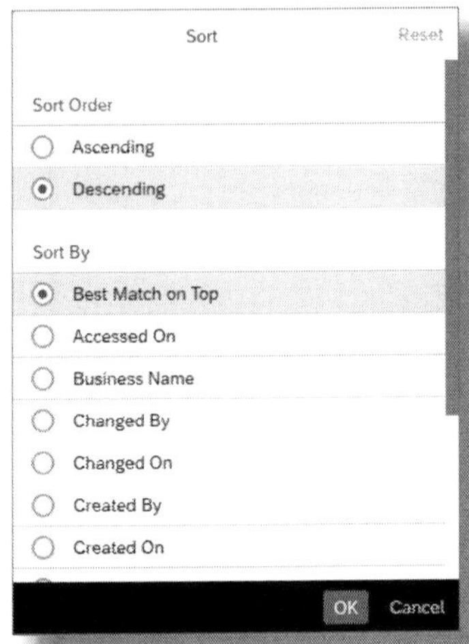

Abbildung 3.111: Sortierkriterien für Filter im Explorer

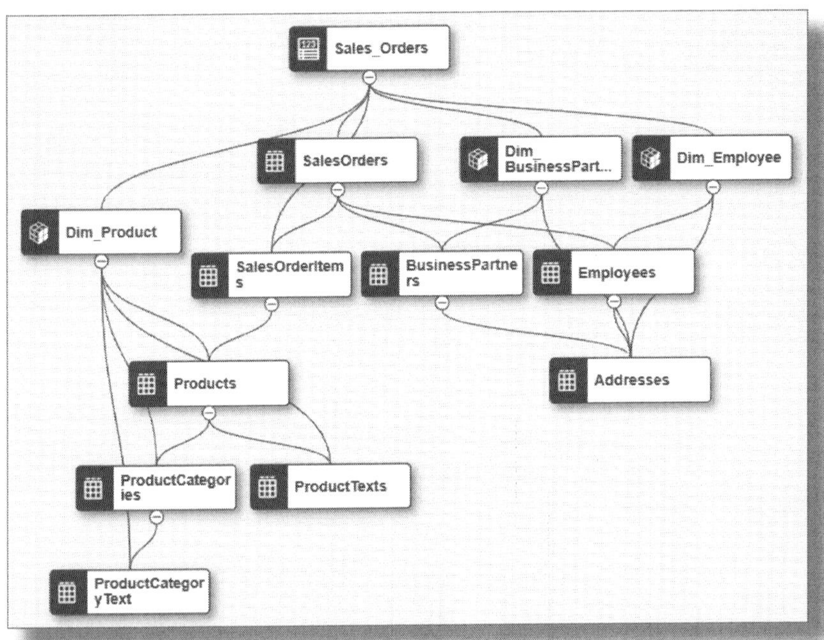

Abbildung 3.112: Datenherkunft

4 Semantische Modellierung im Business Builder

In diesem Kapitel lernen Sie, wie Sie unabhängig von der physischen Datenmodellierung im Data Builder ein semantisches Business-Modell aufbauen können.

In Data Warehouse Cloud wird die semantische Modellierung über den sogenannten *Business Builder* umgesetzt. In diesem Kapitel erhalten Sie Einblicke in die unterschiedlichen Bereiche der semantischen Modellierung und der einzelnen Objekte des Business Builder.

Wikipedia beschreibt ein semantisches Datenmodell wie folgt:

»Ein Semantisches Datenmodell (SDM) ist im Rahmen der Datenmodellierung eine abstrakte, formale Beschreibung und Darstellung eines Ausschnittes der in einem bestimmten Zusammenhang (z. B. eines Projekts oder Fachgebietes) »wahrgenommenen Welt«. Zur Formulierung semantischer Datenmodelle existieren verschiedene Modellierungssprachen, von denen das Entity-Relationship-Modell das bekannteste ist.« [3]

Auch der Data Builder bietet ein E/R-Modell, das jedoch im Unterschied zu demjenigen im Business Builder eher technisch als konzeptionell ausgelegt ist (siehe Abschnitt 3.6).

4.1 Business Builder im Überblick

Während die Datenmodellierung im Data Builder auf die technischen Aspekte, wie z. B. Fremdschlüsselbeziehungen fokussiert, ist die semantische Modellierung im Business Layer stärker auf die Fachanwender ausgerichtet. Mit ihr können Fachabteilungen unabhängiger von den IT-Spezialisten arbeiten, aber gleichzeitig miteinander kooperieren und Daten(modelle) austauschen.

Die semantische Schicht bietet die Möglichkeit einer Abstraktion von oft komplexen und sehr technischen Datenmodellen. Gleichzeitig ist sie einfach wiederverwendbar und hilft damit anderen Anwendern, die Daten sofort zu verstehen.

Auf Ebene des Business Layer werden *Dimensionen*, *analytische Datensets* (beides sog. Business-Entitäten), *Fakten-* und *Consumption-Modelle* erzeugt, wobei Letzteres auch unterschiedliche *Perspektiven* beinhalten kann, anhand derer Sie Ihre Daten im Story Builder analysieren können. Darüber hinaus ermöglichen *Berechtigungsszenarien* den Benutzern den Zugriff auf die relevanten Daten entsprechend ihrer Rolle. Was genau hinter den Begriffen steckt, erfahren Sie auf den nachfolgenden Seiten.

Über den Menüpunkt **Business Builder** auf der linken Seite (siehe Abbildung 1.8) gelangen Sie zur Modellierung im Business Layer. Sofern Sie zuvor noch keinen Space selektiert haben, erhalten Sie zunächst eine Übersicht aller Ihnen zur Verfügung stehenden Spaces des Systems.

Das Beispiel in Abbildung 4.1 zeigt das Zusammenspiel zwischen Data- und Business-Layer-Objekten. In der Mitte sind die unterschiedlichen Dimensionen bzw. analytischen Datensets (*Product* und *Time* als Dimensionen, *Sales Pipeline* und *Sales Quota* als analytische Datensets) dargestellt, wobei die Dimension »Product« eine zusätzliche Produkthierarchie besitzt.

Die Sales-Pipeline- und -Quota-Daten sind über ein Berechtigungsszenario (AUTHORIZATION SCENARIO) abgesichert, sodass nur Mitarbeiter mit entsprechenden Zugriffsrechten diese Vertriebsdaten aufrufen können. Diese Entitäten (siehe Abschnitt 4.2) sind Objekten im Data Layer zugeordnet. Das Mapping kann jederzeit flexibel geändert werden, ohne dass dadurch die Entität oder darauf aufbauende Objekte wie z. B. Fakten- oder Consumption-Modelle angepasst werden müssen. Sie bleiben trotz der Änderung stabil. Im Beispiel wird die Entität SALES PIPELINE zunächst auf Basis von Testdaten modelliert und später einer anderen Datenquelle zugeordnet.

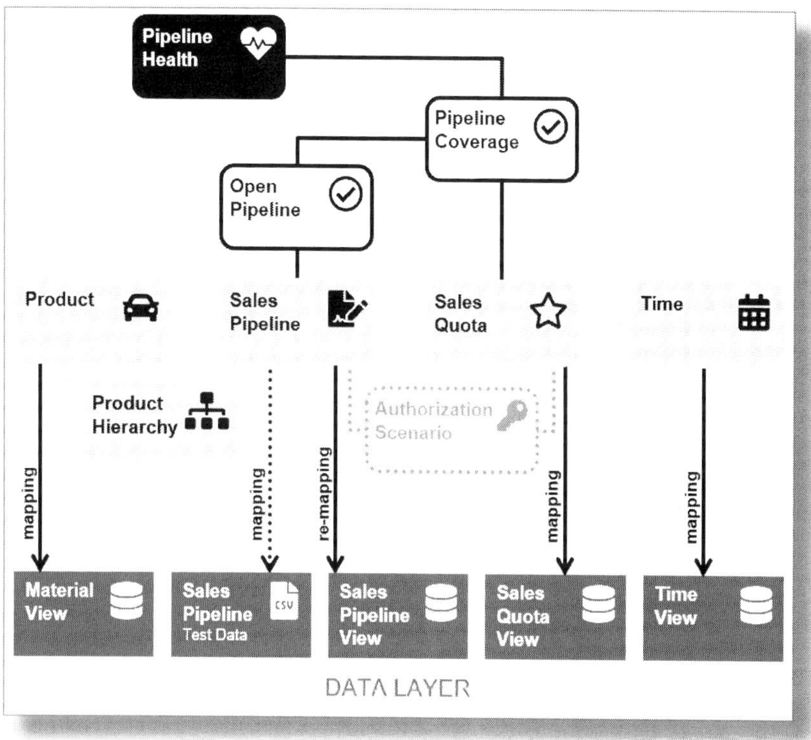

Abbildung 4.1: Business-Layer-Konzept am Beispiel »Pipeline Health«

Aus den Entitäten werden zwei Faktenmodelle (OPEN PIPELINE und PIPELINE COVERAGE) erzeugt, die schließlich in einem Consumption-Modell für die PIPELINE HEALTH zusammenfließen.

Im oberen Bereich des Business Builder (siehe Abbildung 4.2) sehen Sie die Kacheln der Objekt-Editoren für:

- Dimensionen und analytische Datensets (Business-Entitäten)
- Faktenmodelle
- Consumption-Modelle
- Berechtigungsszenarien

Diese Editoren werden in den folgenden Abschnitten genauer vorgestellt, gefolgt von einem Abschnitt zur Versionierung von Business-Objekten, da diese gleichermaßen für alle Business-Objekte arbeitet. Unterhalb befindet sich die Tabelle aller in diesem Space vorhandenen Objekte. Sollten sich viele Objekte in einem Space befinden, ist die Suchfunktion sehr hilfreich, um den Tabelleninhalt einzuschränken und schnell die Objekte zu finden, die für Sie gerade von Interesse sind.

Sie haben außerdem die Möglichkeit, die Objekte in Ordner einzusortieren, zu verschieben, Modelle zu importieren, die Ansicht aufzufrischen, Objekte zu editieren, zu kopieren oder zu löschen.

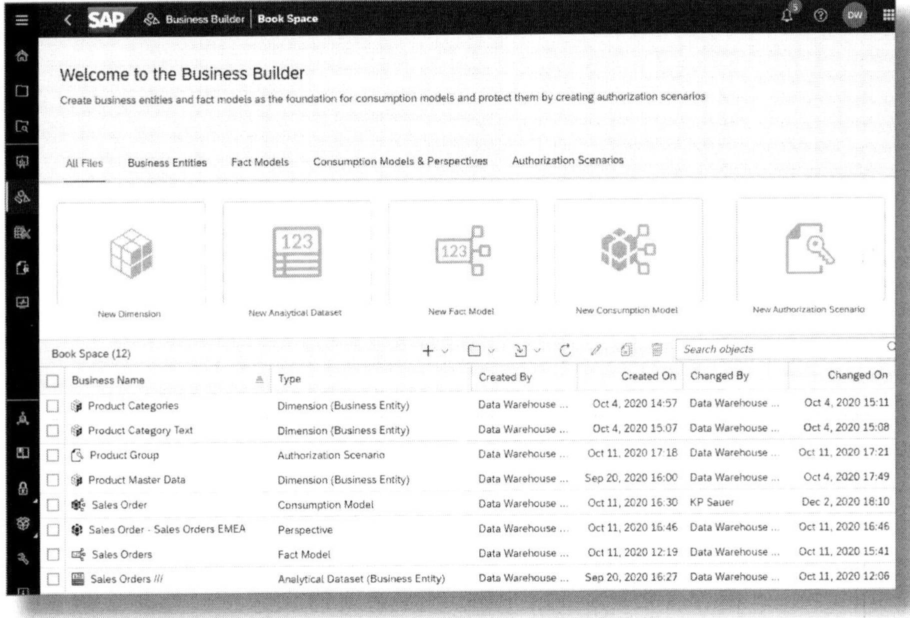

Abbildung 4.2: Objektübersicht im Business Builder

4.2 Business-Entitäten

Eine *Business-Entität* im Business Layer bezeichnet ein in sich geschlossenes Objekt in der Geschäftsterminologie, wie z. B. ein Produkt, einen Vertriebsbeleg oder einen Kunden inklusive seiner Attribute und Kennzahlen. Sie stellt eine Sicht auf die Datenschicht dar und trägt selbst keine Daten.

Data Warehouse Cloud unterscheidet im Business Layer zwei Typen von Entitäten, wobei weniger die Definition als vielmehr ihre beabsichtigte Verwendung ausschlaggebend ist:

- *Dimension* – repräsentiert eine klassische Stammdatentabelle, die lediglich Attribute enthält und mindestens einen eindeutigen Schlüssel definiert hat.
- *Analytisches Datenset* – stellt eine Faktentabelle dar, die Kennzahlen und Fremdschlüssel zu Dimensionen enthält.

4.2.1 Entitäten erstellen

Ob Dimension oder analytisches Datenset: Spätestens an dieser Stelle müssen Sie sich entscheiden, welchen Entitätstyp Sie anlegen möchten. Der Erstellprozess wird anhand einer Dimension beschrieben, da die Definition fast deckungsgleich ist, sie also gleichermaßen für ein analytisches Datenset gilt.

Im ersten Schritt wählen Sie ein Quellobjekt (View oder Tabelle) aus, das Sie zuvor im Data Builder erstellt haben (siehe Abbildung 4.3) oder das von einem anderen Space für Sie freigegeben wurde. Im Beispiel wird der dimensionale View PRODUCT MASTER DATA verwendet.

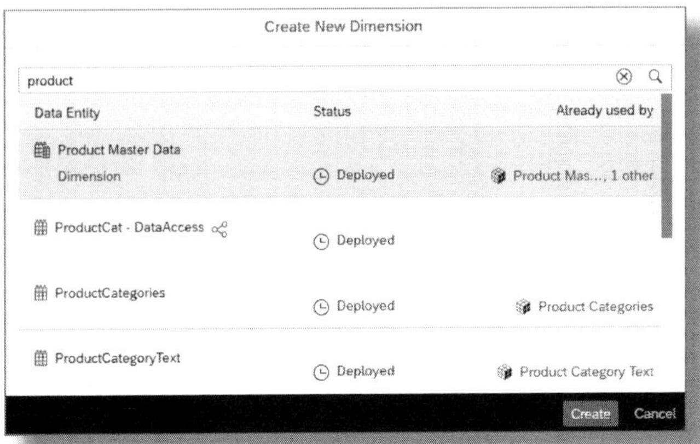

Abbildung 4.3: Dimension erstellen

Im nächsten Schritt können Sie entscheiden, ob Sie die für das verwendete Datenmodell hinterlegten Einstellungen übernehmen (siehe Abbildung 4.4). Damit gelten z. B. Attribute, Schlüsseldefinitionen, semantische Annotationen, Kennzahlen inklusive deren Aggregationsverhalten und müssen im Business Builder nicht doppelt erstellt werden.

Auf Basis des Quellobjekts wird der Name Ihrer Entität vom System vorab ausgefüllt. Dieser darf maximal 120 Zeichen, Zahlen bzw. Sonderzeichen enthalten und kann selbstverständlich angepasst werden (siehe Abbildung 4.5). In derselben Abbildung sehen Sie ein Kontrollkästchen ☑, mit dem Sie den öffentlichen Datenzugriff (PUBLIC DATA ACCESS) erlauben, sofern Sie uneingeschränkten Zugriff gestatten möchten. Standardmäßig ist diese Option deaktiviert, wodurch allerdings kein Datenzugriff in der Datenvorschau oder in weiteren Modellen möglich ist.

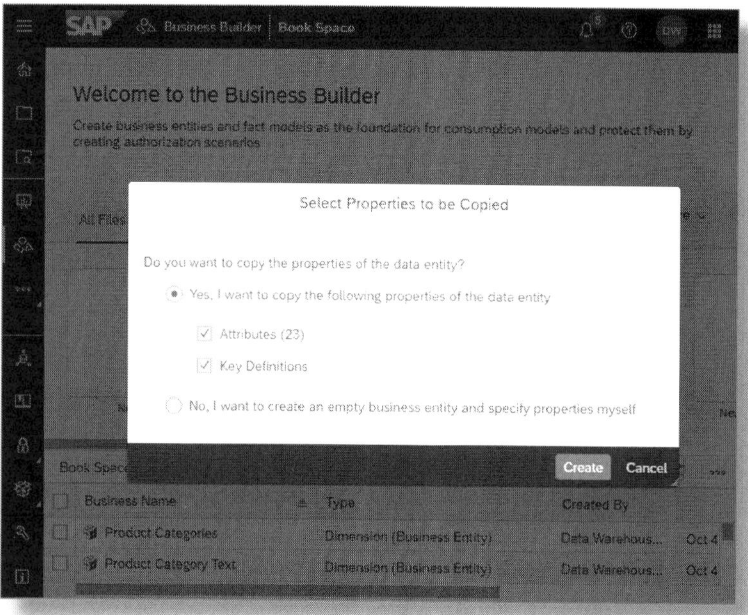

Abbildung 4.4: Einstellungen in Dimension übernehmen

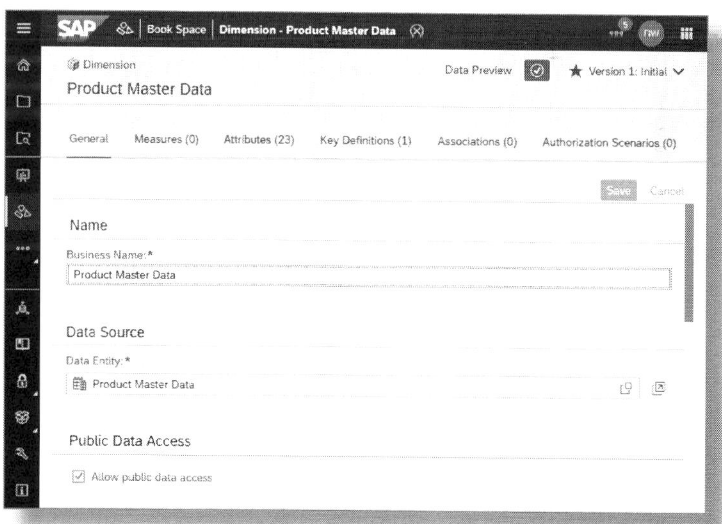

Abbildung 4.5: Dimension – generelle Eigenschaften

Im unteren Teil dieser Bildschirmmaske (siehe Abbildung 4.6) finden Sie die Einstellungen zur Versionierung. Da alle Business-Objekte eine gleichartige Versionierung besitzen, beschreibe ich sie für alle Objekte gemeinsam in Abschnitt 4.6.

Unter MISCELLANEOUS (Sonstiges) in Abbildung 4.6 erhalten Sie die Möglichkeit, Ihre Dimension in ein analytisches Datenset umzuwandeln (oder umgekehrt), sofern Sie den Eindruck haben, dass Sie den falschen Typ gewählt haben.

Speichern Sie nun Ihr Objekt.

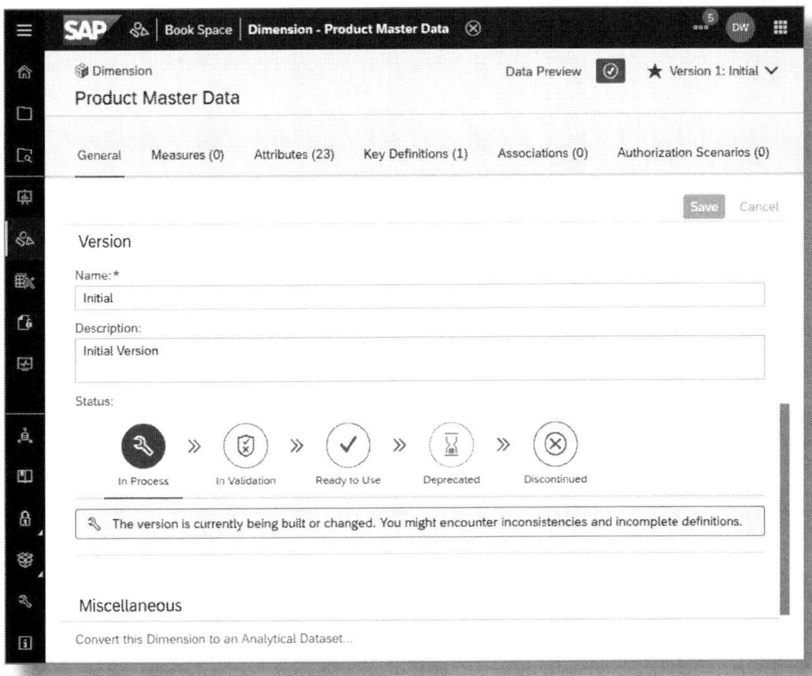

Abbildung 4.6: Dimension – Versionen

Neben den allgemeinen Eigenschaften einer Dimension können Sie auch Kennzahlen (MEASURES) erstellen. Durch Hinzufügen + in der Kennzahlenübersicht (siehe Abbildung 4.7) definieren Sie neue Kennzahlen. Mittels legen Sie ein Duplikat einer bestehenden Kennzahl an und können dann deren Eigenschaften verändern.

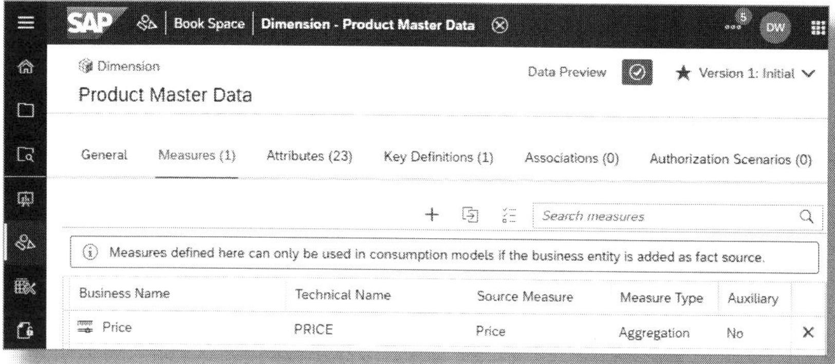

Abbildung 4.7: Kennzahlenübersicht

Möchten Sie Kennzahlen aus der Quelle auswählen, bietet Ihnen die Schaltfläche eine Vorauswahl existierender Kennzahlen in der Quellstruktur (siehe Abbildung 4.8).

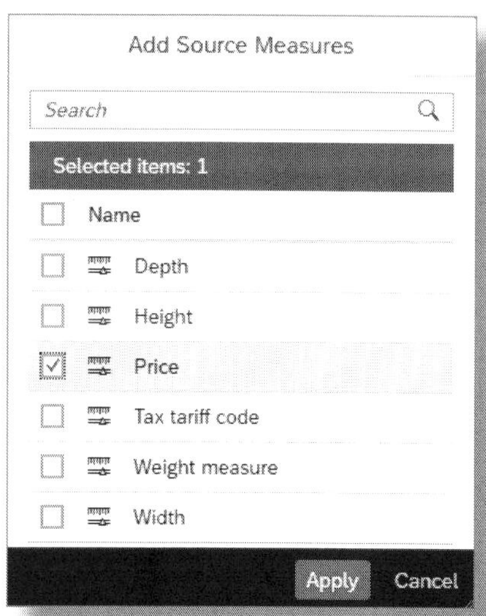

Abbildung 4.8: Kennzahlen aus der Quelle auswählen

Um generell die Eigenschaften einer Kennzahl anzupassen, klicken Sie auf eine Kennzahl in der Übersicht (z. B. PRICE in Abbildung 4.7). Daraufhin öffnet sich ein Fenster mit den MASTER DATA zu dieser Kennzahl (siehe Abbildung 4.9). Hier passen Sie den Namen und die Bezeichnung, den Kennzahlentyp, das Aggregationsverhalten sowie das Quellobjekt an. Darüber hinaus lässt sich eine Kennzahl als AUXILIARY MEASURE (Hilfskennzahl) definieren. Damit können Sie sie für weitere Berechnungen innerhalb einer Entität verwenden, ohne dass sie für die Ausgabe in einem Consumption-Modell berücksichtigt wird.

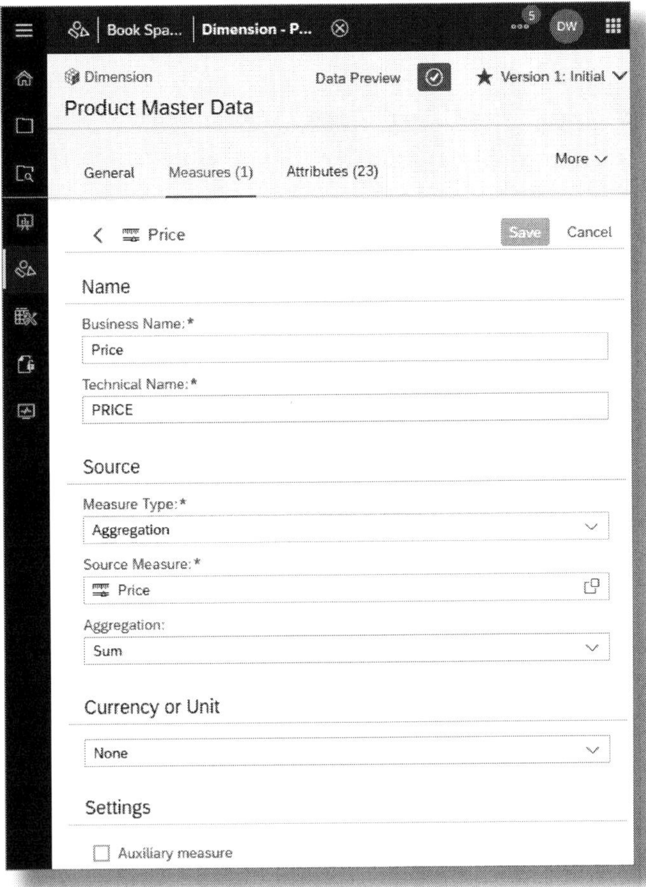

Abbildung 4.9: Kennzahleigenschaften

Es existieren unterschiedliche Typen von Kennzahlen, die Sie über den Dropdown-Eintrag MEASURE TYPES auswählen (siehe Abbildung 4.9):

- AGGREGATION: ermöglicht unterschiedliche Aggregationsverhalten (Summe, Durchschnitt, Anzahl, Maximum und Minimum).
- DERIVED MEASURE (abgeleitete Kennzahl): bezieht sich auf eine andere Kennzahl und lässt Einschränkungen für verfügbare Attribute zu.
- COUNT DISTINCT (eindeutige Anzahl): zählt eindeutige (Tupel-) Vorkommen von Attributen. Wenn z. B. in mehreren Zeilen das Land "`Deutschland`" enthalten ist, wird es nur einmal gezählt.
- CALCULATION (Berechnung): Eine berechnete Kennzahl referenziert andere Kennzahlen und ermöglicht die Kombination von Kennzahlen mit den Grundrechenarten (Operationen vom Typ »Addition«, »Subtraktion«, »Multiplikation« und »Division«).
- FIXED VALUE (fester Wert): ein konstanter Wert, der für die weitere Berechnung verwendet werden kann.

Ähnlich wie bei Kennzahlen können Sie Attribute für Entitäten definieren, deren Eigenschaften anpassen (siehe Abbildung 4.10) sowie Hilfsattribute erstellen, die in Consumption-Modellen nicht angezeigt werden.

Zwei unterschiedliche ATTRIBUTE TYPES stehen zur Auswahl:

- SOURCE ATTRIBUTE (Dimensionsquellattribut): Dieser Typ verweist auf ein Attribut aus einer Dimensionsquelle.
- CALCULATED ATTRIBUTE (berechnetes Attribut): Ein berechnetes Attribut basiert auf einer Formel, die als SQL-Ausdruck definiert ist und dem ausgewählten Datentyp entsprechen muss. Die Berechnung erfolgt auf Zeilenbasis, wobei der Zugriff auf Werte in anderen Zeilen (Zellenreferenz) nicht möglich ist. Bei Eingabe der Formel erfolgt sofort eine automatische Validierung Calculation formula is valid..

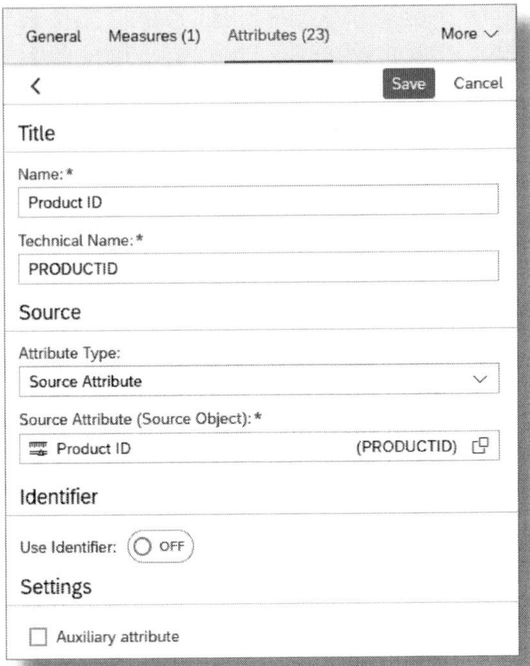

Abbildung 4.10: Attributeigenschaften

Ein Attribut lässt sich über den Schalter IDENTIFIER einem Schlüsselwert zuordnen, z. B. eine Produktbeschreibung dem Schlüsselwert »Product ID«.

Im nächsten Schritt definieren Sie den oder die Schlüssel zur eindeutigen Identifizierung einzelner Datensätze in einer Entität. Verbundschlüssel werden ebenfalls unterstützt (siehe Abbildung 4.11). Diese Schlüssel werden vom System direkt validiert.

Entitäten lassen sich auch über eine Fremdschlüsselbeziehung assoziieren. Technisch wird das als `Left Outer Join` mit einer n:1-Kardinalität realisiert. Andere Join-Typen oder Kardinalitäten werden im Business Layer derzeit nicht unterstützt.

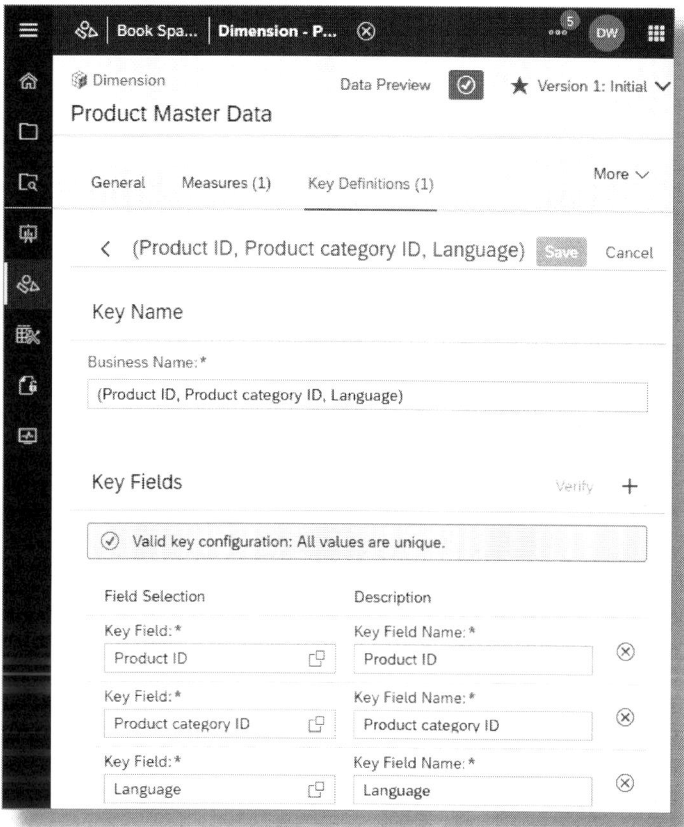

Abbildung 4.11: Schlüssel definieren

Wählen Sie zunächst die zu assoziierende Zielentität aus (siehe Abbildung 4.12). Die Kontrollbox für referenzielle Integrität (REFERENTIAL INTEGRITY ENSURED) ist zur Performance-Optimierung automatisch aktiviert. Damit wird sofort geprüft, ob auch jeder Datensatz der aktuellen Entität mit der konfigurierten Schlüsselzuordnung eine Übereinstimmung in der ausgewählten Zielentität aufweist.

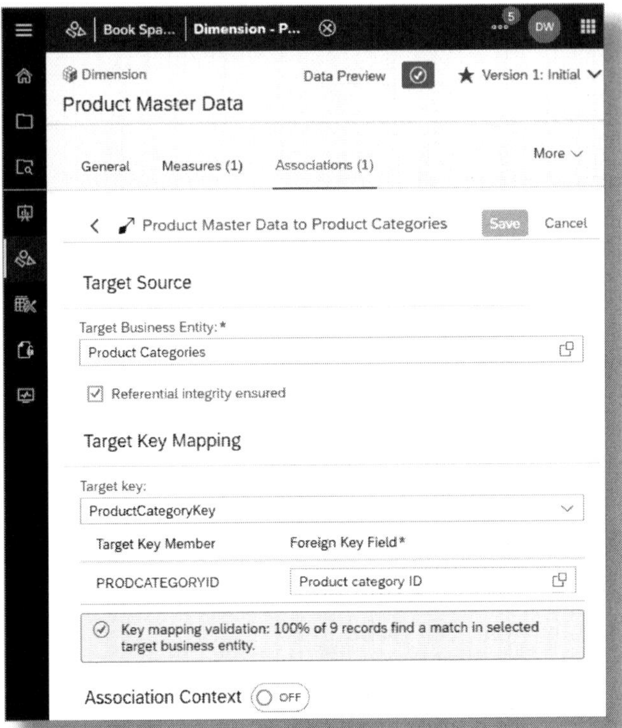

Abbildung 4.12: Assoziationen zuordnen

Wenn Sie das Schlüsselfeld auswählen (hier beispielhaft PRODUCT CATEGORIES), erhalten Sie sofort ein Feedback zur Validierung der Schlüsselzuordnung. Das System prüft, wie viele Einträge in der aktuellen Entität vorhanden sind und wie viele davon mit Einträgen der Zielentität übereinstimmen. Mithilfe dieser Informationen können Sie besser beurteilen, ob die festgelegte Konfiguration sinnvoll ist.

Die Option ASSOCIATION CONTEXT ermöglicht es, Informationen zum Kontext der Assoziation innerhalb der Entität bereitzustellen. Damit können Sie beispielsweise mehrere Assoziationen zwischen denselben Entitäten in unterschiedlichen Kontexten erzeugen. Letztlich sind das zusätzliche Metadaten, die Ihnen in weiteren Modellen zur Verfügung stehen.

☛ Zeichenbegrenzung

Beachten Sie, dass der Kontexttitel maximal 120 Zeichen und die Kontextbeschreibung maximal 5.000 Zeichen (jeweils inklusive Sonderzeichen) zulassen.

4.2.2 Datenvorschau

Die Datenvorschau Data Preview ist mehr als eine reine Anzeige Ihrer Daten. Sie bietet neben der Überprüfung der Daten aus Ihren Modellen eine echte Analysevorschau. Damit ist gemeint, dass Sie vielfältige Möglichkeiten zur Anzeige und Filterung der Daten haben (siehe Abbildung 4.13).

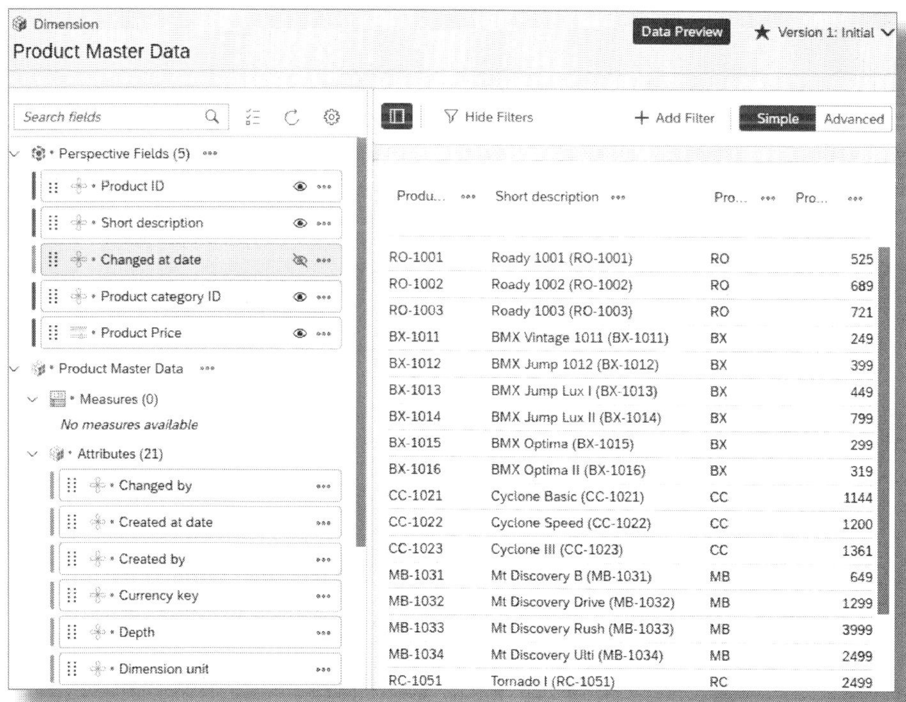

Abbildung 4.13: Datenvorschau

In der Sidebar auf der linken Seite bestimmen Sie den Inhalt der Vorschau. Die ausgewählten Felder im Bereich PERSPECTIVE FIELDS können angezeigt oder versteckt werden. Die Schnellauswahl rechts neben dem Suchfeld ermöglicht Ihnen, mehrere Felder und Kennzahlen auf einmal auszuwählen. Darunter bekommen Sie noch weitere Felder angezeigt, die sich per Drag-and-drop in den oberen Bereich verschieben lassen.

In den Einstellungen (siehe Abbildung 4.13) können Sie das Verhalten der Datenvorschau definieren (siehe Abbildung 4.14).

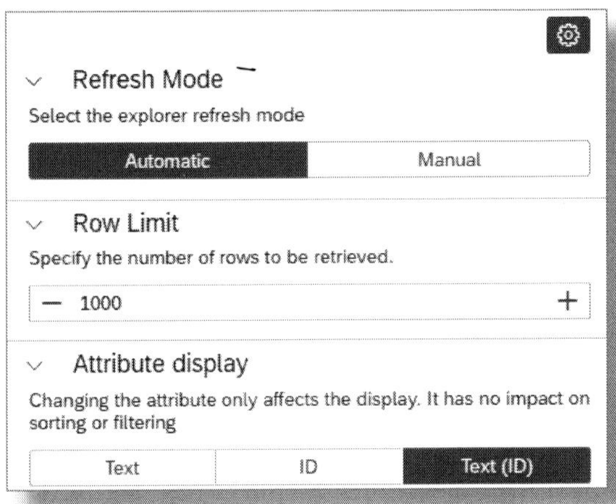

Abbildung 4.14: Anzeigeeinstellungen

Standardmäßig werden 1.000 Zeilen mit TEXT (ID) angezeigt, was bei Änderungen im Aufriss oder an den Filtern automatisch aktualisiert wird. Am unteren Ende der Anzeige sehen Sie, wie alt die Datenvorschau ist (As of 5 minute(s) ago Refresh Data), sodass Sie selbst entscheiden können, wann Sie diese auffrischen wollen.

Oberhalb der Datenvorschau können Sie einfache (SIMPLE) und komplexere (ADVANCED) Filter definieren (siehe Abbildung 4.15). Über die Schaltfläche stehen mehr als die angezeigten Operatoren zur Verfügung.

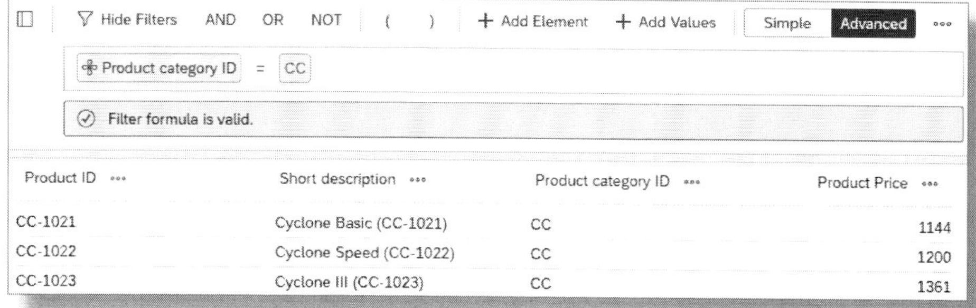

Abbildung 4.15: Datenvorschau mit erweiterten Filteroptionen

Generell ist die Datenvorschau in jedem Modell im Business Builder aufrufbar. Im Consumption-Modell können Sie aus der Vorschau heraus zudem Perspektiven speichern.

! Datenvorschau nur für implementierte Objekte

Beachten Sie, dass die Datenvorschau nur möglich ist, wenn das zugrunde liegende Objekt implementiert wurde.

4.2.3 Datenquelle einer Entität ändern

Ein Hauptvorteil des Business Layer ist die einfache Änderung der Datenquelle, während die Entitäten, Modelle und Analysen stabil bleiben.

In den allgemeinen Einstellungen einer Entität (siehe Abbildung 4.5) können Sie ein neues Datenset als Quelle auswählen. Falls die neue Quelle eine andere Struktur als die bisherige aufweist, müssen Sie eventuell einige Einstellungen Ihrer Entität anpassen. Sie werden über Fehlermeldungen darauf hingewiesen und gelangen über die angezeigten Links direkt zum betroffenen Objekt. Vergessen Sie nicht das Speichern Ihrer Änderungen!

4.3 Faktenmodell

Mithilfe eines *Faktenmodells* kombinieren Sie mehrere Entitäten von Dimensionen und analytischen Datensets, um Berechnungen über diverse Fakten hinweg vorzunehmen. Typischerweise werden Faktenmodelle verwendet, um komplexere, aber generische Metriken oder KPIs (z. B. eine Pipeline-Abdeckung) darzustellen. Faktenmodelle lassen sich verschachteln und wiederverwenden. Außerdem können Sie mehrere Faktenmodelle mit Dimensionen und analytischen Datensets kombinieren.

Erstellt werden sie im Business Builder. Dazu vergeben Sie zunächst die Bezeichnung für das Modell und wählen im zweiten Schritt unter INITIAL FACT SOURCE das ursprüngliche Quellobjekt aus (siehe Abbildung 4.16).

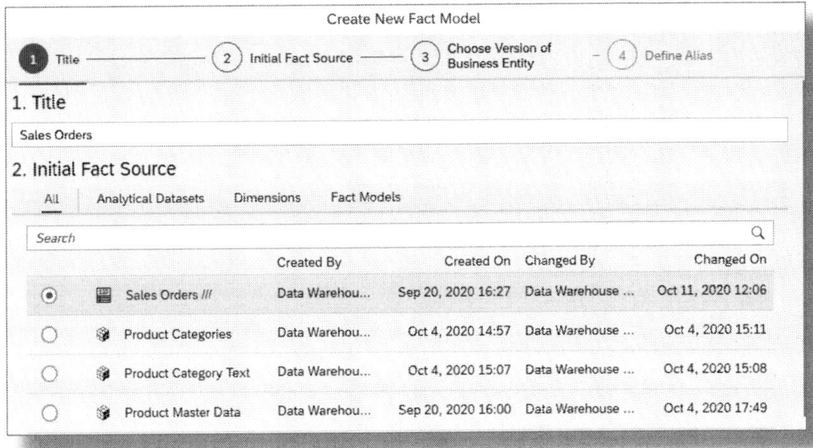

Abbildung 4.16: Faktenmodell erstellen – Schritt 1 und 2

In Anlageschritt 3 wählen Sie die relevante Objektversion aus, wobei die »empfohlene Version« standardmäßig vorgeschlagen wird. Im letzten Schritt können Sie noch einen Alias-Namen vergeben (siehe Abbildung 4.17).

Faktenmodelle bieten eine Reihe von Kennzahlen, Attribute, Assoziationen und Filter, die für einen bestimmten Kontext relevant sind. So sind die Modelle in verschiedenen Anwendungsfällen innerhalb des jeweiligen Geschäftskontexts wiederverwendbar.

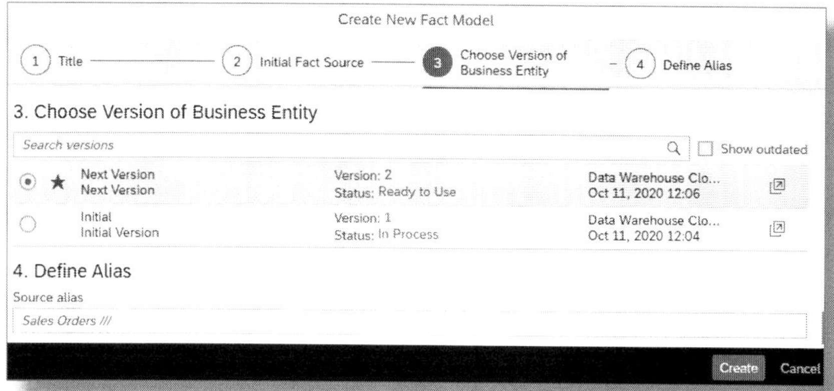

Abbildung 4.17: Faktenmodell erstellen – Schritt 3 und 4

Im Quellmodell (siehe Abbildung 4.18) können Sie zudem weitere Dimensionen und Fakten ergänzen, sodass sich nicht nur multidimensionale Modelle im Sinne eines **Sternschemas**, sondern auch Multifaktenmodelle, also mehrere Sternschemata wie in einem **Galaxy-Schema** erzeugen lassen.

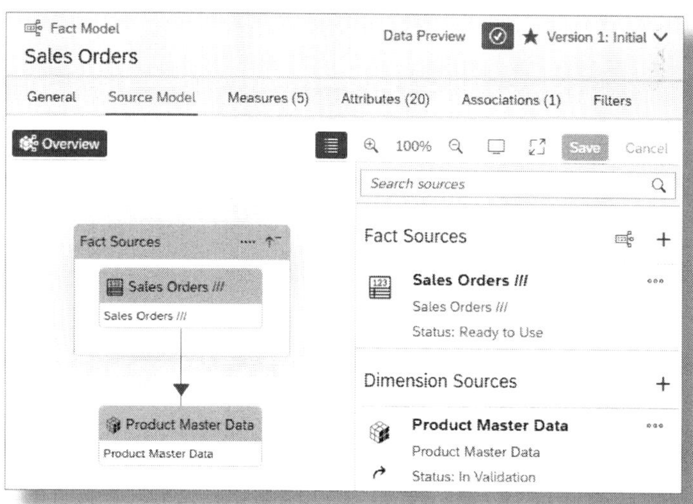

Abbildung 4.18: Faktenmodell

Durch die Definition von Filtern ermöglichen Sie die Einschränkung auf einen ganz bestimmen Kontext, z. B. eine Vertriebsregion.

4.4 Consumption-Modelle und ihre Perpektiven

Ein *Consumption-Modell*, im Business Builder (siehe Abbildung 4.2) über die Kachel aufzurufen, ermöglicht die Kombination bestehender Entitäten und Faktenmodelle. Zusammen mit der Perspektive bildet dieses Modell die höchste Ebene innerhalb des Business Layer. Auf den ersten Blick sind sich ein Consumption- und ein Faktenmodell sehr ähnlich, wobei Consumption-Modelle nicht in anderen Modellen wiederverwendbar sind.

Um Perspektiven zu definieren, die Ihnen verschiedene Ausprägungen auf einem einzigen Consumption-Modell erlauben, statt eine Vielzahl von Consumption-Modellen erstellen zu müssen, klicken Sie ganz rechts in Abbildung 4.19 auf PERSPECTIVES (1).

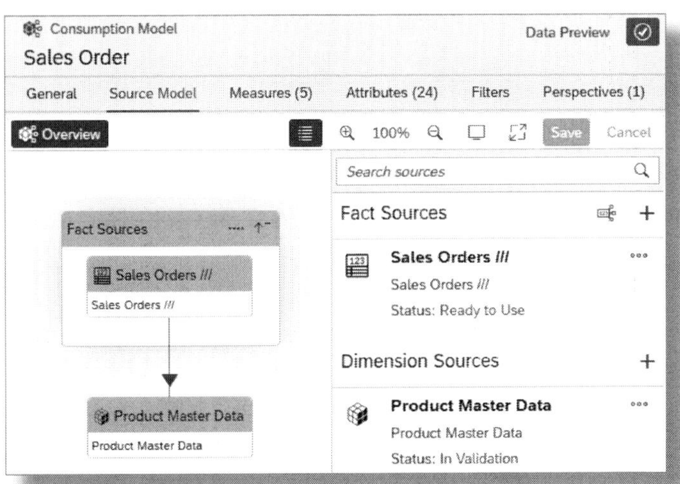

Abbildung 4.19: Consumption-Modell – Quellen

Die Definition der Perspektiven nehmen Sie unter DATA PREVIEW vor (siehe Abbildung 4.20).

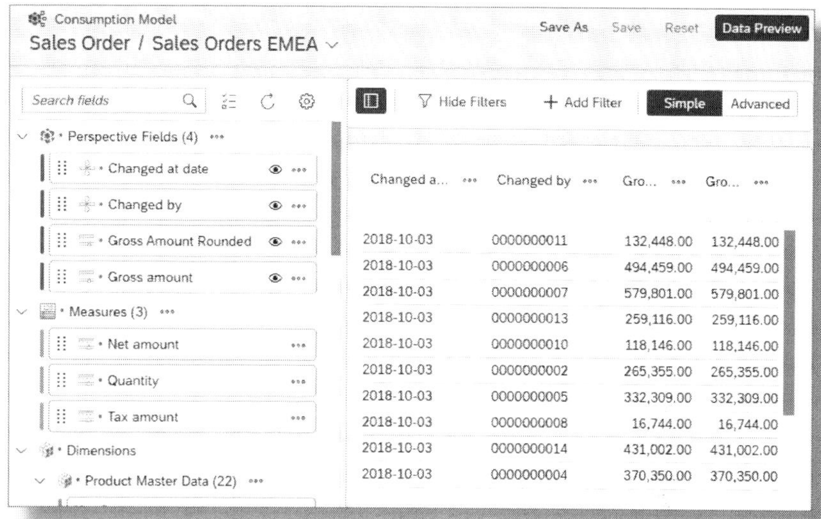

Changed a...	Changed by	Gro...	Gro...
2018-10-03	0000000011	132,448.00	132,448.00
2018-10-03	0000000006	494,459.00	494,459.00
2018-10-03	0000000007	579,801.00	579,801.00
2018-10-03	0000000013	259,116.00	259,116.00
2018-10-03	0000000010	118,146.00	118,146.00
2018-10-03	0000000002	265,355.00	265,355.00
2018-10-03	0000000005	332,309.00	332,309.00
2018-10-03	0000000008	16,744.00	16,744.00
2018-10-03	0000000014	431,002.00	431,002.00
2018-10-03	0000000004	370,350.00	370,350.00

Abbildung 4.20: Consumption-Modell – Vorschau

In der Datenvorschau können Sie die Felder im gewünschten Aufriss definieren und eine oder mehrere Perspektiven über die Schaltfläche Save As erzeugen. Im darauffolgenden Schritt (siehe Abbildung 4.21) vergeben Sie einen passenden Namen.

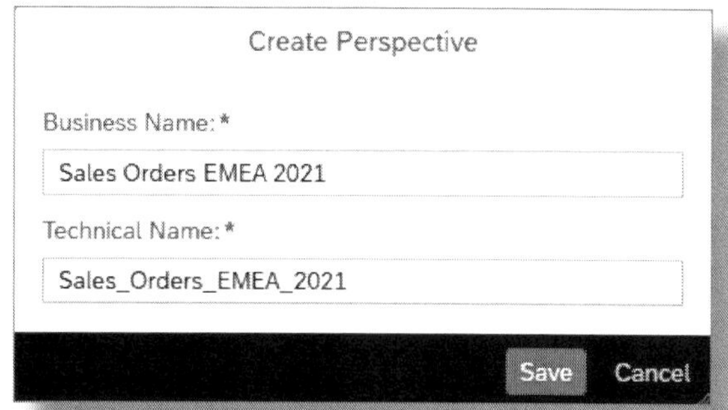

Abbildung 4.21: Perspektive erstellen

Damit Ihre Perspektive verwendet werden kann, müssen Sie diese nach der Erstellung über DEPLOY implementieren (siehe Abbildung 4.22).

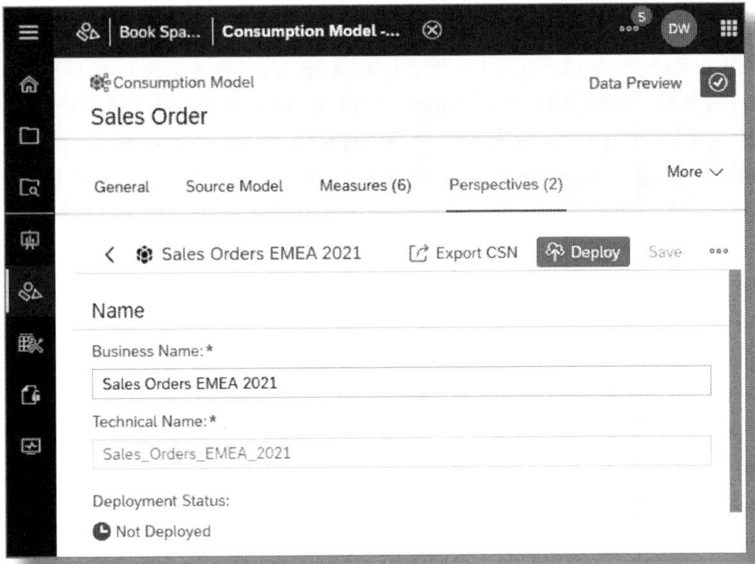

Abbildung 4.22: Perspektive implementieren

4.5 Berechtigungsszenarien

Das letzte der semantischen Modelle im Business Layer ist das *Berechtigungsszenario* . Es ist als wiederverwendbares Element gedacht, das auf der Grundlage vorhandener Datenzugriffskontrollen das Filtern von Daten für bestimmte Entitäten unterstützt.

Beim Erstellen (siehe Abbildung 4.23) wählen Sie die für Ihr Szenario relevante Datenzugriffskontrolle aus. In unserem Beispiel haben wir die Wahl zwischen einer Produktgruppe oder einer Verkaufsorganisation.

Auf der Registerkarte DATA RESTRICTIONS (Datenbeschränkungen) sind auf Basis der Entität weitere Einschränkungen möglich (siehe Abbildung 4.24), indem Sie über das +-Icon zusätzliche Entitäten hinzufügen.

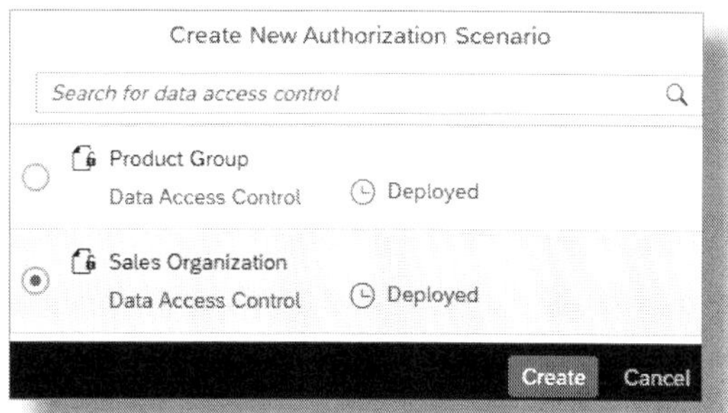

Abbildung 4.23: Berechtigungsszenario erstellen

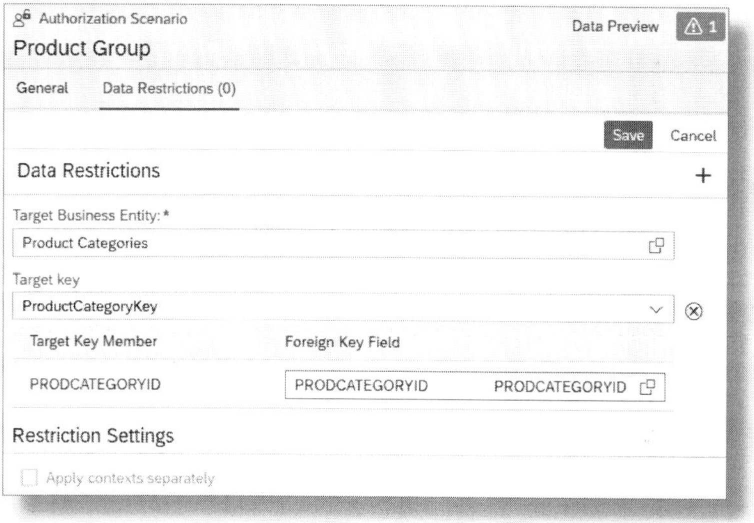

Abbildung 4.24: Dateneinschränkungen definieren

4.6 Versionierung von Business-Objekten

Sie können verschiedene Versionen eines Objekts erstellen. Anhand dieser Versionen ist ein reibungsloser Roll-out von Aktualisierungen der unterschiedlichen Objekte möglich, ohne dass andere Modelle beeinträchtigt werden.

Versionen existieren parallel und sind weitgehend unabhängig voneinander. Letztlich wird die Konfiguration geklont, sobald eine neue Version erzeugt wird. Dadurch haben Änderungen in einer neuen Version keinerlei Auswirkungen auf ältere Versionen. Diese lassen sich weiterhin anpassen, Änderungen an ihnen werden jedoch nicht automatisch auf neuere Versionen übertragen.

Wenn für ein Objekt mehr als eine Version existiert, dann können Sie bei der Wiederverwendung auswählen, welche Version Sie einsetzen möchten. Da es sich bei den Objekten im Business Layer um reine Design-Time-Artefakte handelt, müssen sie nicht implementiert werden. Sie können selbst entscheiden, ob und wann ein Modell die neue Version übernimmt.

Jede Version verfügt über einen eigenen Lebenszyklus, der als STATUS abgebildet wird (siehe Abbildung 4.25). Zusammen mit der Versionsbeschreibung gibt dieser Status an, ob die Verwendung einer Version empfohlen wird, und weist den Benutzer darauf hin, wann zu einer anderen Version gewechselt werden sollte. Sie werden beim Migrationsprozess durch einen Assistenten unterstützt.

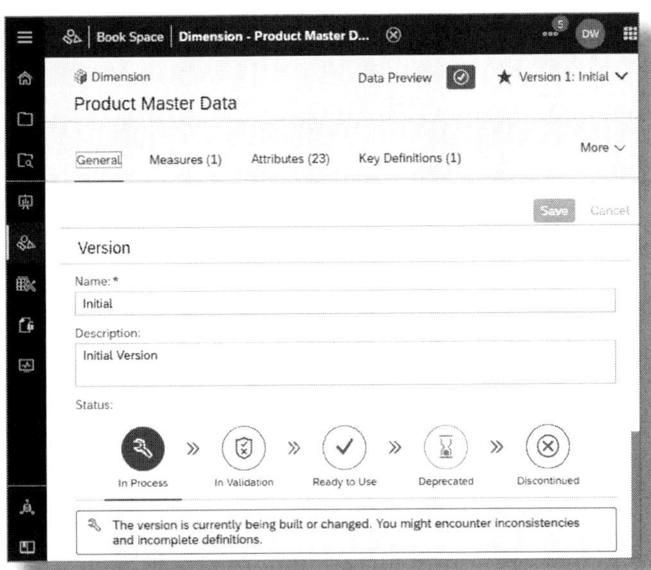

Abbildung 4.25: Objektversionierung

Vergeben Sie als Titel (NAME) verständliche Bezeichnungen und für die Beschreibung nachvollziehbare Änderungen im Vergleich zur vorangegangenen Version.

Als STATUS wird immer derjenige der aktuellen Version angezeigt. Mögliche Ausprägungen sind:

- IN PROCESS (in Bearbeitung): Das Objekt wird gerade erstellt bzw. geändert. Die Definition kann unvollständig sein, und es können Inkonsistenzen auftreten.
- IN VALIDATION (in Bearbeitung): Das Objekt wird validiert, um Richtigkeit und Konsistenz der Daten sicherzustellen.
- READY TO USE (einsatzbereit): Das Objekt wurde validiert und kann verwendet werden.
- DEPRECATED (veraltet): Das Objekt entspricht nicht mehr den aktuellen Anforderungen.
- DISCONTINUED (eingestellt): Das Objekt darf nicht mehr verwendet werden.

Über die Schaltfläche New Version innerhalb des Dialogfensters der Schaltfläche ★ Version 1: Initial ∨ in Abbildung 4.25 können Sie mehrere Versionen parallel anlegen (siehe Abbildung 4.26). Diese können, wie im gezeigten Beispiel, denselben oder aber unterschiedliche Status haben, da Sie unabhängig voneinander existieren.

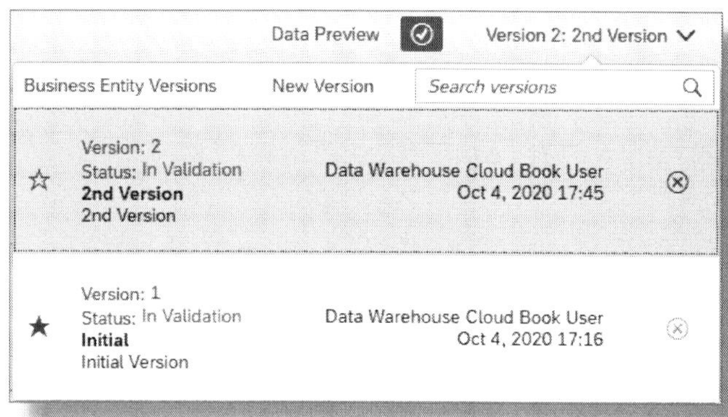

Abbildung 4.26: Neue Version erzeugen

5 Hybride Einsatzszenarien

Nur wenige Unternehmen starten mit ihrem Data Warehouse auf der grünen Wiese, viele setzen zudem auf eine Kombination mit einer Cloud-Strategie. Insbesondere SAP-Kunden verfügen über eine bestehende Landschaft aus Data-Warehouse-Systemen auf Basis von SAP HANA, SAP BW oder SAP BW/4HANA. Diese jahrelang gewachsene Struktur kann allerdings nicht über Nacht in die Cloud migriert werden. Durch eine enge Integration bietet Data Warehouse Cloud diesen Kunden die Möglichkeit, schrittweise eine moderne, cloudbasierte Data-Warehouse-Landschaft aufzubauen.

Die Technikdefinition bei Wikipedia beschreibt den Begriff *hybrid* als *»ein System, bei welchem zwei Technologien miteinander kombiniert werden. Die vorangestellte Bezeichnung Hybrid- betont ein aus unterschiedlichen Arten oder Prozessen zusammengesetztes Ganzes. Die Besonderheit liegt darin, dass die zusammengebrachten Elemente für sich schon Lösungen darstellen, durch das Zusammenbringen aber neue erwünschte Eigenschaften entstehen können.«* [6]

Im Kontext von Data Warehouse Cloud wird »hybrid« als Erweiterung eines bestehenden Systems verstanden, wobei die neuen Möglichkeiten der Cloud-Lösung in Kombination mit der bestehenden Data-Warehouse-Landschaft einen zusätzlichen Mehrwert liefern. Traditionell befinden sich die vorhandenen Systeme im kundeneigenen Rechenzentrum oder als Private Cloud im Rechenzentrum eines Dienstleisters.

Das Thema »Hybride Einsatzszenarien für Data Warehouse Cloud« könnte allein ein eigenes Buch füllen, denn es gibt prinzipiell auch Systeme von Drittanbietern, die in einem hybriden Szenario mit SAP Data Warehouse Cloud betrieben werden könnten. Deshalb liegt der Fokus in diesem Kapitel auf einem Überblick über das Zusammenspiel mit den SAP-Systemen: SAP HANA und SAP BW bzw. SAP BW/4HANA.

5.1 Hybrid mit SAP HANA und HANA Cloud

Das hybride Einsatzszenario mit SAP HANA beleuchtet den Fall, dass SAP HANA als SQL Data Warehouse oder als Data Mart eingesetzt wird.

Prinzipiell bestehen hierfür zwei Ansätze, wie Abbildung 5.1 veranschaulichen soll: Im Fall *Hybrid SQL* wird ein externes SAP-HANA-System an SAP Data Warehouse Cloud angeschlossen. Damit liegen zwei separate Systeme mit den jeweiligen Datenbanken vor, es handelt sich also um eine Erweiterung von SAP HANA als SQL Data Warehouse um Data Warehouse Cloud.

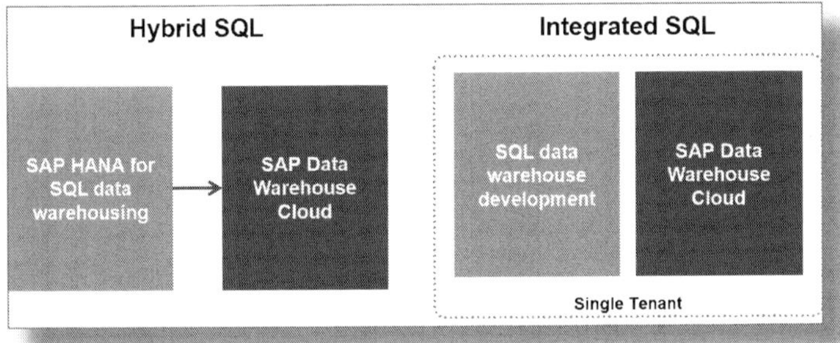

Abbildung 5.1: SAP-HANA-SQL-Integration im Überblick

Eine vereinfachte Systemlandschaft stellt die rechte Variante *Integrated SQL* in Abbildung 5.1 dar. Hierbei existiert eine Datenbank in einem Single-Tenant-Cloud-System, und die komplette Modellierung findet im selben System statt: einmal mit SQL-Werkzeugen und einmal über die Editoren von Data Warehouse Cloud.

5.1.1 Externes SAP-HANA-System

Zentrale Komponente für den Aufbau eines hybriden Szenarios ist die Quellsystemverbindung zu einem oder mehreren SAP-HANA-Systemen. In Abschnitt 2.4 ist näher beschrieben, wie Sie eine Verbindung zu einem SAP-HANA-System in einem Space anlegen. Dabei können Sie auf bestehende SQL-Schemata in HANA zugreifen oder alternativ existierende HDI-Container anbinden (siehe Abbildung 5.2). Dabei ist es unerheblich, ob es sich um ein HANA-System handelt, das bei Ihnen im Rechenzentrum steht, oder um ein HANA-System in der Cloud.

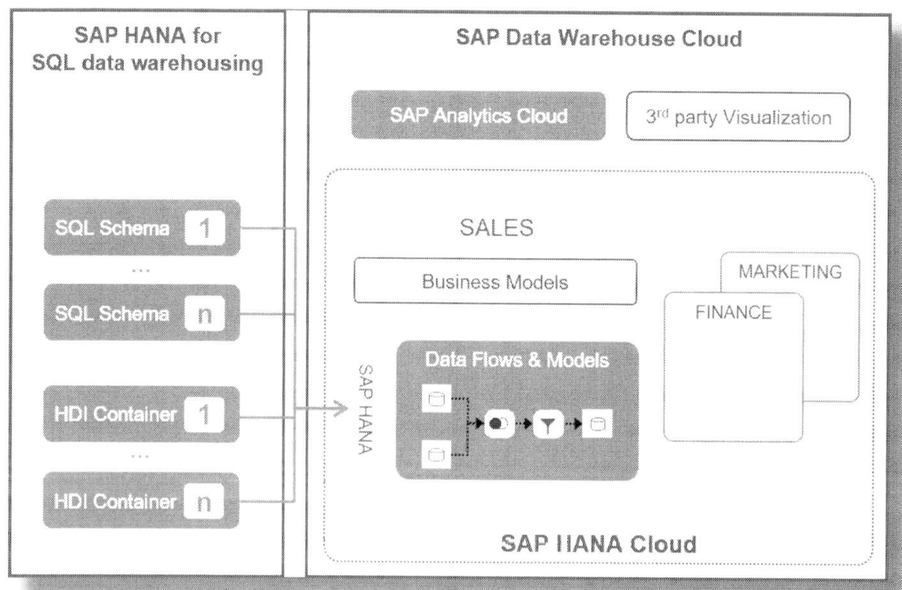

Abbildung 5.2: Hybride Integration einer externen SAP HANA

Nachdem die Systemverbindung erstellt worden ist, sollten Sie im nächsten Schritt die IP-Adresse dieses externen Systems in die Allowlist aufnehmen (siehe Abschnitt 6.4.5), da sich ansonsten keine erfolgreiche Verbindung zwischen den Systemen aufbauen lässt. Danach können Sie aus dem Data Builder heraus auf Tabellen, Views, Calculation Views etc. zugreifen und diese in Ihren Modellen verwenden.

Bei einer normalen SAP-HANA-Datenbankverbindung sehen Sie die für Ihren Benutzer freigegebenen Datenbankschemata (siehe Abbildung 5.3) – im Beispiel das Schema DWC_DEMO.

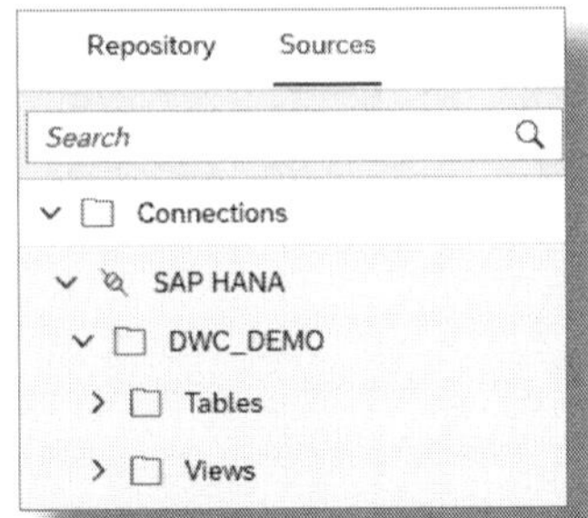

Abbildung 5.3: Datenbankschemata in angebundener SAP HANA

Haben Sie stattdessen einen HDI-Container verbunden, sehen Sie nur die in diesem Container vorhandenen Objekte (siehe Abbildung 5.4).

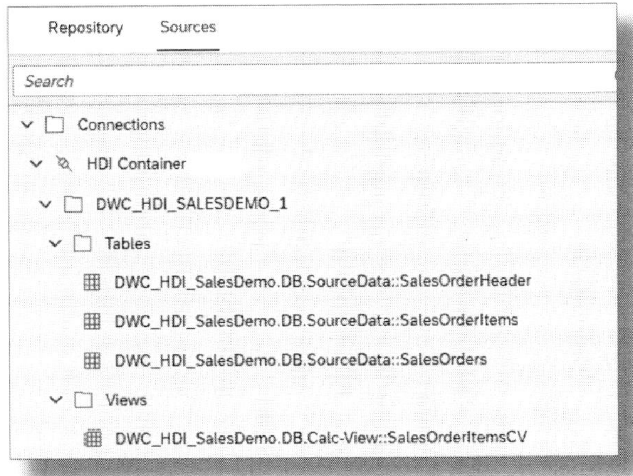

Abbildung 5.4: HDI-Container – Objekte

Gleichzeitig können Sie auf diesem Weg Daten aus unterschiedlichen Systemen kombinieren, z. B. Daten, die Sie in Tabellen in SAP HANA speichern und verwalten, lokale Daten in Data-Warehouse-Cloud-Tabellen oder im Open-SQL-Schema und natürlich auch Daten aus weiteren verbundenen Systemen. Auf diesen Datenmodellen können Sie weitere Modelle im Business Layer erstellen sowie Berichte mit SAP Analytics Cloud anlegen.

5.1.2 Integriertes SAP-HANA-System

Data Warehouse Cloud bringt bereits eine HANA-Datenbank mit, die in einem Open-SQL-Schema mit SQL-Mitteln über externe Werkzeuge modelliert werden kann. Wie in Abschnitt 3.8 bereits erklärt, erstellen Sie über Werkzeuge wie den DB-Explorer oder DBeaver DDL- und DML-Anweisungen, um Tabellen, Views, Prozeduren etc. anzulegen.

Diese Objekte können Sie daraufhin im Data Builder zur weiteren Modellierung nutzen. Unter SOURCES werden neben den Quellsystemverbindungen alle Open-SQL-Schemata und eingebundenen HDI-Container mit ihren jeweils verwendbaren Objekten angezeigt (siehe Abbildung 5.5).

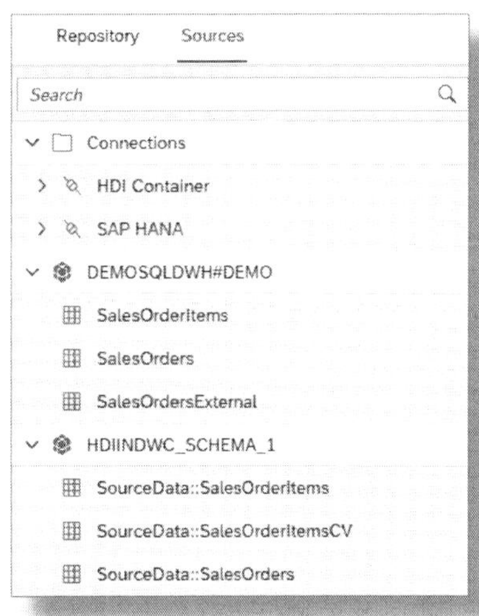

Abbildung 5.5: Open-SQL-Schema und HDI-Container im Data Builder

Wenn Sie zu den Kunden gehören, die bereits Entwicklungen in einem HDI-Container gebaut haben, wird es für Sie ein Leichtes sein, diese Container auch in der HANA-Datenbank von Data Warehouse Cloud zu betreiben. Wie Sie einen HDI-Container in einen Space einbinden, wird in Abschnitt 2.5 und Abbildung 2.21 erklärt.

Der HDI-Container existiert dann direkt in der HANA-Datenbank Ihres Data-Warenhause-Cloud-Systems. Somit können Werkzeuge der SAP Business Technology Platform (BTP), wie z. B. *SAP Web-IDE Full Stack* bzw. *SAP Business Application Studio* oder auch das eigenständige Modellierungswerkzeug *SAP PowerDesigner*, zum Aufbau und Betrieb der Modelle verwendet werden.

Im Gegensatz zum externen HANA-System benötigen Sie hier keine Remoteverbindung, um auf Modelle und Daten zuzugreifen, da sich diese bereits in der Datenbank befinden. Ein Eintrag in der Allowlist ist ebenfalls nicht erforderlich, da bei Abfragen keine externe Verbindung aufgebaut werden muss.

Mit diesem Weg vereinen Sie auf einem System den an Datenbankentwickler gerichteten SQL-Ansatz, bei dem beliebige externe Werkzeuge zum Einsatz kommen können, mit dem eher an Business- und Power-User gerichteten Ansatz der integrierten Editoren von Data Warehouse Cloud.

5.2 Hybrid mit SAP BW und BW/4HANA

Für den Aufbau eines hybriden Szenarios mit SAP BW oder BW/4HANA wird die Quellsystemverbindung mit dem *ABAP-* oder dem *SAP-BW-Adapter* verwendet (siehe Tabelle 2.1 in Abschnitt 2.4). Nachdem Sie die Verbindung hergestellt haben, können Sie die Quellsystemobjekte zur Modellierung in Data Warehouse Cloud nutzen und auf Daten virtuell zugreifen oder diese replizieren.

Sprachabhängige Quellsystemobjekte

Im ABAP-Adapter können Sie die Sprache wählen, in der die Metadatenobjekte in Data Warehouse Cloud angezeigt werden sollen. Wenn Sie beispielsweise in Ihrem BW-System in Deutsch arbeiten, ist das Anlegen aller Metadaten in derselben Sprache durchaus hilfreich. Ohne Spezifikation der Sprache würden Sie nur die englischen Metadaten (z. B. Query- und InfoProvider-Bezeichnungen) oder, falls diese nicht gepflegt sind, nur die technischen Namen sehen.

Der View-Editor zeigt unterhalb der Quellsystemverbindung (siehe Abbildung 5.6) folgende Objekte zum SAP-BW/4HANA- oder SAP-BW-auf-HANA-System:

- ABAP-Tabellen
- Extraktoren:
    - ABAP_CDS
    - BW
    - Service API (SAPI)

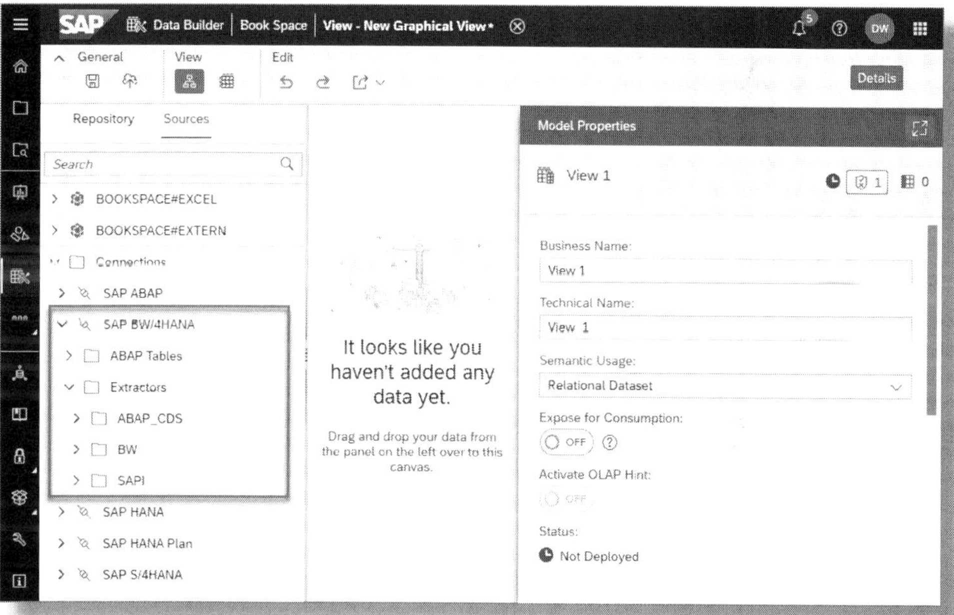

Abbildung 5.6: BW/4HANA – Quellobjektauswahl

Der Ordner ABAP-TABLES bietet Zugriff auf die im ABAP Data Dictionary verfügbaren Tabellen, die Sie möglicherweise aus der ABAP-Sicht für die Transaktionen *SE11* und *SE16* kennen.

Unterhalb des Extraktorenordners erhalten Sie Zugriff auf ABAP-CDS-Views, BW-Objekte und das Service API, also auf die Extraktoren auf ODP-Basis.

Im BW-System beinhaltet die BW-Query meist sehr viel Business-Logik. Bevor Sie eine BW-Query als Quelle in SAP Data Warehouse Cloud verwenden können, muss sie als InfoProvider konfiguriert werden. Dies erfolgt entweder über die Query-Eigenschaften in der Transaktion *RSRT* oder über die Laufzeiteigenschaften in den BW-Modellierungswerkzeugen.

Bitte beachten Sie, dass eine BW-Query nur als InfoProvider konfiguriert werden kann, wenn sie folgenden Regeln genügt:

Wesentliche Einschränkungen dabei sind:

- Abfragen mit mehreren Strukturen werden nicht unterstützt.
- Zeitabhängige Hierarchien oder Währungsumrechnungen müssen bereits in der Abfrage aufgelöst werden (nicht über Eingabevariablen).

Folgende Integrationsmöglichkeiten stehen grundsätzlich zur Verfügung:

- Remote-Zugriff (Standardeinstellung)
- Snapshots – stellen Sie dazu im Datenreplikationsmonitor von REMOTE auf SNAPSHOT-Zugriff um (siehe Abschnitt 3.4)
- Echtzeitreplikation – stellen Sie dazu im Datenreplikationsmonitor von REMOTE auf REPLIKATION um (siehe Abschnitt 3.4)

So wie für die BW-Query beschrieben, können Sie auch Daten von InfoObjekten oder weitere InfoProvider in Data Warehouse Cloud zur Verfügung stellen.

Ein Modelltransfer für SAP BW/4HANA ermöglicht, BW-Queries in semantische Modelle in Data Warehouse Cloud zu überführen. Weiterführende Informationen finden Sie in der Linksammlung (*https://www.espresso-tutorials.de/sap-data-warehouse-cloud/*).

6 Konfiguration und Sicherheit

Konfiguration und Sicherheit sind sehr wichtige Aufgaben, sowohl beim Aufbau als auch beim täglichen Betrieb eines IT-Systems. Dies gilt gleichermaßen für Data Warehouse Cloud.

Im unteren Teil der Menüleiste von Data Warehouse Cloud sehen Sie auf der linken Seite die administrativen Komponenten der Applikation und den Bereich für Sicherheit (siehe Abbildung 6.1). Bitte beachten Sie, dass Ihnen in Abhängigkeit von den Rollen, die Ihrem Benutzer zugeordnet sind, ggf. nicht alle Optionen angezeigt werden.

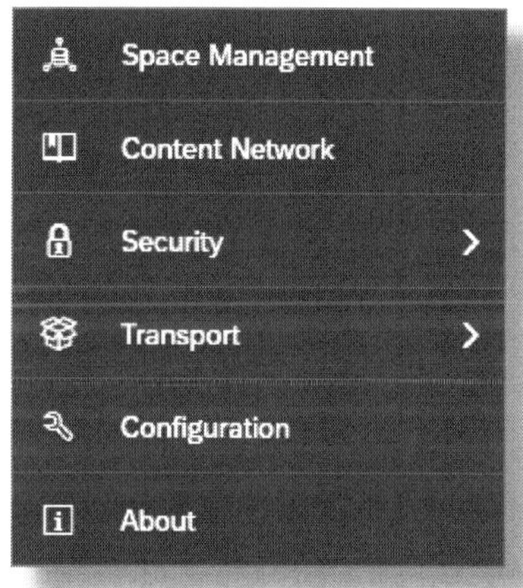

Abbildung 6.1: Komponenten der Konfiguration

In diesem Kapitel werden bis auf das Space Management, das Sie bereits in Kapitel 2 kennengelernt haben, alle Menüpunkte näher vorgestellt.

Darüber hinaus beleuchte ich weitere Aspekte rund um das Thema »Sicherheit« sowie das Zusammenspiel von Data Warehouse Cloud und SAP Analytics Cloud. Dadurch, dass beide Systeme eng integriert sind und sich dieselbe technische Plattform teilen, gibt es Bereiche der

Systemadministration, die nur im UI von SAC zu finden sind, wie z. B. die Einstellungen für Single Sign-on (SSO).

6.1 Rollen

Zu den Rollen gelangen Sie über den Menüpunkt Security und dann ROLES. Data Warehouse Cloud besitzt ein rollenbasiertes Benutzerkonzept.

Eine Rolle beschreibt eine Gruppe von Berechtigungen, die wiederum einzelnen Benutzern zugeordnet werden kann. Data Warehouse Cloud wird mit spezifischen, vordefinierten Rollen ausgeliefert (siehe Abbildung 6.2 und Tabelle 6.1). Administratoren können selbstverständlich auch benutzerdefinierte Rollen erstellen.

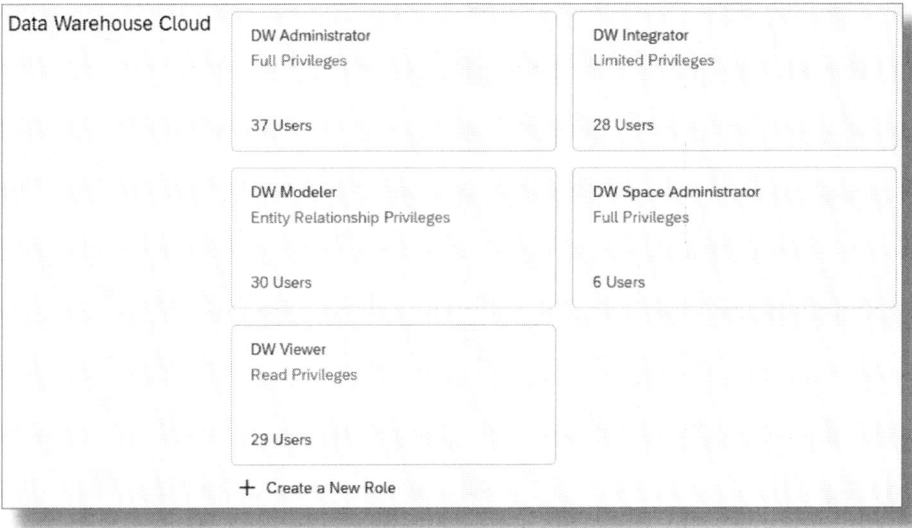

Abbildung 6.2: Rollenübersicht in Data Warehouse Cloud

Rolle	Beschreibung
DW ADMINIS-TRATOR	Verwaltet Berechtigungen; erstellt, ändert und löscht Spaces. Die Rolle beinhaltet eine zusätzliche Rolle, über die alle Spaces und Objekte angezeigt und bearbeitet werden dürfen
DW SPACE ADMINISTRATOR	Ermöglicht das Aktualisieren und Ändern von Space-Eigenschaften sowie das Löschen von Spaces
DW INTEGRATOR	Erstellt Remote-Verbindungen
DW MODELER	Erstellt und ändert Modelle
DW VIEWER	Reine Leseberechtigungen sowie Anzeige von Business-Katalogen und Datenmodellen

Tabelle 6.1: Data Warehouse Cloud – Rollenbeschreibungen

Wenn Sie mit Storys arbeiten möchten, benötigen Sie zwei weitere Rollen für Business Intelligence (siehe Tabelle 6.2):

Rolle	Beschreibung
BI Content Creator	Der BI Content Creator erstellt und ändert Storys.
BI Content Viewer	Der BI Content Viewer kann Storys anzeigen.

Tabelle 6.2: BI-Rollen

Zusätzliche vordefinierte Rollen für SAP Analytics Cloud – z. B. für die Bereiche »Planung« oder »Predictive« – können Sie abhängig von Ihrer Lizensierung für Funktionen in SAP Analytics Cloud verwenden.

Erstellen von benutzerdefinierten Rollen

Zum Erstellen einer benutzerdefinierten Rolle wählen Sie in Abbildung 6.2 ganz unten + Create a New Role. Im nächsten Dialogschritt (siehe Abbildung 6.3) vergeben Sie einen Namen und eine Beschreibung.

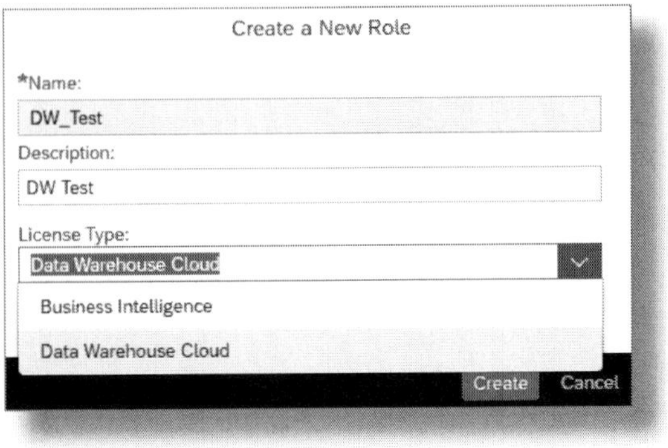

Abbildung 6.3: Neue Rolle erstellen

Das Feld NAME erlaubt nur Groß- und Kleinbuchstaben (A-Z, a-z), Zahlen (0-9) und Unterstriche (_). Die maximale Länge des Namens beträgt 20 Stellen. Zusätzlich wählen Sie noch den Lizenztyp der Rolle BUSINESS INTELLIGENCE (SAC) oder DATA WAREHOUSE CLOUD aus und erstellen die Rolle über CREATE.

Im nächsten Schritt entscheiden Sie, ob die Rolle auf Basis eines bestehenden Templates erzeugt werden soll. So können Sie einfach bestehende Rollen an Ihre Bedürfnisse anpassen und unter einem eigenen Namen abspeichern – ganz ohne Änderung der Originalrolle. Zur Auswahl (siehe Abbildung 6.4) stehen die vier zuvor beschriebenen Rollen. BLANK steht für eine leere Vorlage, die Sie wählen, um eine Rolle komplett neu zu erstellen.

Abbildung 6.4: Rollentemplate auswählen

Sobald die Rolle erzeugt ist, wird eine Liste mit allen Berechtigungen angezeigt, aus der Sie fast beliebig auswählen können (siehe Abbildung 6.5). Da die hier aufgelisteten Berechtigungen prinzipiell vom ausgewählten Lizenztyp abhängig sind, werden eventuell manche Berechtigungen bei Ihnen nicht verfügbar sein. Sie können Veränderungen Ihrer Rolle über direkt oder mittels SAVE AS unter anderem Namen speichern. Möchten Sie während der Rollendefinition das Template wechseln, klicken Sie auf die Schaltfläche .

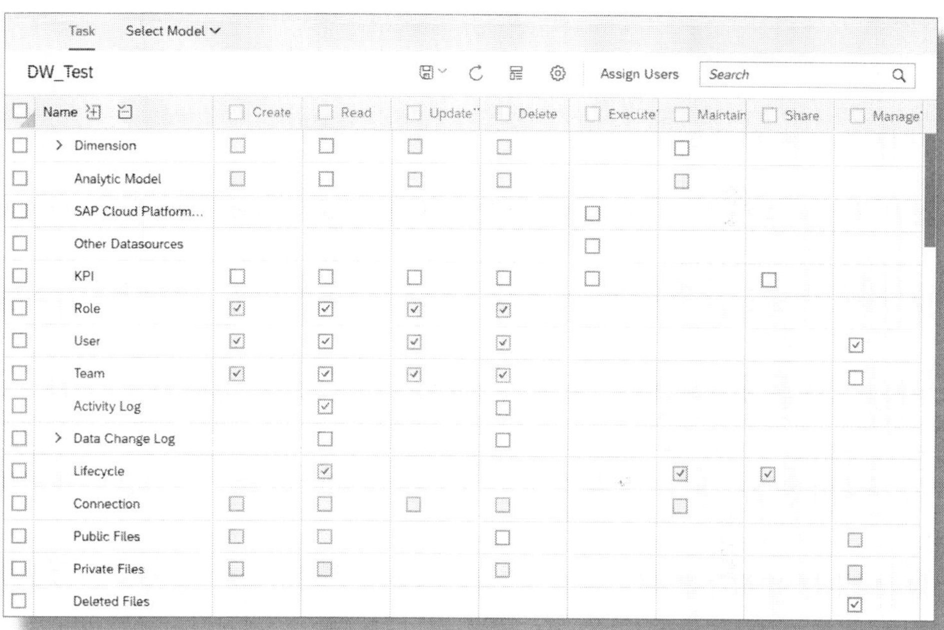

Abbildung 6.5: Aufgabenauswahl für die Rolle

Über die Schaltfläche in Abbildung 6.5 gelangen Sie zur Rollenkonfiguration (siehe Abbildung 6.6). Sie können dort eine oder mehrere Rollen als Standardrollen festlegen (USE AS DEFAULT ROLE), die Sie neuen Benutzern ohne Rollenzuordnung zuteilen.

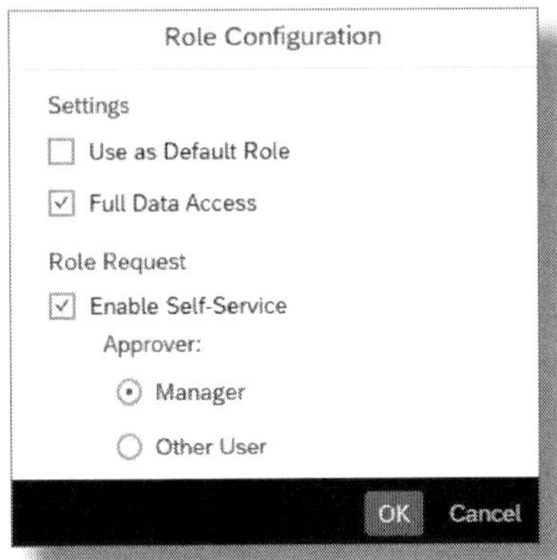

Abbildung 6.6: Rollenkonfiguration

Voraussetzung für die Zuteilung ist allerdings, dass es sich um eine von Ihnen erstellte Rolle oder um Standardanwendungsrollen handelt. Haben Sie keine Standardrolle definiert, dann werden einem anderen Benutzer nur die erforderlichen Mindestberechtigungen zugewiesen. Die Zuteilung von Standardrollen ist außerdem nur dann möglich, wenn Sie eine oder mehrere Rollen für den SELF-SERVICE konfiguriert (siehe Abbildung 6.6) und den Benutzern in der Benutzerverwaltung (siehe Abbildung 6.8) einen MANAGER zugewiesen haben.

Die Option FULL DATA ACCESS (voller Datenzugriff) sollte mit Vorsicht und nur an ausgewählte Benutzer vergeben werden. Dadurch kann jeder Benutzer, dem diese Rolle zugeordnet ist, alle Daten jedes Modells sehen, unabhängig davon, wie der Datenzugriff für das jeweilige Modell definiert ist.

Die Option ENABLE SELF-SERVICE (siehe Abbildung 6.6) ermöglicht Benutzern, sich eine Rolle über das Dialogfeld REQUEST ROLES selbst zuzuweisen. Sie entscheiden darüber hinaus noch, welcher der folgenden Benutzertypen die Rollenanforderung genehmigen soll:

- MANAGER: Derjenige, der dem die Rolle anfordernden Benutzer als Manager zugewiesen ist, muss die Anforderung genehmigen.
- OTHER USER: Ein bestimmter Benutzer, den Sie im Dialogfeld auswählen, muss die Anforderung genehmigen.

Alternativ zur Rollenanfrage seitens eines Benutzers können Sie der von Ihnen neu erstellten Rolle über Assign Users auch selbst Benutzer zuordnen (siehe Abbildung 6.7).

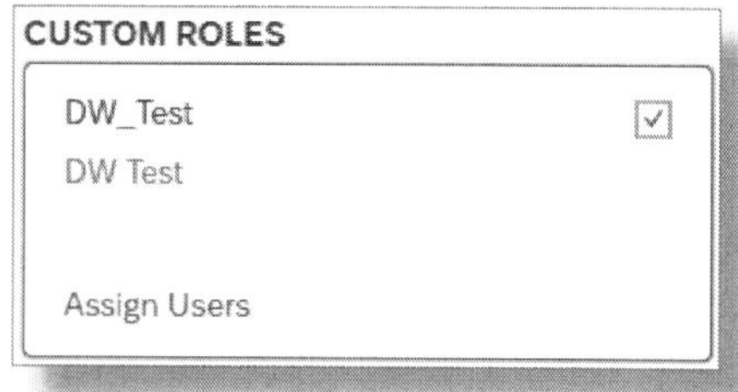

Abbildung 6.7: Benutzerdefinierte Rolle

Sobald Ihre Rolle erstellt ist, erscheint in der Rollenübersicht ein neuer Bereich für benutzerdefinierte Rollen (CUSTOM ROLES). Diese können Sie in der Übersicht selektieren (siehe Abbildung 6.7) und wieder löschen.

6.2 Benutzer

Nachdem die Rollen eingepflegt worden sind, erreichen Sie ebenfalls über den Menüpunkt Security die Benutzerverwaltung (siehe Abbildung 6.8).

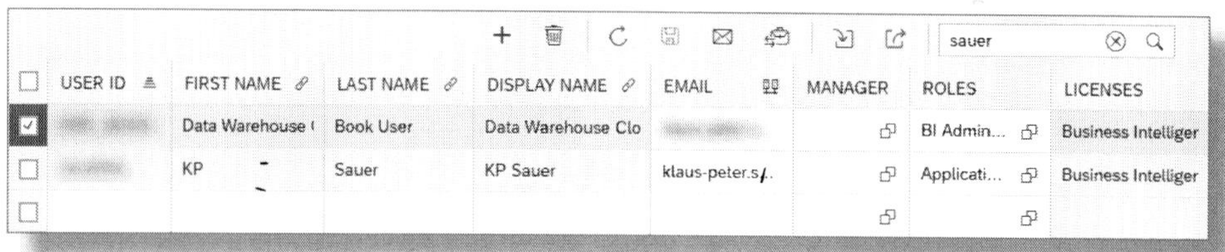

Abbildung 6.8: Benutzerverwaltung

In der tabellarischen Übersicht sehen Sie als Administrator alle im System vorhandenen Benutzer und können folgende Aktionen durchführen:

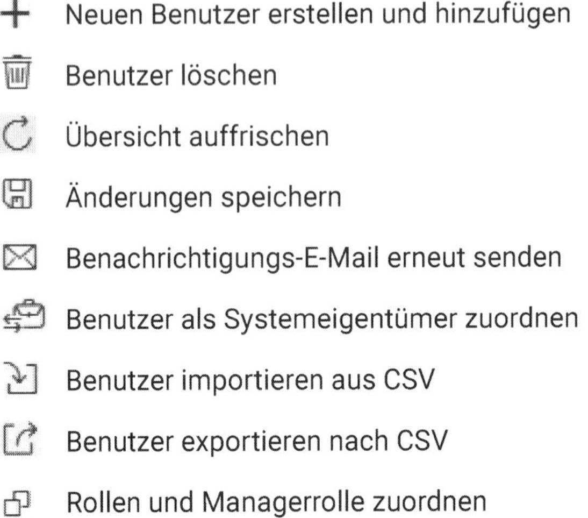

Beim Erstellen eines neuen Benutzers sind verschiedene Details erforderlich, z. B. Vorname, Nachname, Anzeigename und E-Mail-Adresse. Die Benutzer-ID bewirkt zusammen mit Vor- und Nachnamen eine eindeutige Identifikation. Bei dem Anzeigenamen handelt es sich um den in SAP Data Warehouse Cloud angezeigten Namen. Eine Nachricht mit der System-URL und der Benutzer-ID wird an die hier angegebene E-Mail-Adresse gesendet. Stellen Sie daher sicher, dass sie korrekt ist. Im Feld ROLLEN wählen Sie eine oder mehrere Rollen aus.

Einstellungen im Benutzerprofil

In Ihrem Benutzerprofil können Sie verschiedene benutzerspezifische Einstellungen vornehmen. Zu diesen SETTINGS gelangen Sie durch Klicken auf den Kreis mit den Benutzerinitialen in der Kopfzeile (siehe »DW« in Abbildung 6.9). Dadurch öffnet sich das in Abbildung 6.10 gezeigte Dialogfenster, in dem Sie verschiedene Angaben des User Interface ändern können, die ich in Tabelle 6.3 näher beschreibe.

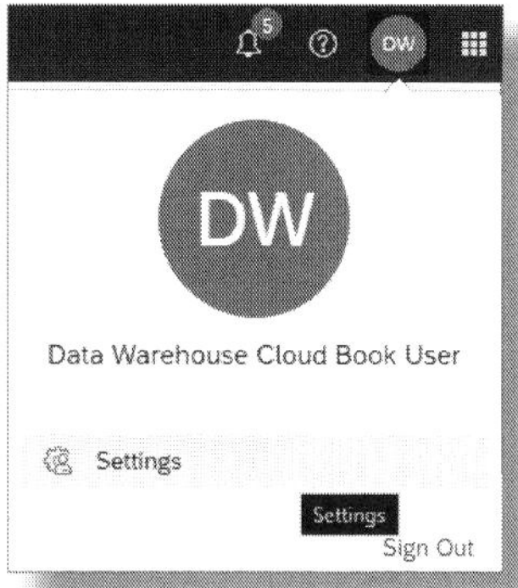

Abbildung 6.9: Aufruf Profileinstellungen

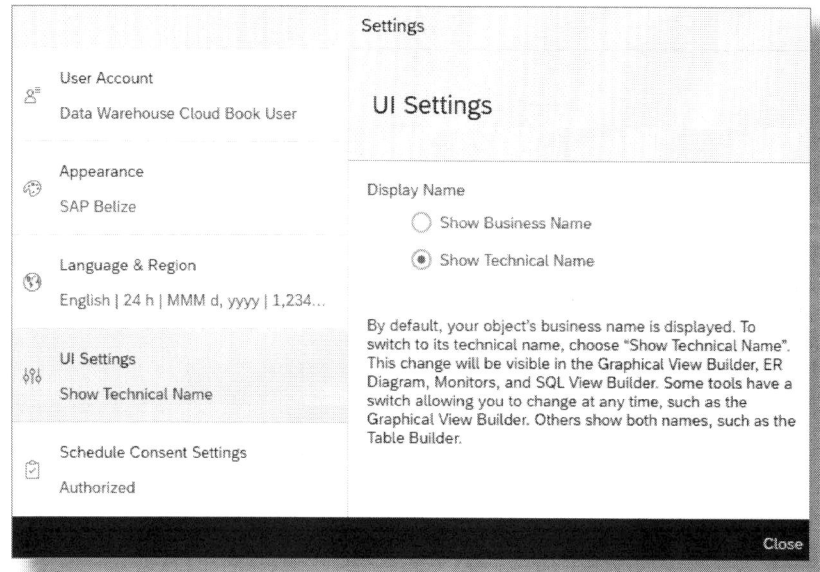

Abbildung 6.10: UI-Einstellungen

Eigenschaften	Beschreibung
USER ACCOUNT (Benutzerkonto)	Benutzerdaten wie Name und E-Mail-Adresse
APPEARANCE (Erscheinungsbild)	Als Erscheinungsbild steht aktuell nur das SAP-Standarddesign zur Verfügung. Zukünftig sollen Sie eigene Templates wählen können.
LANGUAGE & REGION (Sprache und Region)	Spracheinstellungen, verschiedene Formatierungsoptionen für Datum und Zeit, Zahlenformate und die Währungsposition
UI SETTINGS (UI-Einstellungen)	Auswahl, ob standardmäßig der technische oder der Business-Name angezeigt werden soll
SCHEDULE CONSENT SETTINGS (Einwilligung zum Scheduling)	Einwilligung zur Einplanung von Aufgaben mit der Option, diese später zu widerrufen

Tabelle 6.3: Erläuterung der UI-Einstellungen

In den ersten beiden Bereichen zum Benutzerkonto und Erscheinungsbild können Sie aktuell noch keine Veränderungen vornehmen.

Im Bereich für Sprache und Region können Sie unterschiedliche Sprachen und verschiedene Formatierungen für Datum, Zeit und Zahlen wählen (siehe Abbildung 6.11). Dadurch werden Menüs, Schaltflächen, Meldungen und weitere Elemente der Benutzeroberfläche in der ausgewählten Sprache bzw. dem entsprechenden Format dargestellt.

Sollten Sie in den Benutzereinstellungen einen Weg suchen, Ihr Passwort zurückzusetzen, dann suchen Sie vergebens. Dazu müssen Sie sich vom System abmelden (siehe Abbildung 6.9) und in der Anmeldemaske Forgot password? wählen.

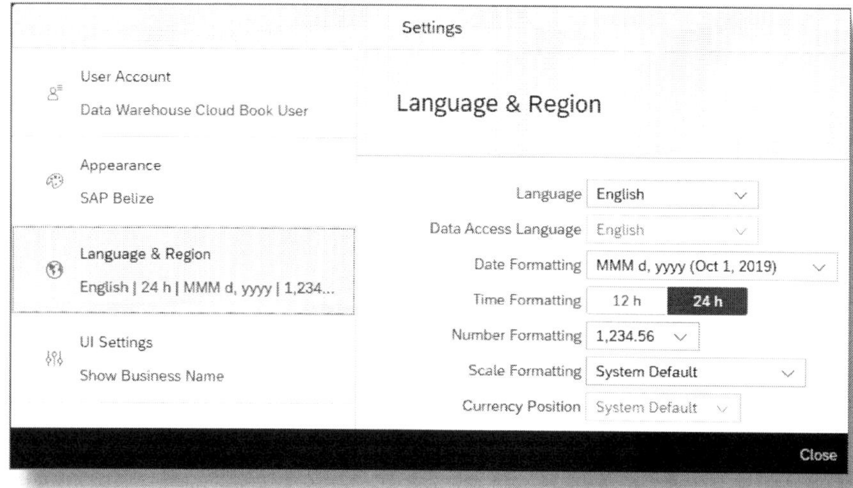

Abbildung 6.11: Einstellungen zur Sprache und Region

Systemeigentümer

Die Person, die SAP Data Warehouse Cloud erwirbt, wird automatisch als Systemeigentümer (SYSTEM OWNER) festgelegt und erhält die Willkommens-E-Mail zugeschickt. Der Käufer ist jedoch möglicherweise nicht immer die richtige Person, um das System zu verwalten. Daher lässt sich die Systemeigentümerrolle problemlos auf die gewünschte Person in Ihrer Organisation übertragen. Dazu klicken Sie in der Benutzerübersicht auf die Schaltfläche . Voraussetzung ist, dass Sie für die Berechtigung »Aktualisierung von Systeminformationen« angemeldet sind. Die Systemeigentümerrolle kann nicht übertragen werden, wenn Sie nur über einen einzigen Benutzer in Data Warehouse Cloud verfügen. Bei der Übertragung weisen Sie außerdem dem vorherigen Systemeigentümer eine oder mehrere neue Rollen (Auswahl über) zu und klicken dann auf OK (siehe Abbildung 6.12).

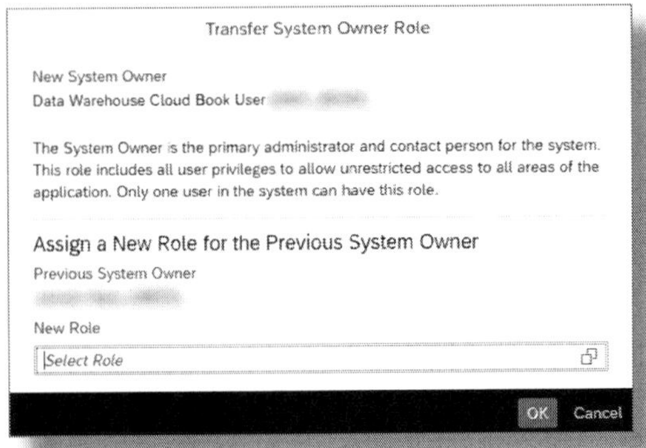

Abbildung 6.12: Systemeigentümerrolle übertragen

6.3 Sicherer Datenzugriff

6.3.1 Datenzugriffskontrolle

Während die Rollen den Benutzern Zugriff auf bestimmte funktionale Bereiche von Data Warehouse Cloud wie die Systemadministration erlauben, ermöglicht die *Datenzugriffskontrolle* (Data Access Control) Einschränkungen beim Zugriff auf Daten. Ohne sie würde ein Benutzer alle Daten sehen, die in den ihm zugänglichen Spaces vorhanden sind.

Die Art und Weise der Datenabsicherung wird häufig auch als *Row-Level Security* bezeichnet, also die Absicherung des Datenzugriffs auf Zeilenebene. Sie basiert auf einem oder mehreren Feldern innerhalb einer Tabelle und bildet damit eine weitere Sicherheitsstufe für einzelne Datensätze.

Die Datenzugriffskontrolle ist ein eigenständiges Objekt in Data Warehouse Cloud, das Benutzern Berechtigungen auf Daten erteilt und das vielfach wiederverwendet werden kann. Die ihr zugrunde liegende Idee ist das Schlüssel-Schloss-Prinzip (Lock-and-Key Principle). Wie in Abbildung 6.13 skizziert, wird beispielsweise ein Feld in einem View –

hier die SALES ORGANIZATION (Vertriebsorganisation) – mit einer Datenzugriffskontrolle, dem Schloss, gesichert.

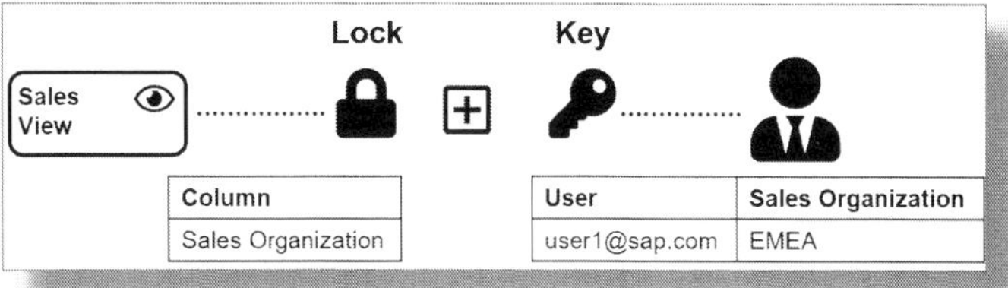

Abbildung 6.13: Schlüssel-Schloss-Prinzip

Um Daten auf Basis der Vertriebsorganisation zu betrachten, werden gültige Schlüssel zur Berechtigung benötigt. Im Beispiel ist »User 1« berechtigt, alle Werte der Vertriebsorganisation »EMEA« zu sehen.

In Data Warehouse Cloud werden Datenzugriffskontrollen auf dem Data Layer erstellt und können in einem oder mehreren Views wiederverwendet werden (siehe Abbildung 6.14).

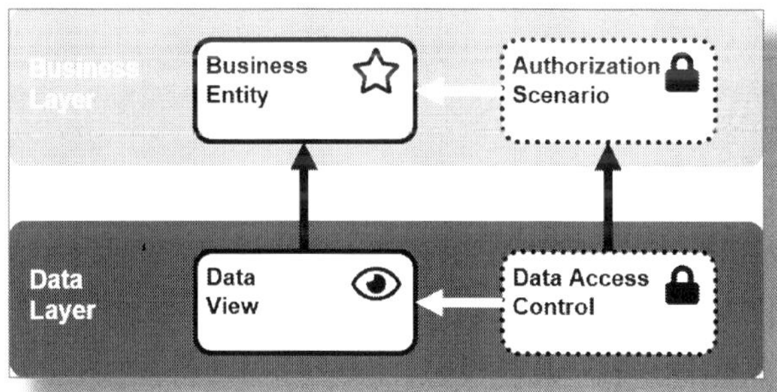

Abbildung 6.14: Konzept von Datenzugriffskontrolle und Berechtigungsszenarien

Diese Kontrollen lassen sich nicht durch Einstellungen auf dem Business Layer aushebeln, jedoch können sie dort durch *Berechtigungsszenarien* (Authorization Scenario) weiter ausgeprägt werden.

Die Berechtigungsszenarien im Business Layer definieren den Kontext, in dem die Daten konsumiert und Datenzugriffskontrollen angewendet werden.

Empfehlung für Datenzugriffskontrollen

Legen Sie einen dedizierten Space für alle Tabellen und Views mit den Schlüsselinformationen zur Benutzeridentifikation an und teilen Sie diese Informationen mit den relevanten Spaces. Auf diesem Weg können Sie den Nutzerkreis mit Zugriff auf die sensiblen Objekte deutlich einschränken. Die einzelnen Datenzugriffskontrollen werden dann lokal in den Spaces angelegt und angewendet.

Voraussetzungen

Zur Erstellung von Datenzugriffskontrollen benötigen Sie:

1. die Rolle DW-ADMINISTRATOR oder DW-SPACE-ADMINISTRATOR. Sollten Sie eine andere Rolle besitzen, können Sie Datenzugriffskontrollen zwar verwenden, aber nicht selbst erstellen;
2. ein Datenset mit Schlüsselinformationen zur Benutzeridentifikation und den Werten, auf die Sie den Zugriff beschränken oder erteilen möchten.

Beispiel für ein Datenset

Sie möchten den Zugriff anhand der drei Vertriebsorganisationen (Sales Organization) Ihres Unternehmens einschränken. Der Zugriff auf eine oder mehrere der drei Vertriebsregionen ist wie folgt geregelt:

USERID	SALESORG
User1@sap.com	NA
User2@sap.com	APJ
User3@sap.com	EMEA
User4@sap.com	NA
User4@sap.com	APJ
User4@sap.com	EMEA

User 1 hätte demnach nur Zugriff auf Daten zu NA, User 2 für APJ und User 3 für EMEA. User 4 hätte Zugriff auf Daten für alle drei.

Erstellen einer Datenzugriffskontrolle

Im Hauptmenü von Data Warehouse Cloud (siehe Abbildung 1.2) finden Sie einen eigenen Eintrag Data Access Control für Datenzugriffskontrollen. Da auch diese Objekte innerhalb eines Space abgelegt werden, müssen Sie zuvor Ihren Space auswählen. In der Übersicht können Sie ein neues Objekt anlegen oder bestehende Objekte ansehen und verändern (siehe Abbildung 6.15).

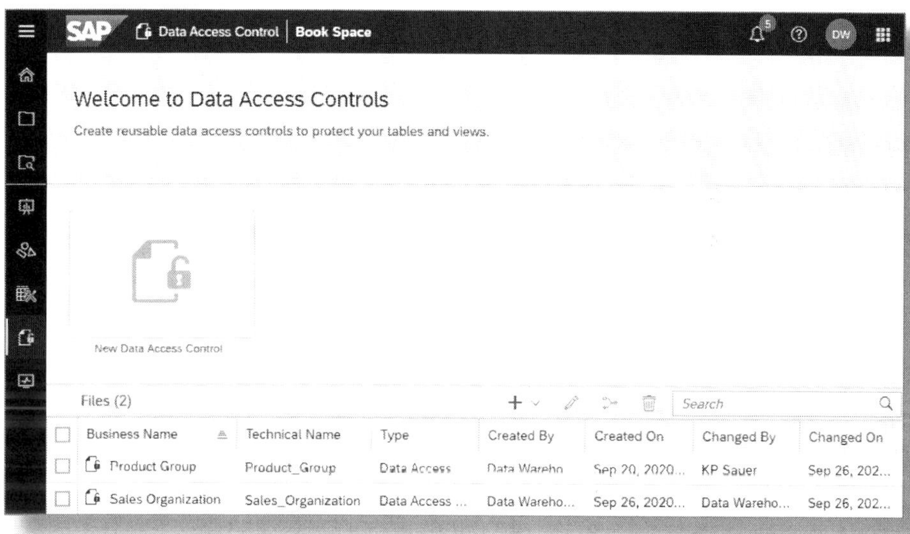

Abbildung 6.15: Übersicht der bestehenden Datenzugriffskontrollen

Beim Erzeugen einer neuen Datenzugriffskontrolle sind folgende Einträge unter GENERAL (siehe Abbildung 6.16) verpflichtend:

- TECHNICAL und BUSINESS NAME
- SOURCE DATA OBJECT (Quelldatenobjekt)
- PRINCIPAL NAME COLUMN (Spalte für den Hauptnamen)

Zusätzlich können Sie noch einen Verantwortlichen angeben, wobei dieses Feld ein reines Textfeld ist.

Das Dialogfeld zum Quelldatenobjekt zeigt Ihnen alle Tabellen und Views des Data Layer an. Wählen Sie das gewünschte Objekt aus.

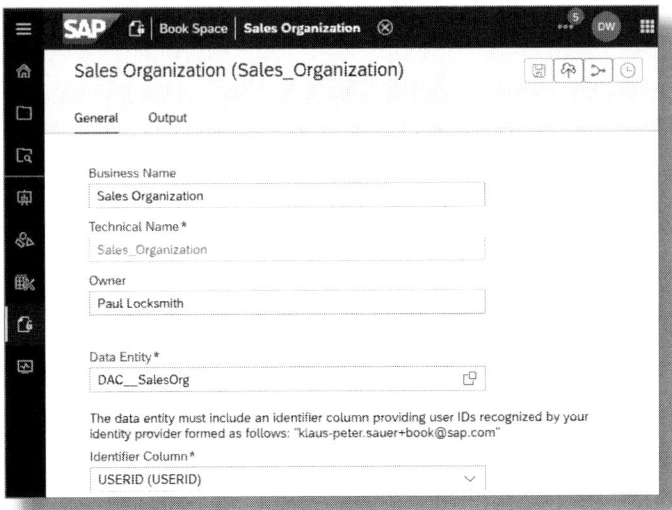

Abbildung 6.16: Erstellung einer Datenzugriffskontrolle

Aus der Liste der verfügbaren Spalten (siehe Abbildung 6.17) bestimmen Sie jene, die die Werte zur Prüfung der Zugriffsberechtigung enthält. Für das hier gezeigte Beispiel ist es das Feld SALESORG.

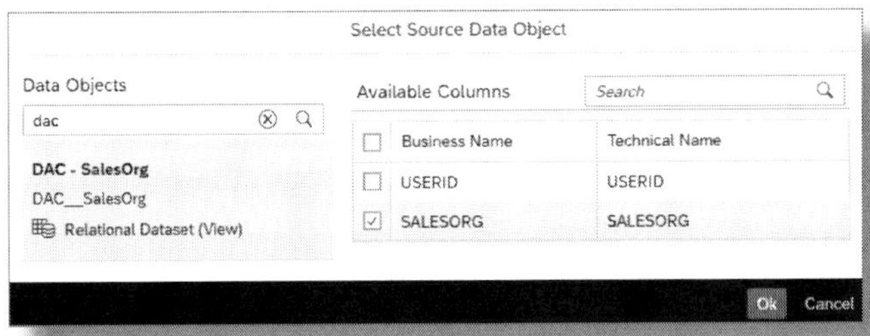

Abbildung 6.17: Auswahl des Quelldatenobjekts

Im Beispiel wird direkt der zweite Werte der Tabelle, die USERID, ausgewählt. In dieser Spalte muss die E-Mail-Adresse des jeweiligen Benutzers gepflegt sein.

Die Werte in der Ausgabeliste (siehe Reiter OUTPUT in Abbildung 6.18) enthält die Spalte(n) mit den Prüfwerten, im Beispiel ist dies die Spalte SALESORG.

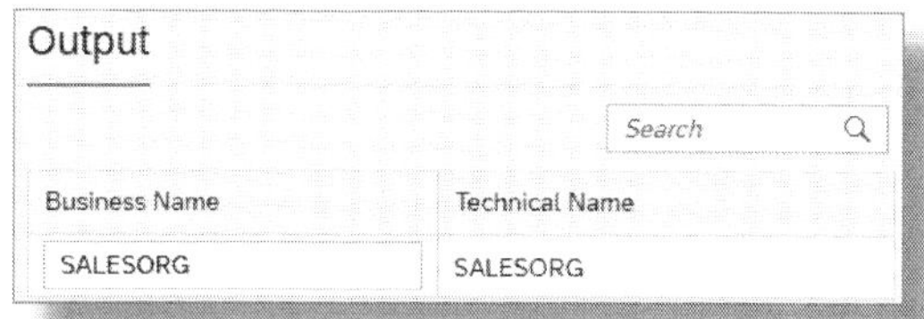

Abbildung 6.18: Erstellung einer Datenzugriffskontrolle – Output

Jetzt ist es ganz wichtig, das Objekt zu speichern und zu implementieren . Erfolgreiche Implementierungen erkennen Sie rechts oben in Abbildung 6.15 anhand des Statussymbols für implementiert und für nicht implementiert.

Die Schaltfläche ermöglicht Ihnen die Anzeige der Datenherkunft sowie der Verwendung dieser Datenzugriffskontrolle (siehe Abbildung 6.19).

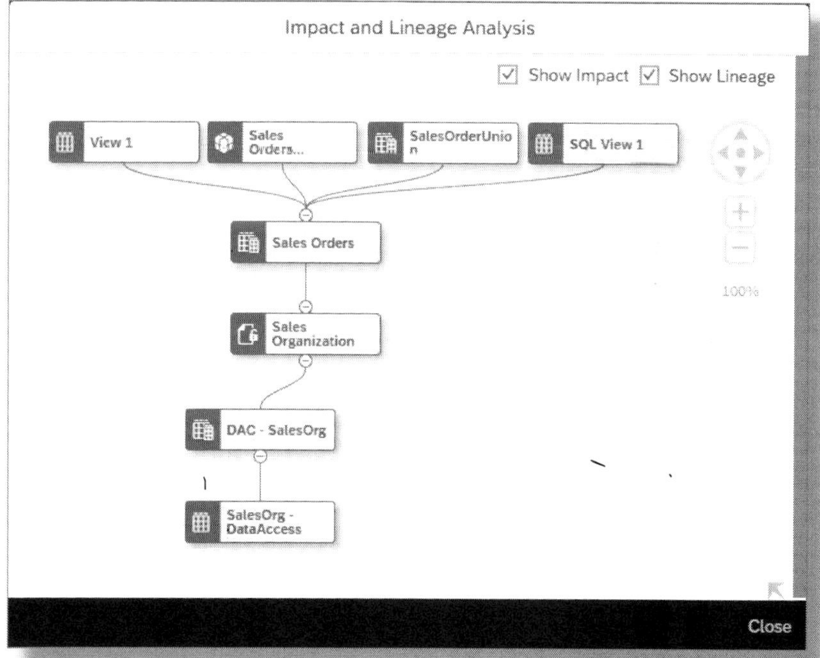

Abbildung 6.19: Datenherkunft und Verwendung einer Datenzugriffskontrolle

Verwendung im Data Builder

Datenzugriffskontrollen können Sie einem oder mehreren Views im Data Builder zuordnen, um die Daten vor unbefugtem Zugriff zu schützen. Weitere Informationen hierzu finden Sie in Abschnitt 3.4.1.

Verwendung im Business Builder

Datenzugriffskontrollen bilden außerdem die Basis für Berechtigungsszenarios im Business Layer. Auch hier sind sie einsetzbar, um Daten vor unbefugtem Zugriff zu schützen. Auf deren Einrichtung bin ich bereits in Abschnitt 4.5 ausführlicher eingegangen.

6.3.2 Maskierung von Daten

Die Maskierung bzw. Pseudonymisierung von Daten bietet eine zusätzliche Ebene der Zugriffskontrolle für Tabellen und Views. Die Maskierung schützt sensible oder vertrauliche Daten in einer bestimmten Spalte einer Tabelle oder eines Views, indem sie die Daten so transformiert, dass sie für einen nicht privilegierten Benutzer nur teilweise sichtbar oder völlig bedeutungslos sind und dennoch real und konsistent erscheinen.

Nur ein Benutzer, der auch über die Berechtigung »UNMASKED« für eine Tabelle oder einen View verfügt, kann die Originaldaten anzeigen. SAP HANA bietet bereits eine solche Maskierungsfunktion. Nachfolgend möchte ich Ihnen an zwei Beispielen zeigen, wie Sie die Datenmaskierung auch mit Data Warehouse Cloud nutzen. Zusätzliche Werkzeuge oder besondere Voraussetzungen sind hierfür nicht erforderlich.

Daten im Open-SQL-Schema

Legen Sie einen Datenbankbenutzer im Space an und erzeugen Sie dadurch ein Open-SQL-Schema mit Schreib- und Leserechten (siehe Abbildung 6.20 und Abschnitt 2.5).

Das Besondere an diesem Datenbankbenutzer ist, dass er über die Berechtigung »UNMASKED« für alle Tabellen und Views verfügt, die Sie in diesem Schema mit der `MASK`-Anweisung anlegen. Alle anderen Benutzer sehen die Daten maskiert.

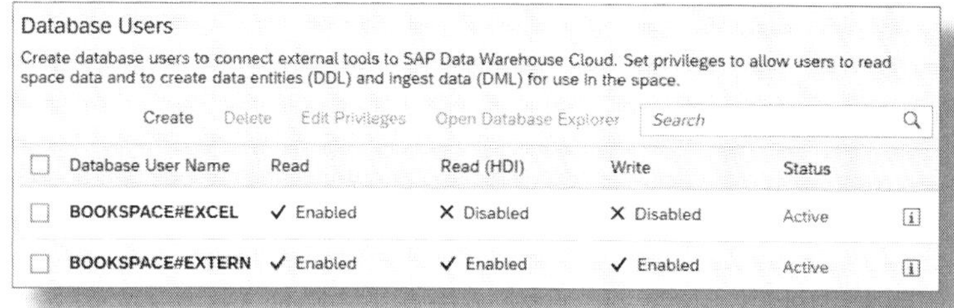

Abbildung 6.20: Datenbank-User anlegen

Öffnen Sie von hier aus den Database Explorer über Open Database Explorer und erzeugen Sie dort eine Tabelle mit Maskierungsfunktion (siehe Abbildung 6.21).

Im gezeigten Beispiel handelt es sich um eine Kundentabelle mit vier Spalten, wobei die dritte Spalte (`CC`) eine Kreditkartennummer und die vierte die Sozialversicherungsnummer (`SSN`) darstellt.

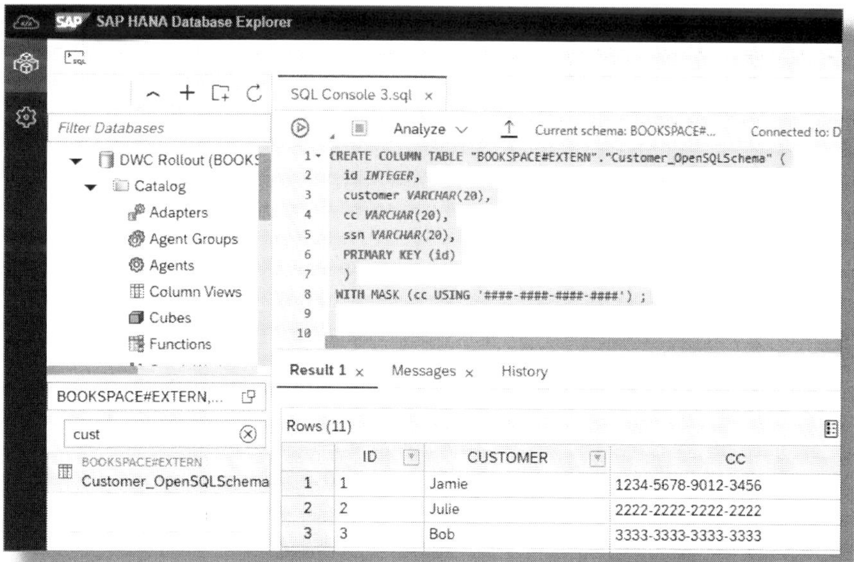

Abbildung 6.21: Database Explorer

Das »CC«-Feld wird direkt in der CREATE TABLE-Anweisung mit einer Maske versehen. Die Vorschau zeigt die Werte unmaskiert an, da der verwendete Benutzer über die UNMASKED-Berechtigung verfügt.

Sie können eine Maskierungsfunktion auch nachträglich auf bestehende Tabellen anwenden, z. B. wenn Sie die Tabelle über ein externes ETL-Werkzeug im Open-SQL-Schema erzeugt haben. Nutzen Sie hierfür eine ALTER TABLE-Anweisung, um im Beispiel die Maskierung für die Sozialversicherungsnummer (ssn) hinzuzufügen, wobei die letzten beiden Stellen von rechts sichtbar bleiben.

```
ALTER TABLE "BOOKSPACE#EXTERN"."Customer_OpenSQLSchema"
ADD MASK (ssn USING '###-##-##' || RIGHT(ssn,2)) ;
```

In Data Warehouse Cloud können Sie diese Tabelle als Remote-Tabelle anlegen, indem Sie einen View auf Basis der Tabelle definieren. In der Datenvorschau sehen Sie nun das Ergebnis der Maskierung für beide Spalten (siehe Abbildung 6.22). In Stories in Analytics Cloud greift die Maskierung gleichermaßen.

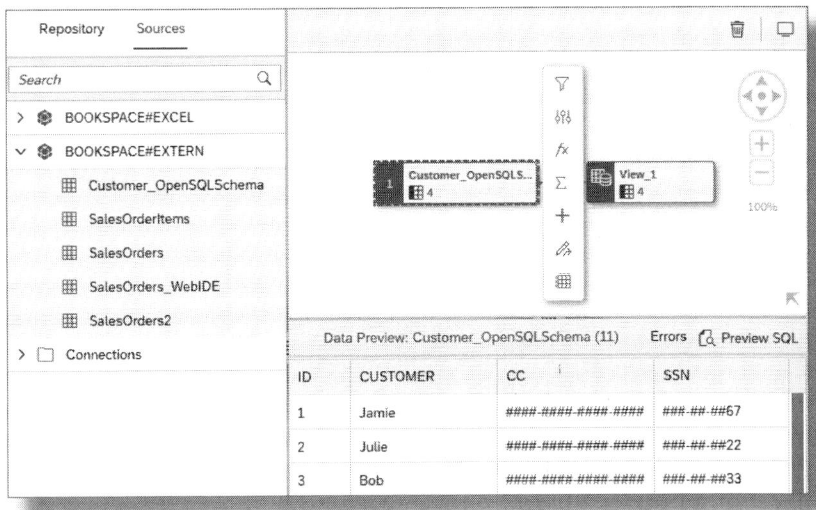

Abbildung 6.22: Maskierte Datenvorschau – Beispiel 1

Daten im Space-Schema

Im zweiten Beispiel befindet sich die Tabelle mit Daten innerhalb des Space-Schemas von Data Warehouse Cloud und wird über einen grafischen View ins Open-SQL-Schema exponiert. Auch hier verwenden Sie den Datenbankbenutzer im Open-SQL-Schema, um die Maskierung zu erzeugen – dieses Mal jedoch durch einen Datenbank-View.

Um Ihnen noch eine weitere Variante zu zeigen, wird zusätzlich eine Datenbankfunktion verwendet. Deren Vorteil ist die Wiederverwendbarkeit in verschiedenen Anwendungsfällen nach der gleichen Logik.

Definieren Sie z. B. eine Funktion gemäß Listing 6.1.

```
CREATE FUNCTION "BOOKSPACE#EXTERN"."MASK_CC"
(input VARCHAR(20)) RETURNS output VARCHAR(20)
LANGUAGE SQLSCRIPT AS
BEGIN
  output = LEFT(:input,4) || '-####-####-##' ||
RIGHT(:input,2);
END;
```

Listing 6.1: Beispiel einer Datenbankfunktion zur Datenmaskierung

Dabei wird die Kreditkartennummer maskiert, wobei die ersten vier und die letzten beiden Ziffern jeweils unmaskiert dargestellt werden. Jetzt wird der View `Customer_SpaceSchema_Masked` auf Basis des Space-Schema-Views erstellt, der ebendiese Funktion verwendet (siehe Listing 6.2).

```
CREATE VIEW  "BOOKSPACE#EXTERN"."Customer_SpaceSchema_Masked"
AS SELECT * FROM "BOOKSPACE"."Customer_SpaceSchema_View"
WITH MASK ("cc" USING "BOOKSPACE#EXTERN"."MASK_CC"("cc"));
```

Listing 6.2: Beispiel eines Views unter Verwendung einer Datenbankfunktion

Im View-Editor können Sie nun auf Basis dieses neuen Views weitere Modellierungen vornehmen, und Sie erhalten die Kreditkartennummer maskiert dargestellt (siehe Abbildung 6.23).

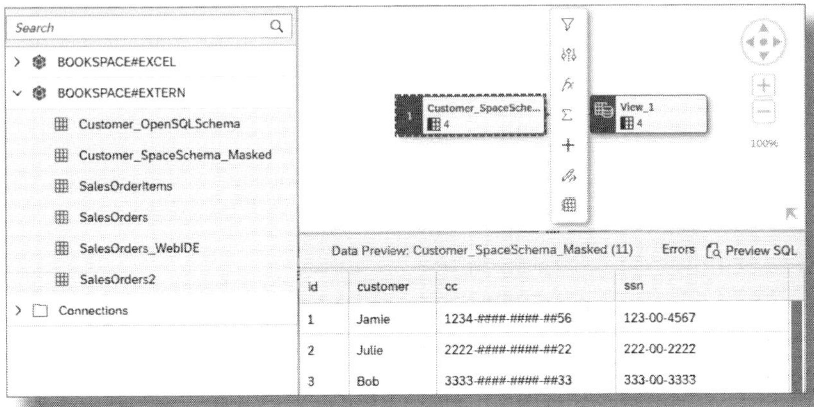

Abbildung 6.23: Maskierte Datenvorschau – Beispiel 2

6.3.3 Datenanonymisierung

Heutzutage enthalten immer mehr Geschäftsdaten persönliche oder sensible Informationen. Wenn diese Daten von Anwendungen für Analysen verwendet werden sollen, müssen sie geschützt werden, um die Privatsphäre zu gewährleisten. Triviale Änderungen an den Daten wie das Ersetzen (Pseudonymisieren) von Informationen, die eine Person direkt identifizieren (z. B. der Name, die Sozialversicherungsnummer), oder das schlichte Entfernen dieser Informationen, reichen nicht aus. Eine erneute Identifizierung ist weiterhin möglich, beispielsweise durch eine Übermittlung zusätzlicher Informationen.

Im Gegensatz zur Maskierung und Pseudonymisierung bieten Anonymisierungsmethoden (auch als »datenschutzverbessernde Methoden« bezeichnet) einen strukturierteren Ansatz für das Ändern von Daten zum Schutz der Privatsphäre. Die Qualität solcher anonymisierten Daten reicht für eine aussagekräftige Analyse dennoch aus.

SAP HANA Cloud unterstützt verschiedene Anonymisierungsmethoden:

- *k-Anonymity*
- *l-Diversity*
- *Differential Privacy*

Die Anonymisierung kann auf SQL-Views angewendet werden. Die Vorgehensweise bei der Implementierung ist also ähnlich der Datenmaskierung im vorigen Abschnitt.

Sie definieren Views zur Anonymisierung mithilfe der `CREATE VIEW`-Anweisung und einer `WITH ANONYMIZATION`-Klausel, die eine Anonymisierungsmethode angibt und entsprechende Parameter für jede Spalte in der Ansicht enthält, um die erforderliche Datenschutzstufe zu erfüllen.

Ihnen stehen drei Arten von Parametern zur Verfügung:

- *Statische Parameter* werden genutzt, um die Ansicht als Ganzes zu konfigurieren, z. B. für die Definition der zu verwendenden Methode.
- *Spaltenparameter* kommen zum Einsatz, um Konfigurationswerte auf einzelne Spalten der Ansicht anzuwenden.
- *Hierarchieparameter* werden für Spalten eingesetzt, um Generalisierungshierarchien zu erstellen, die festlegen, wie konkrete Werte durch allgemeinere Werte zu ersetzen sind.

Das Beispiel in Listing 6.3 zeigt eine Anonymisierungsklausel mit Konfigurationseigenschaften für drei Spalten einer Tabelle (ID, GENDER, LOCATION).

```
WITH ANONYMIZATION ( ALGORITHM 'K-ANONYMITY'
PARAMETERS '{"k": 5}'
COLUMN ID PARAMETERS '{"is_sequence": true}'
COLUMN GENDER PARAMETERS '{"is_quasi_identifier":true,
"hierarchy":{"embedded": [["F"], ["M"]]}}'
```

```
COLUMN LOCATION PARAMETERS '{"is_quasi_identifier":true,
"hierarchy":{"embedded": [["Paris", "France"], ["Munich",
"Germany"], ["Nice", "France"]]}}');
```

Listing 6.3: Anonymisierungsklausel bei der Definition eines Views

Blog zu einem realen Szenario

Anhand eines realen Beispiels können Sie in folgendem Blog erfahren, wie Sie die Datenanonymisierung in Verbindung mit Data Warehouse Cloud einsetzen:

https://help.sap.com/viewer/2f789e82e97d4f4e9416547abfbd012e/latest/en-US/a66e8541c4004f048630f8a55f67ad37.html.

Deshalb wird hier auf eine detaillierte Erklärung verzichtet.

Weitere Informationen zur Datenanonymisierung

Im Hilfe-Portal der SAP finden Sie eine komplette Anleitung zum Thema »Datenanonymisierung« im sogenannten *SAP HANA Cloud Data Anonymization Guide*:

https://help.sap.com/viewer/2f789e82e97d4f4e9416547abfbd012e/2020_03_QRC/en-US/a66e8541c4004f048630f8a55f67ad37.html.

Beide Links finden Sie auch in der Linksammlung zum Buch unter *https://www.espresso-tutorials.de/sap-data-warehouse-cloud/.*

6.4 Konfiguration

6.4.1 Protokollierung von Lesezugriffen und Änderungen

Data Warehouse Cloud ermöglicht die Protokollierung von Lesezugriffen und Änderungen an Design-Time-Objekten, die jeweils unabhängig voneinander konfiguriert werden können. Beide Protokolle werden mithilfe desselben Mechanismus implementiert, deshalb gilt der folgende Abschnitt für die Protokollierung sowohl von Änderungen als auch von Lesezugriffen.

Sie steuern die Auditierung von Objekten für Lesezugriffe und Änderungen auf Space-Ebene (siehe Abschnitt 2.7). Wenn Sie die Protokollierung eingeschaltet haben, finden Sie die einem bestimmten Space zugeordneten Einträge im Feld »AUDIT_POLICY_NAME« in der Protokolltabelle unter folgender Namenskonvention:

- DWC_DPP_<Space-Name>_READ
- DWC_DPP_<Space-Name>_CHANGE

Auditierung

Zum Anzeigen oder Auswerten der Protokolle wählt der Administrator einen Space aus, der die Protokolle enthält. Wechseln Sie dafür im Menü zur **Configuration**. Dort nehmen Sie diese Auswahl unter dem Reiter AUDIT vor (siehe Abbildung 6.24).

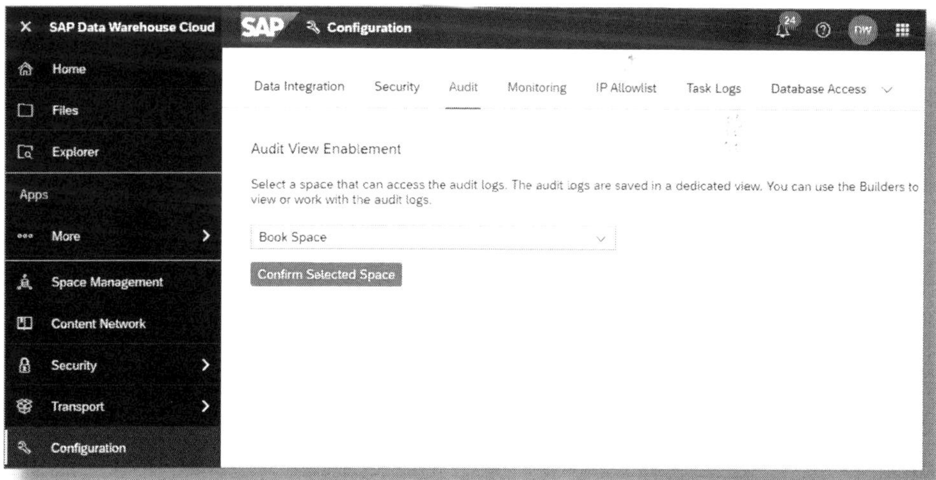

Abbildung 6.24: Audit-Space zuordnen

SAP empfiehlt, einen gesonderten Space für Auditprotokolle zu erstellen. Damit verhindern Sie, dass zu viele Benutzer Zugriff auf sensible Daten haben. Um diese Einstellung vornehmen zu können, benötigen Sie die Berechtigung zur Auditkonfiguration.

Nach der Zuordnung zu einem Space enthält der Data Builder im Bereich der Quellsysteme das lokale Schema DWC_AUDIT_READER. Dort ist die Tabelle DDP_AUDIT_LOG abgelegt (siehe Abbildung 6.25), die Sie nun verwenden können, um die Protokolldaten auszuwerten.

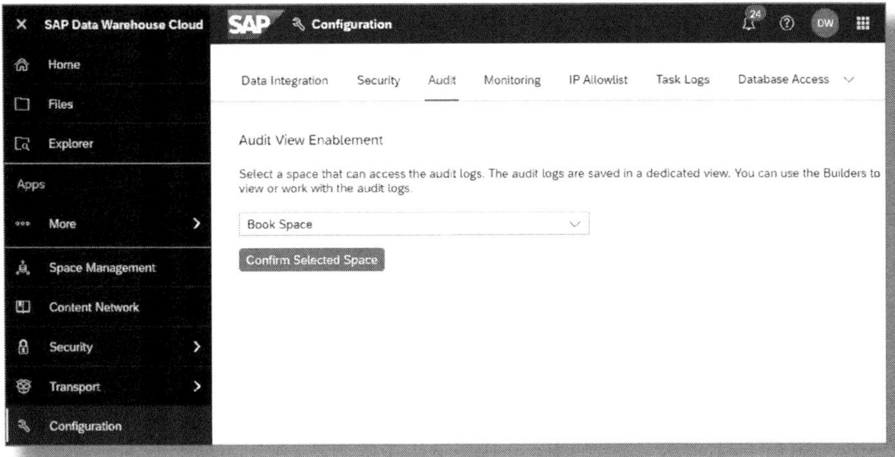

Abbildung 6.25: Audit-Log-Tabelle

Aktivitäten

Unter Security • ACTIVITIES werden die Änderungen der Modellierungsobjekte (Spaces, Tabellen) protokolliert (siehe Abbildung 6.26).

Damit Sie das Protokoll aufrufen können, muss Ihrem Benutzer eine Rolle zugeordnet sein, die über eine Berechtigung zum Lesen des Aktivitätenprotokolls verfügt.

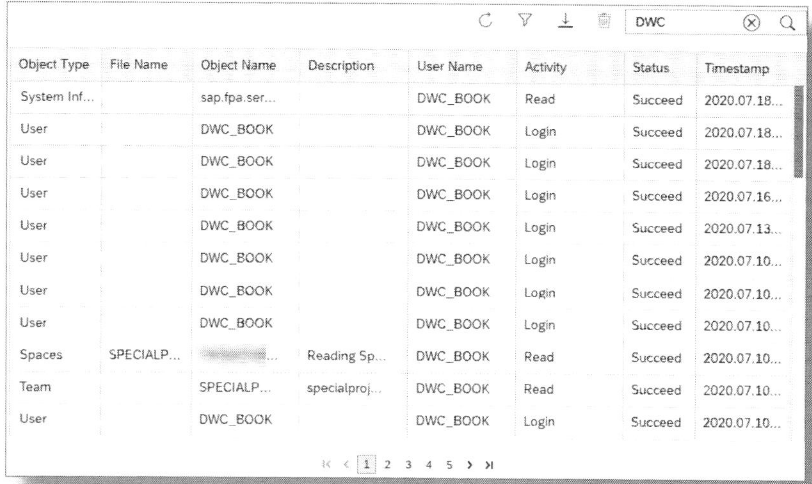

DWC

Object Type	File Name	Object Name	Description	User Name	Activity	Status	Timestamp
System Inf...		sap.fpa.ser...		DWC_BOOK	Read	Succeed	2020.07.18...
User		DWC_BOOK		DWC_BOOK	Login	Succeed	2020.07.18...
User		DWC_BOOK		DWC_BOOK	Login	Succeed	2020.07.18...
User		DWC_BOOK		DWC_BOOK	Login	Succeed	2020.07.16...
User		DWC_BOOK		DWC_BOOK	Login	Succeed	2020.07.13...
User		DWC_BOOK		DWC_BOOK	Login	Succeed	2020.07.10...
User		DWC_BOOK		DWC_BOOK	Login	Succeed	2020.07.10...
User		DWC_BOOK		DWC_BOOK	Login	Succeed	2020.07.10...
Spaces	SPECIALP...	...	Reading Sp...	DWC_BOOK	Read	Succeed	2020.07.10...
Team		SPECIALP...	specialproj...	DWC_BOOK	Read	Succeed	2020.07.10...
User		DWC_BOOK		DWC_BOOK	Login	Succeed	2020.07.10...

1 2 3 4 5

Abbildung 6.26: Protokoll der Aktivitäten

Sie können in dieser Ansicht auch nach speziellen Protokollen filtern. Die Liste der verfügbaren Filter wird über die Schaltfläche ▽ sichtbar. Zum Herunterladen der Protokolldaten in CSV-Dateien (mit jeweils bis zu 75.000 Zeilen) wählen Sie die Download-Option ⤓. Vergeben Sie einen Dateinamen und den Zeitraum der Protokolleinträge (siehe Abbildung 6.27).

Download Activities

*Name:

Starting Date:

Jul 18, 2020

End Date:

Jul 18, 2020

Download Cancel

Abbildung 6.27: Herunterladen des Aktivitätenprotokolls

Nach dem Herunterladen können Sie die entsprechenden Protokolleinträge aus dem System löschen 🗑.

Aufgabenprotokolle (Task Logs)

Bei jeder Ausführung von Aufgaben zu Datenflüssen oder Remote-Tabellen werden Protokolle erstellt. Der Administrationsbereich bietet Ihnen die Möglichkeit, die Protokollgrößen auf Ihrem Tenant im Auge zu behalten und nicht mehr benötigte Protokolle zu löschen. Aufgabenprotokolle können zwar sehr nützlich sein, um z. B. zu überwachen, ob die Replikation einer Remote-Tabelle reibungslos läuft oder ob ein Problem hinsichtlich einer Aufgabe vorliegt, das gelöst werden muss. Aber mit der Zeit belegen diese Protokolle viel Speicherplatz in einem Tenant. Das Löschen von alten Protokollen kann diesen Platz wieder freigeben.

Planen Sie am besten regelmäßig ein, Protokolle zu löschen, die mindestens sieben Tage oder älter sind (siehe Abbildung 6.28).

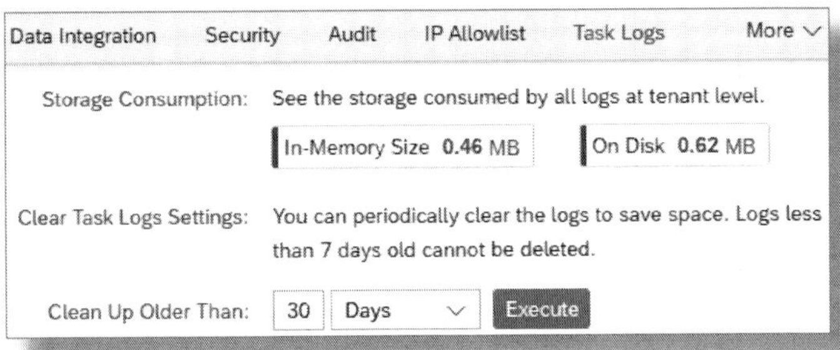

Abbildung 6.28: Aufgabenprotokolle

6.4.2 Datenintegration

On-Premise Agents

Der erste Bereich unter **Configuration** von SAP Data Warehouse Cloud behandelt die Datenintegration (DATA INTEGRATION). Mit *SAP*

HANA Smart Data Integration (SDI) und dem zugehörigen Datenprovisionierungsagenten (*DP-Agenten*) können Sie Verbindungen zu On-Premises-Systemen aktivieren. Dazu müssen Sie zunächst den DP-Agenten herunterladen und auf dem System installieren, das Sie mit Data Warehouse Cloud verbinden wollen. Anschließend können Sie eine HTTPS-Verbindung zum Data-Warehouse-Cloud-System aufbauen. Bitte verwenden Sie im Idealfall stets die aktuelle DP-Agent-Version.

In der Übersicht (siehe Abbildung 6.29) werden Ihnen alle registrierten Agenten und deren Status (CONNECTED, DISCONNECTED und INITIALIZING) in einer Übersicht mit Kacheln angezeigt.

Für ein Data-Warehouse-Cloud-System kann es mehrere registrierte DP-Agenten geben; umgekehrt ist die Installation eines DP-Agenten immer nur einem System zugeordnet.

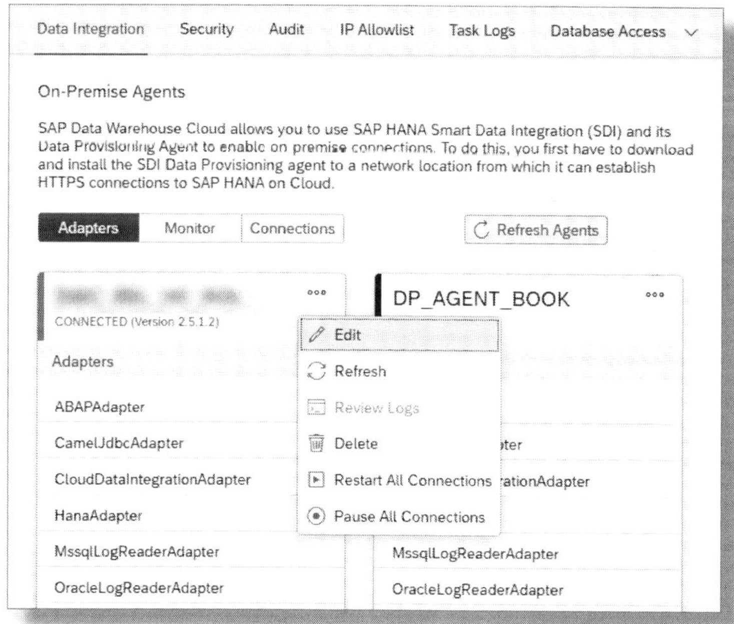

Abbildung 6.29: DP-Agent – Übersicht

Sobald Sie einen neuen DP-Agenten installiert haben, können Sie Anmeldedaten für die Kommunikation mit dem Agenten über die Kachel + hinterlegen. Bestehende DP-Agenten lassen sich bearbeiten oder löschen (siehe Abbildung 6.29). In den AGENT SETTINGS (siehe Abbildung 6.30) erhalten Sie alle Informationen, die Sie zur Konfiguration im DP-Agenten angeben müssen.

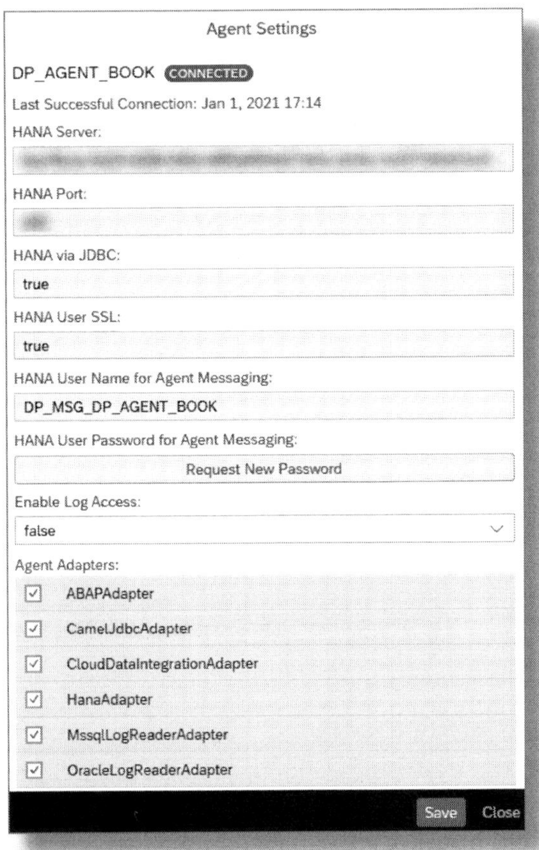

Abbildung 6.30: DP-Agent – Verbindungsdetails

Nachdem Sie den Agenten konfiguriert haben, starten Sie ihn bitte neu, bevor Sie das Fenster der Verbindungsdetails schließen. Der Status steht zunächst auf INITIALIZING. Verwenden Sie [Refresh Agents] (siehe

Abbildung 6.29) zum Auffrischen der gesamten Ansicht oder im Kontextmenü eines einzelnen Agenten. Bei einwandfreier Konfiguration wechselt der Status nach kurzer Zeit zu CONNECTED.

Für Wartungszwecke, z. B. zur Aktualisierung der DP-Agent-Software, können Sie einzelne DP-Agenten auch pausieren lassen. Damit unterbrechen Sie die Datenreplikation, die Sie im Anschluss wieder fortsetzen können. Beide Aktionen stehen Ihnen im Kontextmenü der DP-Agenten zur Verfügung (ebenfalls in Abbildung 6.29).

Mittlerweile lässt sich auch noch nachträglich einstellen, ob Sie das DP-Agent-Log direkt in Data Warehouse Cloud einsehen möchten, indem Sie den Log-Zugriff in den Einstellungen (siehe ENABLE LOG ACCESS in Abbildung 6.30) erlauben. Danach können Sie in der Agentenübersicht auf das Log eines Agenten über das Kontextmenü zugreifen (siehe Abbildung 6.29)

Der Überblick zum DP-Agenten bietet Ihnen auch die Option, zum MONITOR zu wechseln, wo Ihnen Daten zum Speicherverbrauch und zur letzten Verbindung angezeigt werden (siehe Abbildung 6.31).

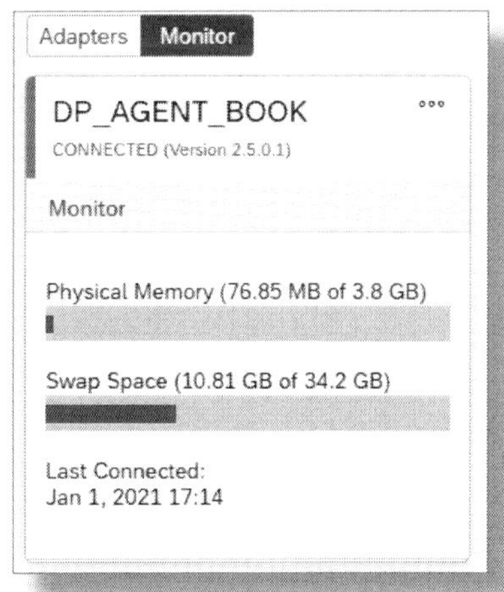

Abbildung 6.31: DP-Agent – Monitor

Third-Party Drivers

Ebenfalls im Bereich DATA INTEGRATION finden Sie die Möglichkeit, Treiber für Verbindungen zu verschiedenen Drittanbietern hochzuladen +, zu synchronisieren oder zu löschen (siehe Abbildung 6.32).

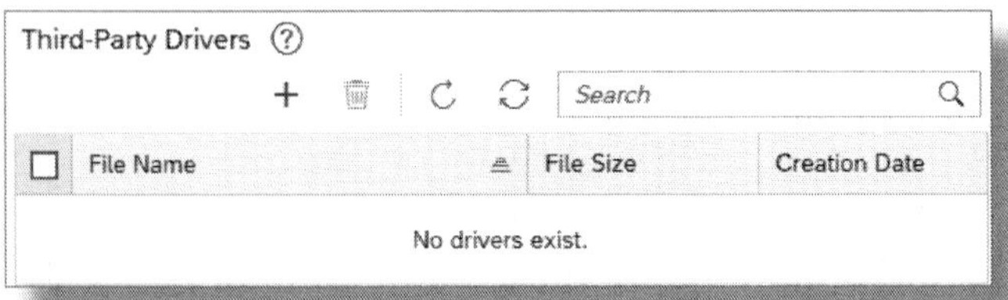

Abbildung 6.32: Treiber für Drittanbieter

SAP-Hilfe

Hochladen der Treiber von Drittanbietern in der SAP-Hilfe:

https://help.sap.com/viewer/9f804b8efa8043539289f42f372c4862/cloud/de-DE/b9b5579054df48c39381d5b17286bf21.html.

SAP Cloud Connector

Wenn Sie eine Datenquelle für Data Flows verwenden möchten, müssen Sie einen SAP Business Technology Platform Cloud Connector (*Cloud Connector*) einrichten und konfigurieren, um eine Verbindung herzustellen. Der Cloud Connector ist unabhängig vom DP-Agenten zu nutzen.

6.4.3 Zertifikate und Kennwortrichtlinie

Um sichere SSL-/TLS-basierte Verbindungen zu einigen Systemen herzustellen, müssen Sie Server-Zertifikate hochladen. Unter dem Menüpunkt SECURITY innerhalb der Konfiguration können Sie diese Zertifikate hochladen und löschen (siehe Abbildung 6.33). Hier sind nur X.509-Base64-kodierte Zertifikate zugelassen.

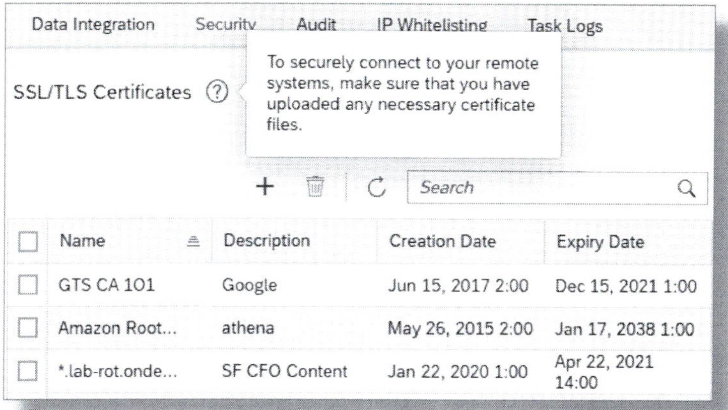

Abbildung 6.33: Zertifikate hochladen

Wenn Sie z. B. versuchen, im Space Management Verbindungen zu Quellen wie Amazon Athena, Google BigQuery oder SAP SuccessFactors für analytische Dashboards herzustellen, dann können Sie zwar die Verbindung generieren, die Validierung einer Verbindung ohne gültiges Serverzertifikat wird jedoch nicht gelingen.

Ebenfalls unter dem Reiter SICHERHEIT finden Sie die Konfiguration der Kennwortrichtlinie (PASSWORD POLICY). Hier können Sie für Ihre Datenbankbenutzer ein regelmäßiges Ablaufdatum des Passworts definieren (siehe Abbildung 6.34). Ob diese Einstellung tatsächlich greifen soll oder nicht, legen Sie jeweils in den Einstellungen der einzelnen Datenbankbenutzer innerhalb des Space fest.

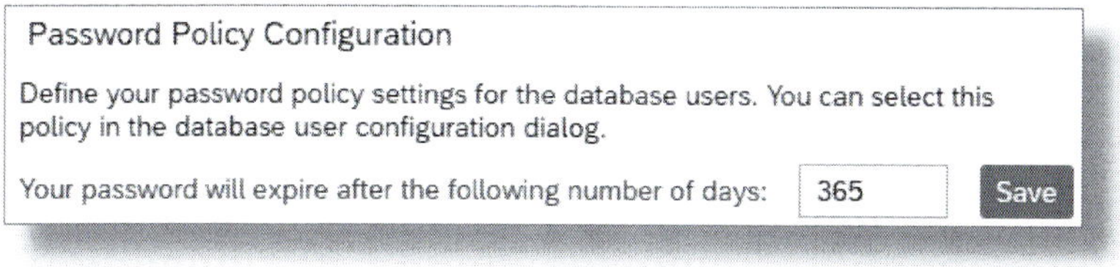

Password Policy Configuration

Define your password policy settings for the database users. You can select this policy in the database user configuration dialog.

Your password will expire after the following number of days: 365 Save

Abbildung 6.34: Einstellung zur Kennwortrichtlinie

6.4.4 Monitoring Views

Den Ressourcenverbrauch (Speicher und CPU) überwachen Sie mit den Monitoring Views. Diese Views können Sie in einem dedizierten Space zur Ansicht und weiteren Auswertung zur Verfügung stellen, indem Sie über KONFIGURATION • MONITORING einen Space dafür auswählen Confirm Selected Space (siehe Abbildung 6.35).

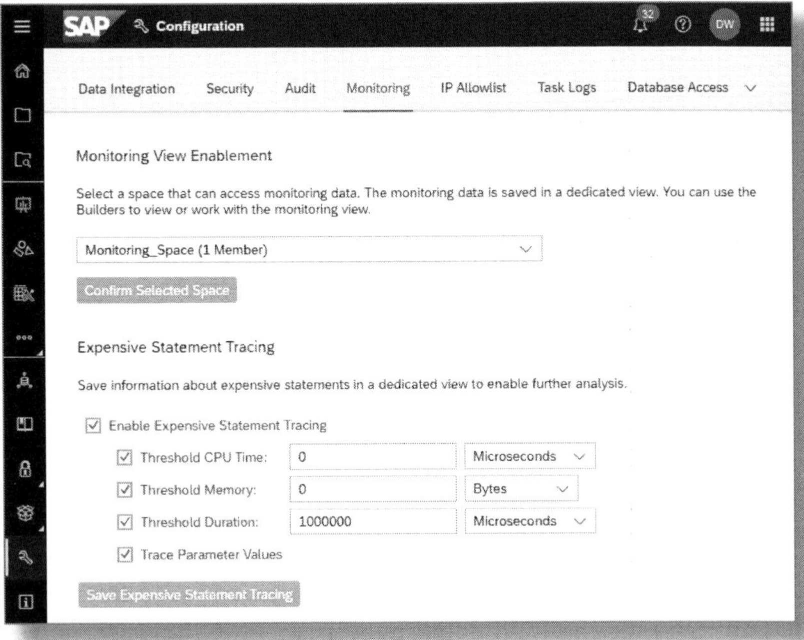

Abbildung 6.35: Monitoring Views konfigurieren

Darüber hinaus lassen sich im unteren Bereich die Views für »teure« Abfragen über die Schaltfläche Save Expensive Statement Tracing konfigurieren. Die Schwellwerte pro Abfrage können Sie selbst einstellen:

- CPU-Laufzeit in Sekunden, Milli- oder Mikrosekunden
- Hauptspeicherverbrauch in Bytes, Kilo- oder Megabytes

- Ausführungszeit in Sekunden, Milli- oder Mikrosekunden
- Parameterwerte der Abfrage

Wird ein Wert auf null gesetzt, werden alle Abfragen aufgeführt.

Zugriff auf die Monitoring Views haben Sie vom View-Editor aus über das Schema »SYS«, das Ihnen im ausgewählten Space neben den Quellsystemen angezeigt wird. Die speziellen Monitoring Views beginnen mit »M_«. Die Views für »teure« Abfragen sind M_EXPENSIVE_STATEMENTS und M_EXPENSIVE_STATEMENTS_EXECUTION_LOCATION_STATISTICS.

6.4.5 IP Allowlist

Die *IP Allowlist* (auch bekannt als Whitelisting) bezeichnet eine Positivliste häufig verwendeter IP-Adressen oder -Bereiche, die als vertrauenswürdig und legitim verifiziert sind.

Inbound-IP-Adressen

Um Daten aus Systemen Ihres eigenen Netzwerks in Data Warehouse Cloud zugänglich zu machen, geben Sie Ihre externen IP-Adressen frei. Dabei geht es ausschließlich um den Zugang zur unterliegenden HANA-Cloud-Datenbank, nicht zur Applikationsebene. Beispiele sind etwa SAP-S/4HANA- und -BW/4HANA-Systeme für Verbindungen über den SAP-Data-Provisioning-Agenten. Gleiches gilt im Übrigen auch für SQL-Werkzeuge wie DBeaver oder ETL-Werkzeuge wie SAP Data Services.

Unter dem Menüpunkt Configuration können Sie mit Klick auf die IP ALLOWLIST die Adressen hinzufügen, löschen oder anpassen (siehe Abbildung 6.36).

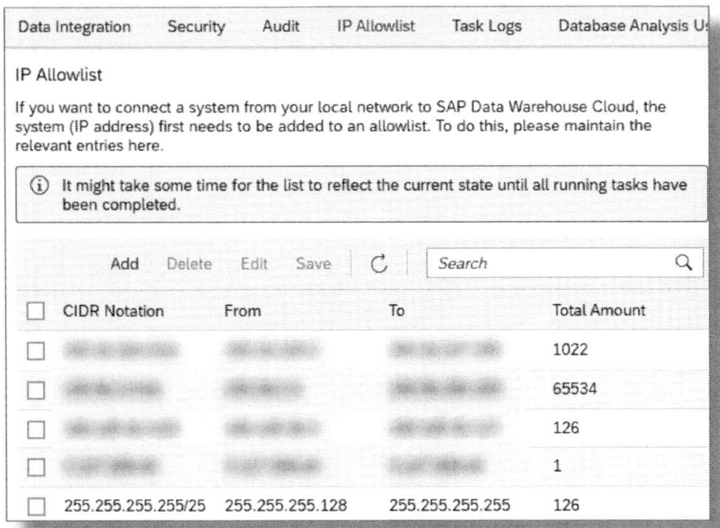

Abbildung 6.36: IP Allowlist im Überblick

! IP-Adressen freigeben

Wenn Sie Systeme aus Ihrem Firmennetzwerk ohne Eintragung in die Allowlist anschließen, wird die Verbindung fehlschlagen. Dieser Eintrag ist aus Sicherheitsgründen erforderlich. Damit gewährleisten Sie, dass nur von Ihnen aktiv freigegebene Systeme Zugang zu Ihrem Data-Warehouse-Cloud-System erhalten.

Durch Klick auf ADD können Sie die entsprechende IPv4-Adresse, z. B. `255.255.255.255`, oder einen Adressraum, z. B. `255.255.255.255/25`, nach CIDR-Notation (Classless Inter-Domain Routing, siehe *https://de.wikipedia.org/wiki/CIDR*) in die Allowlist eintragen (siehe Abbildung 6.37).

Abbildung 6.37: Neuen Eintrag erstellen

Vergessen Sie nicht, die Einträge über SAVE zu speichern, damit sie wirksam werden. Haben Sie dabei etwas Geduld, denn es kann einige Minuten dauern, bis ein neuer Eintrag gültig wird und die dadurch angestoßenen Hintergrundjobs vollständig durchgeführt sind.

Outbound-IP-Adressen

Auch andere Anwendungen, die mit Data Warehouse Cloud verbunden werden sollen, wie z. B. SAP SuccessFactors oder AWS Redshift, nutzen das Konzept von erlaubten IP-Adressen. Für ebendieses Allowlisting im Zusammenhang mit Data Warehouse Cloud benötigen Sie externe IP-Adressen.

Sie finden die Informationen für die Outbound-IP-Adresse in der Dialogbox »Info« (siehe Abbildung 1.9), wenn Sie im Hauptmenü ABOUT auswählen und dort den Abschnitt MORE öffnen (siehe Abbildung 6.38).

Abbildung 6.38: Externe IP-Adressen abrufen

6.4.6 Datenbankanalyse-Benutzer

Dieser systemweite Datenbankbenutzer ist mit zusätzlichen Berechtigungen zur vorübergehenden Unterstützung der Überwachung, Analyse, Verfolgung und Fehlerbehebung von Datenbankproblemen ausgestattet. Er kann nur von einem Administrator mit einer DWC-Administratorrolle erstellt werden.

Ziel dieses speziellen Benutzers ist es, dort zu unterstützen, wo gewöhnliche Datenbankbenutzer nicht über die erforderlichen Berechtigungen verfügen. Daher sollte er nur vergeben werden, wenn eine bestimmte Aufgabe ansteht, und sofort nach Abschluss der Tätigkeiten wieder gelöscht werden, um Missbrauch zu vermeiden.

! Vorsicht beim Datenbankanalyse-Benutzer

Dieser Benutzer kann jede HANA-Überwachungsansicht und sämtliche Metadaten der SAP Data Warehouse Cloud lesen. Er hat somit ausnahmslosen Zugriff auf Daten in allen Bereichen, einschließlich vertraulicher Daten. Er ist daher nur mit Vorsicht anzulegen.

Behalten Sie den Benutzer einer Datenbankanalyse niemals länger als vorgesehen und erstellen Sie ihn nicht, wenn ein anderer Benutzer über ausreichende Berechtigungen zum Ausführen der Aufgabe verfügt.

Sie legen einen Benutzer in der Übersicht DATABASE ANALYSIS USER im Konfigurationsbereich von Data Warehouse Cloud an (siehe Abbildung 6.39).

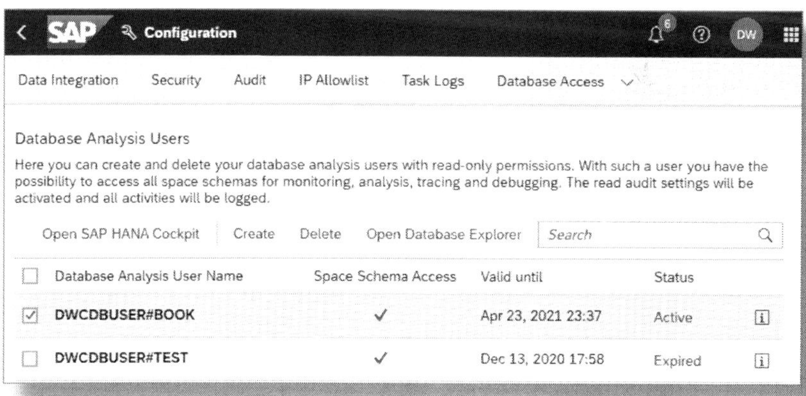

Abbildung 6.39: Datenbankanalyse-Benutzer

Klicken Sie auf CREATE und geben Sie Ihrem Benutzer ein eindeutiges Präfix. Dieses wird dem Namen des Space-Schemas hinzugefügt, um Ihren vollständigen Benutzernamen zu erstellen (siehe Abbildung 6.40).

Stellen Sie auf jeden Fall die Ablaufzeit für Ihren Benutzer ein. Nach deren Ablauf ist der Benutzer nicht mehr aktiv, wird jedoch weiterhin in der Liste angezeigt. Wenn ein Benutzer abgelaufen ist und Sie ihn weiterhin benötigen, können Sie ihn erneut aktivieren, indem Sie ihn auswählen, erst die Info-Schaltfläche und dann Reactivate Analysis User anklicken.

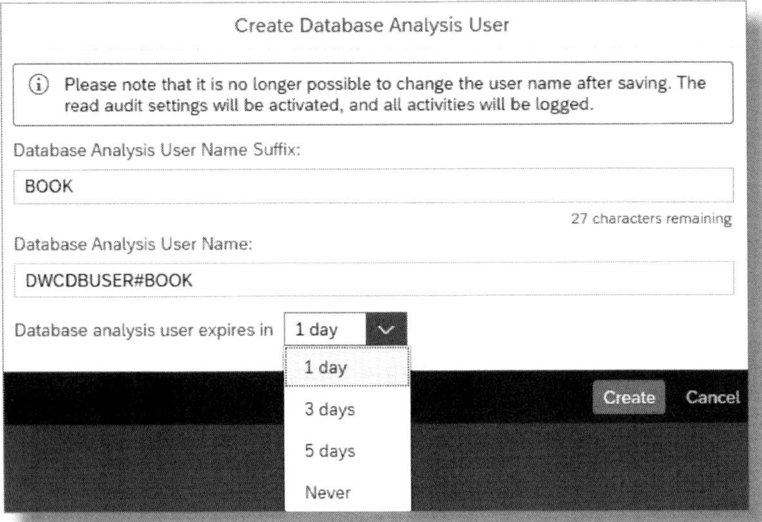

Abbildung 6.40: Erstellen eines Datenbankanalyse-Benutzers

Nach Eingabe des Namens und der Ablaufzeit werden Ihnen die Zugangsdetails wie Benutzername, Hostname, Port und Passwort bereitgestellt, damit Sie von einem anderen System aus eine Verbindung zu diesem Benutzer herstellen können.

Zugriffsrechte des Benutzers

Die folgenden Zugriffsberechtigungen werden dem Benutzer zugewiesen:

- GRANT ATTACH DEBUGGER
- GRANT CATALOG READ
- GRANT EXPORT
- GRANT TRACE ADMIN
- GRANT WORKLOAD ANALYZE ADMIN
- GRANT WORKLOAD CAPTURE ADMIN
- GRANT WORKLOAD REPLAY ADMIN

Auditierung

Alle Aktionen des Datenbankanalyse-Benutzers werden überwacht. Die Protokolle werden als neue Ansicht mit dem Namen ANALYSIS_AUDIT_LOG gespeichert und in dem Bereich abgelegt, der für das Speichern von Überwachungsprotokollen zugewiesen wurde.

SAP HANA Cloud Cockpit

Den Datenbankanalyse-Benutzer können Sie auch im *SAP HANA Cloud Cockpit* für ein detailliertes Monitoring der Datenbank einsetzen (siehe Abbildung 6.41). Dieses Cockpit dient u. a. als webbasiertes Werkzeug für die Administration und bietet viele Möglichkeiten der Überwachung, Analyse und Fehlerbehebung.

Um das HANA Cloud Cockpit zu starten, markieren Sie mittels ☑ einen Datenbankanalyse-Benutzer und klicken Sie auf die Schaltfläche Open SAP HANA Cockpit (siehe Abbildung 6.39). Eine detaillierte Beschreibung der Funktionen des HANA Cloud Cockpit finden Sie in der SAP-Online-Hilfe.

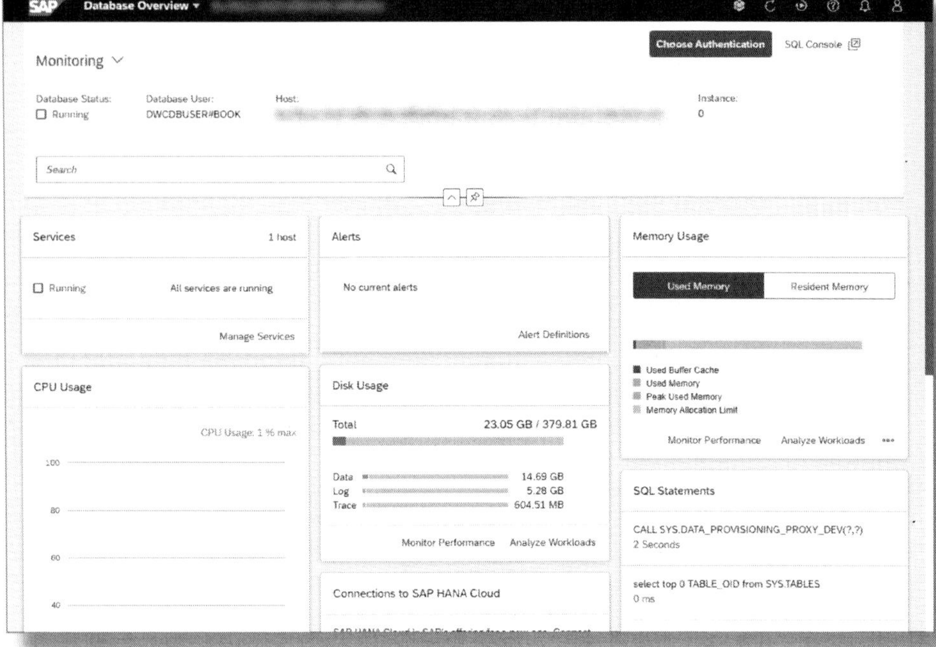

Abbildung 6.41: SAP HANA Cloud Cockpit

6.4.7 Administrationseinstellungen in SAP Analytics Cloud

Neben der reinen Data-Warehouse-Cloud-Konfiguration existieren auch Einstellungen, die Sie im Admin-Bereich des integrierten SAP-Analytics-Cloud-Systems einstellen. Hier zeigt sich die enge Integration der beiden Lösungen unter Zuhilfenahme der gleichen technologischen Basis. Wie in Abschnitt 1.5 bereits kurz erklärt, erhalten Sie über das Icon ▦ die Möglichkeit, zwischen SAP Data Warehouse Cloud und SAP Analytics Cloud zu wechseln.

In Analytics Cloud gelangen Sie zur Administration im Menü über den Pfad SYSTEM • ADMINISTRATION. Dort finden Sie u. a. folgende Einstellungen:

- Session Timeout
- Standard-Applikation, die startet, wenn Sie die System-URL aufrufen
- Live-Connection zu Data Warehouse Cloud
- Einrichten eines anderen Identity Provider (IdP)
- Etc.

6.5 Content Network Transport

In der Komponente Transport können Sie Ihre selbst erstellten Inhalte systemübergreifend exportieren und importieren (siehe Abbildung 6.42).

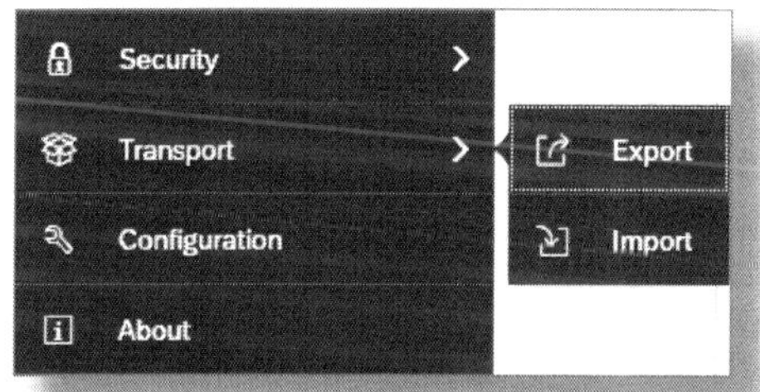

Abbildung 6.42: Transportmenü – Export und Import

6.5.1 Inhalte exportieren

Für die Nutzung der Exportfunktion benötigen Sie die Berechtigung zum Lesen, Bearbeiten und Freigeben von Lifecycle-Daten (enthalten in der DW-ADMINISTRATOR-Rolle), und Sie müssen Mitglied im beteiligten Space sein. Pro System können bis zu 300 MB exportierter Inhalte im Bereich MY CONTENT gespeichert werden (siehe Abbildung 6.43). Zum Exportieren von Objekten wählen Sie in der Übersicht das Icon +, um ein neues Paket zusammenzustellen und zu exportieren.

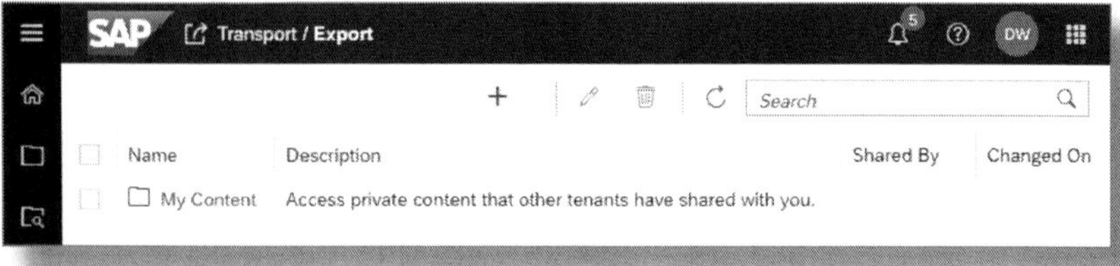

Abbildung 6.43: Exportübersicht

Im ersten Schritt wählen Sie die Objekte aus (siehe Abbildung 6.44).

Abbildung 6.44: Objekte für Export selektieren

Sie können ganze Spaces oder einzelne Objekt manuell selektieren, wobei abhängige Objekte automatisch inkludiert sind.

Durch NEXT gelangen Sie zum nächsten Dialogschritt. Hier geben Sie dem Paket einen Namen und eine Beschreibung (siehe Abbildung 6.45). Für vertrauliche Exporte sollten Sie das Paket im Bereich MY CONTENT ablegen. Sie können dort auch Unterordner auswählen oder neu anlegen.

Unter DESTINATIONS legen Sie das Zielsystem für den Export an. Sofern Sie noch kein Zielsystem in der Liste sehen, fügen Sie ein neues über die Schaltfläche + hinzu. Nun können Sie die URL des Zielsystems angeben.

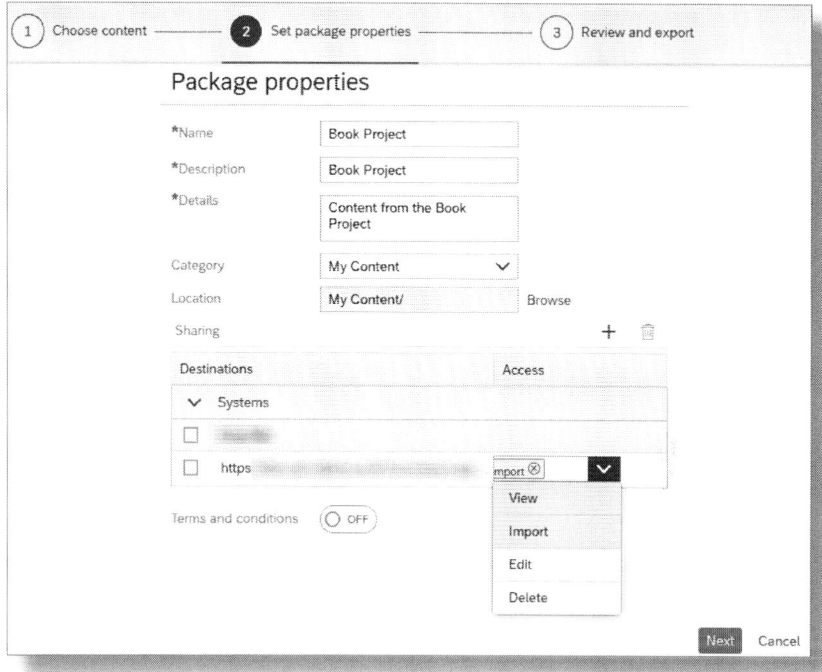

Abbildung 6.45: Eigenschaften des Exportpakets

Im Feld ACCESS für die Zugriffsberechtigung können Sie verschiedene Optionen auswählen:

- VIEW: Das Paket wird im Zielsystem unter MY CONTENT angezeigt, die Benutzer können den Namen und die Zusammenfassung aufrufen.
- IMPORT: Die Systembenutzer können das Paket über die Liste MY CONTENT in das System importieren.
- EDIT: Das Paket wird im Zielsystem auf der Seite MANAGE PACKAGE angezeigt, wo Benutzer Änderungen am Paket vornehmen können, um es z. B. erneut zu exportieren.
- DELETE: Die Systembenutzer können das Paket über die Seite MANAGE PACKAGE löschen.

An dieser Stelle lassen sich zudem mehrere Zielsysteme spezifizieren. Danach wählen Sie OK und NEXT, um zum letzten Dialogschritt zu gelangen.

Dort erhalten Sie eine Übersicht zu Ihrem Paket. Wenn alles korrekt zusammengestellt ist und keine Warnungen angezeigt werden, ist Ihr Paket bereit für den Export.

Mit Aufruf der Benachrichtigungen in der Kopfzeile der Applikation können Sie dessen Fortschritt beim Exportieren verfolgen (siehe Abbildung 6.46).

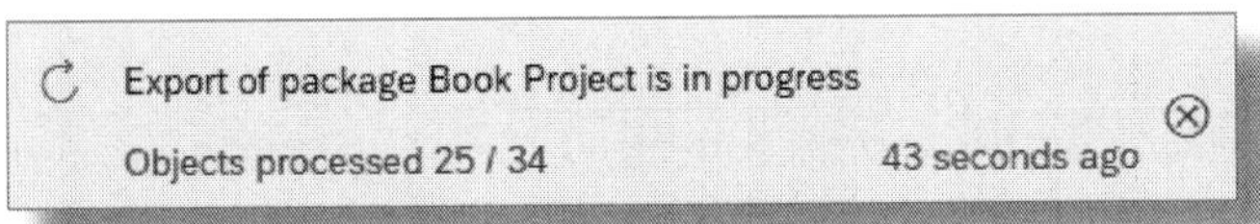

Abbildung 6.46: Systembenachrichtigung zum Exportfortschritt

Sie erhalten außerdem eine Exportzusammenfassung, sobald der Export abgeschlossen ist (siehe Abbildung 6.47). Nun steht das Paket in den von Ihnen ausgewählten Systemen über den Bereich MY CONTENT zur Verfügung.

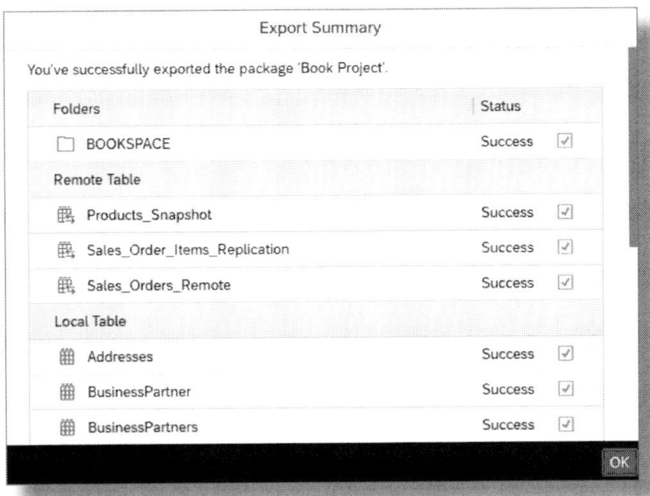

Abbildung 6.47: Exportzusammenfassung

> **Tipp für umfangreiche Exporte**
>
> Enthält Ihr zu exportierendes Paket eine große Anzahl von Objekten, sollten Sie Ihre Inhalte gut organisieren, damit diese besser zu finden sind. Speichern Sie die Objekte beispielsweise im selben Ordner oder verwenden Sie im Namen aller Objekte dasselbe Schlüsselwort, damit Sie nach diesem suchen können.

Die exportierten Pakete können Sie im Bereich MANAGE PACKAGES (siehe Abbildung 6.48) weiterbearbeiten oder löschen.

Abbildung 6.48: Pakete verwalten

Hier stehen Ihnen folgende Aktionen zur Verfügung:

- Ordner anlegen
- Paket freigeben
- Einstellungen ändern
- Paket bearbeiten oder erneut exportieren
- Paket löschen
- Ansicht aktualisieren

6.5.2 Inhalte importieren

Der Import ermöglicht es Ihnen, Inhalte aus anderen Systemen zu übernehmen, die für Ihr System freigegeben wurden. Der Business Content der SAP oder von Partnern sowie ein Beispiel-Content sind optional ebenfalls einsetzbar.

Um Inhalte aus anderen Systemen zu importieren, muss Ihr Space bereits im Zielsystem existieren und denselben technischen Namen haben wie der Space im Quellsystem. Darüber hinaus benötigen Sie die Berechtigung zum Lesen und Bearbeiten von Lifecycle-Daten (enthalten in der DW-ADMINISTRATOR-Rolle).

In der Importübersicht finden Sie alle Pakete, die von einem anderen System für Ihr System freigegeben wurden (siehe Abbildung 6.49).

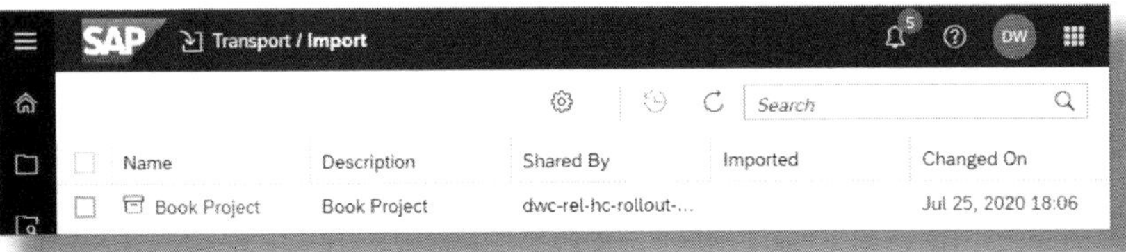

Abbildung 6.49: Importübersicht – Paket auswählen

In der Spalte IMPORTED sehen Sie, welche Pakete bereits erfolgreich Success oder fehlerhaft Error importiert wurden. Ist die Spalte leer, wie im gezeigten Beispiel, dann wurde das Paket noch nicht importiert. Können Sie Ihr Paket nicht sehen, dann überprüfen Sie die Importeinstellungen (siehe Abbildung 6.49) und aktivieren Sie ggf. den Schalter SHOW CONTENT SHARED BY ALL SYSTEMS (siehe Abbildung 6.50), um diejenigen Inhalte anzuzeigen, die für alle Systeme freigegeben sind.

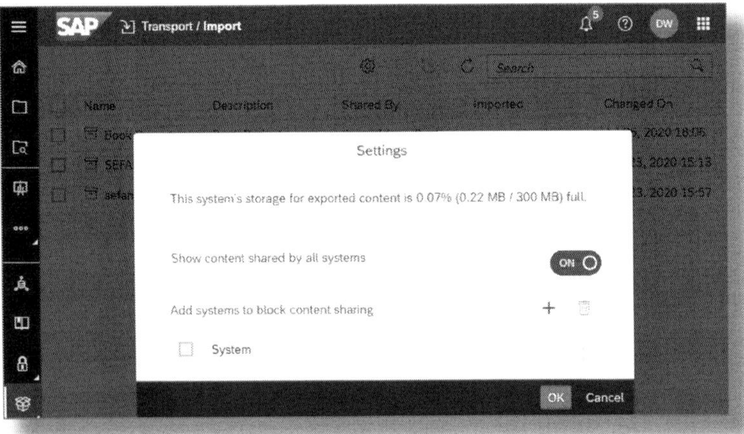

Abbildung 6.50: Importeinstellungen

Wenn Sie nun Ihr Paket auswählen, erhalten Sie unter OVERVIEW eine Zusammenfassung zum Import (siehe Abbildung 6.51).

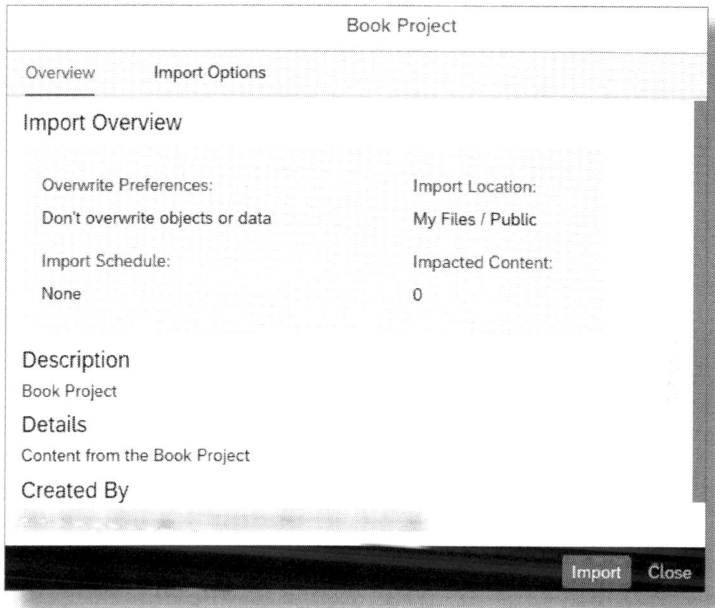

Abbildung 6.51: Importübersicht

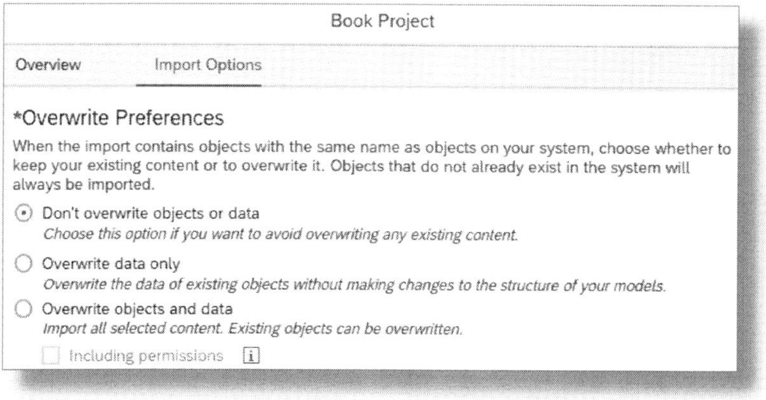

Book Project

Overview Import Options

*Overwrite Preferences

When the import contains objects with the same name as objects on your system, choose whether to keep your existing content or to overwrite it. Objects that do not already exist in the system will always be imported.

- Don't overwrite objects or data
  Choose this option if you want to avoid overwriting any existing content.
- Overwrite data only
  Overwrite the data of existing objects without making changes to the structure of your models.
- Overwrite objects and data
  Import all selected content. Existing objects can be overwritten.
  - Including permissions

Abbildung 6.52: Importoptionen

Der Reiter IMPORT OPTIONS (siehe Abbildung 6.52) bietet verschiedene Funktionen, wie mit Objekten umgegangen werden soll, die bereits im System existieren:

- DON'T OVERWRITE OBJECTS OR DATA (Objekte oder Daten nicht überschreiben) –
  verhindert das Überschreiben vorhandener Objekte. Sie erhalten zudem eine Benachrichtigung, falls Objekte ausgewählt wurden, die bereits existieren.
- OVERWRITE DATA ONLY (nur Daten überschreiben) –
  diese Option ist aktuell nicht im Content-Netzwerk für SAP Data Warehouse Cloud verfügbar.
- OVERWRITE OBJECTS AND DATA (Objekte und Daten überschreiben) –
  existierende Objekte werden überschrieben und die darin vorhandenen Daten aktualisiert.

Im unteren Bereich der Importoptionen (siehe Abbildung 6.53) können Sie die Inhalte aus- oder abwählen. Nachdem Sie Ihre Auswahl vorgenommen haben, importieren Sie das Paket.

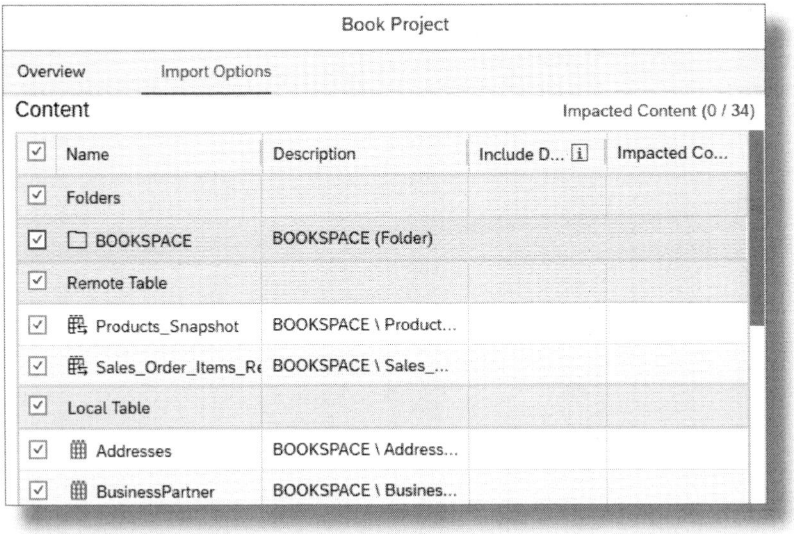

Book Project

Overview | Import Options

Content — Impacted Content (0 / 34)

	Name	Description	Include D...	Impacted Co...
☑	Folders			
☑	BOOKSPACE	BOOKSPACE (Folder)		
☑	Remote Table			
☑	Products_Snapshot	BOOKSPACE \ Product...		
☑	Sales_Order_Items_R	BOOKSPACE \ Sales_...		
☑	Local Table			
☑	Addresses	BOOKSPACE \ Address...		
☑	BusinessPartner	BOOKSPACE \ Busines...		

Abbildung 6.53: Importoptionen – Auswahl der Inhalte

In den Benachrichtigungen können Sie, ähnlich wie beim Export, den Fortschritt verfolgen. Nach erfolgreichem Import wird Ihnen ein Fenster mit der Importübersicht eingeblendet (siehe Abbildung 6.54).

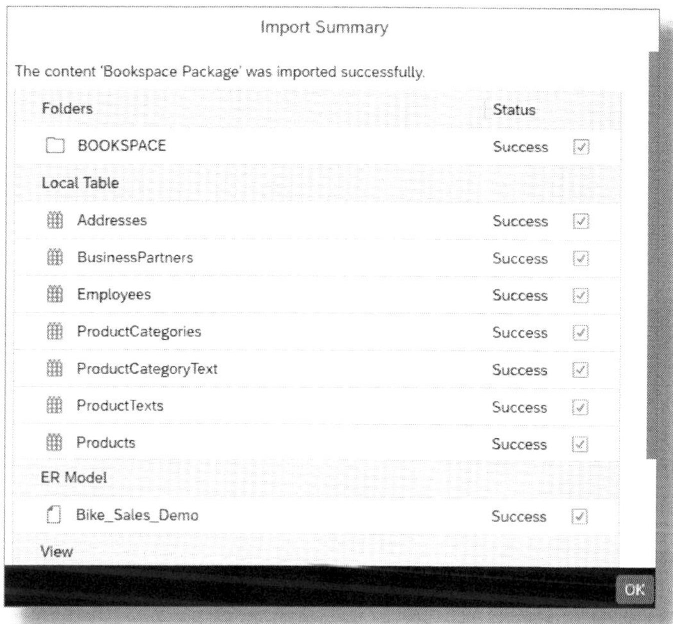

Abbildung 6.54: Importübersicht

6.6 Integration mit SAP Analytics Cloud

Für Data Warehouse Cloud wird standardmäßig ein voll funktionsfähiges Analytics-Cloud-System auf demselben Tenant bereitgestellt. Damit können Sie vollintegriert Analysen und Dashboards erstellen. Der Datenzugriff aus Analytics Cloud wird automatisch so konfiguriert, dass Analytics Cloud in einem spacesensiblen Modus verwendet wird (integrierte Nutzung). Zusätzlich können beide Systeme auch über eine Live-Verbindung gekoppelt werden.

6.6.1 Live-Verbindung

Die Live-Verbindung ist der empfohlene und bevorzugte Weg, um beide Systeme zusammenzuschließen. So lässt sich eine beliebige Anzahl an Data-Warehouse-Cloud-Systemen mit jedwedem Analytics-Cloud-System verbinden (siehe Abbildung 6.55). Dies ist innerhalb eines Tenant oder tenantübergreifend möglich. Die Live-Verbindungen können sowohl für Cloud-Foundry als auch für Analytics-Cloud-NEO-Tenants eingerichtet werden.

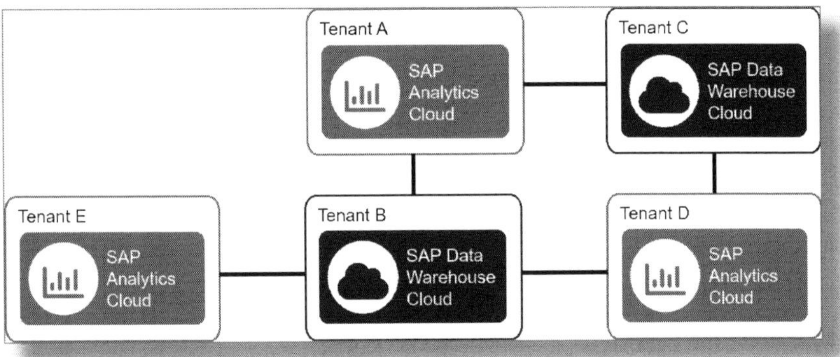

Abbildung 6.55: Analytics Cloud – Verbindungen von n:m-Systemen

Die Live-Verbindung muss einmalig zwischen Systemen aufgesetzt werden. Wechseln Sie dafür über den Schalter ▦ in der Kopfzeile zu SAP Analytics Cloud innerhalb des Data Warehouse Cloud Tenant in den Bereich SYSTEM • ADMINISTRATION. Unter dem Reiter APP INTEGRATION finden Sie den Bereich TRUSTED ORIGINS, in dem Sie die URL des externen oder integrierten Analytics-Cloud-Systems als vertrauenswürdige Quelle eintragen (siehe Abbildung 6.56).

Im zweiten Schritt stellen Sie die Live-Verbindung auf der Seite des Analytics-Cloud-Systems her. Im Hauptmenüpunkt für CONNECTIONS in SAP Analytics Cloud starten Sie über + eine neue Verbindung. Klappen Sie die möglichen Live-Verbindungen auf und wählen Sie SAP DATA WAREHOUSE CLOUD (siehe Abbildung 6.57).

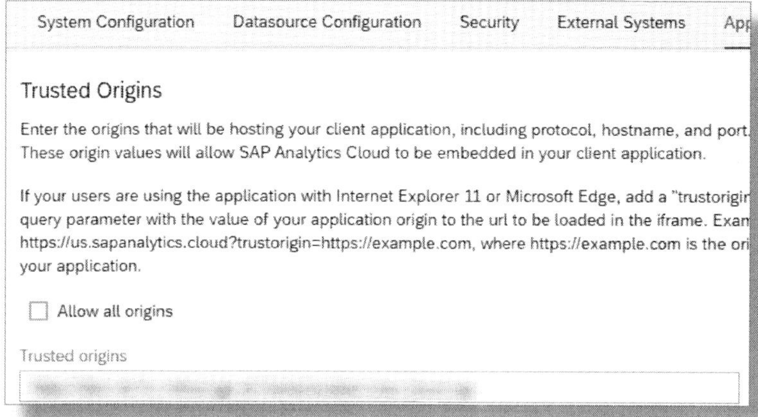

Abbildung 6.56: Vertrauenswürdige Quelle eintragen

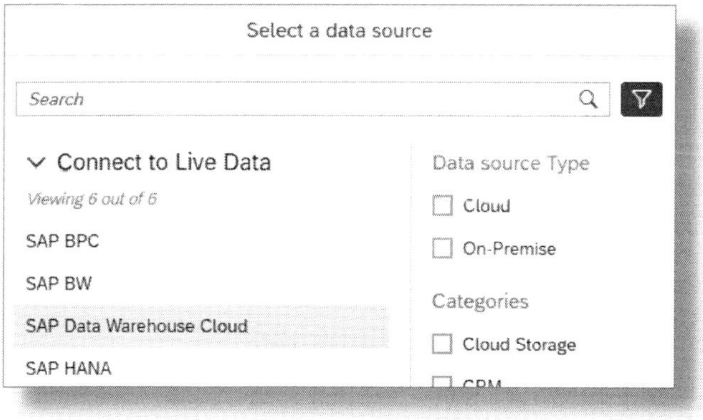

Abbildung 6.57: Live-Verbindung anlegen

Im nächsten (hier nicht gezeigten) Schritt werden Sie aufgefordert, die Verbindungsdaten (Name, Host und Port) einzugeben. Als Authentifizierungsmethode wählen Sie SAML SINGLE SIGN ON. Danach können Sie den Dialog mit OK bestätigen und erhalten eine Verbindung angezeigt (siehe Abbildung 6.58). Jetzt können Sie Data-Warehouse-Cloud-Modelle für Ihre Visualisierungen nutzen.

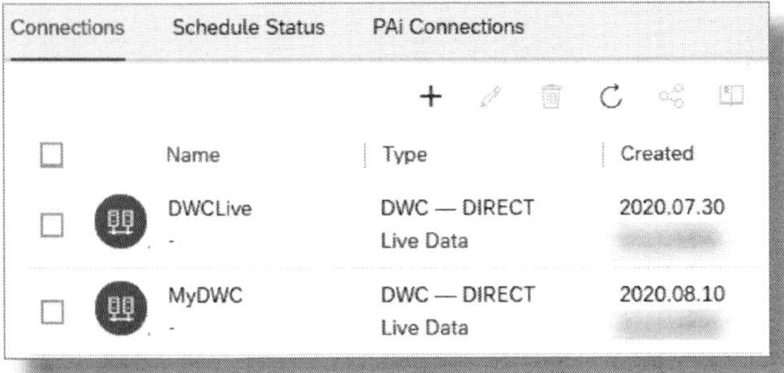

Abbildung 6.58: Analytics Cloud – Verbindungsübersicht

Im Laufe von 2021 wird der *App Switcher* konfigurierbar sein, sodass Sie dort jeweils ein Hauptsystem (Master) hinterlegen können. Ab diesem Zeitpunkt kann Analytics Cloud als Hauptsystem für ein Data-Warehouse-Cloud-System dienen und umgekehrt. Nichtdestotrotz können Sie bereits heute mehrere Data-Warehouse-Cloud-Systeme über eine Live-Verbindung anschließen. Im SAP-Hinweis 2832606 finden Sie mehr Informationen zu den unterstützten Funktionen im Rahmen einer Live-Verbindung.

6.6.2 Integrierte Nutzung

Sie können mit Analytics Cloud auch direkt in einem Space von Data Warehouse Cloud arbeiten, wenn beide Lösungen auf demselben Tenant ausgeführt werden. Diese sogenannte *spacesensible Konnektivität* bedeutet außerdem, dass im Story Builder erstellte Stories innerhalb eines Space in Data Warehouse Cloud gespeichert werden. Der Story Builder ist direkt im Menü von Data Warehouse Cloud sowie über den App Switcher in Analytics Cloud verfügbar.

Diese integrierte Nutzung sollte **nur für Testzwecke** dienen. Für den produktiven Einsatz wird die Verwendung einer Live-Verbindung empfohlen.

In 2021 soll der Story Builder aus dem Hauptmenü von Data Warehouse Cloud entfernt und nur noch in Analytics Cloud zur Verfügung stehen.

7 Ausblick

Angefangen bei den Konnektoren zu diversen Quellsystemen über Transformationsmöglichkeiten, Datenmodellierung, dem semantischen Business Layer bis hin zur Visualisierung mit SAP Analytics Cloud bringt Data Warehouse Cloud schon heute sehr viele Funktionalitäten mit, die für moderne Data-Mart- oder Data-Warehouse-Lösungen erforderlich sind.

Die SAP hat sich für dieses junge Produkt dennoch einiges vorgenommen. Für das Jahr 2021 und darüber hinaus bestehen bereits zahlreiche Anforderungen seitens der Kunden und Partner, die Software in diversen Bereichen zu erweitern.

Hybrid

Für BW/4HANA-Queries ist ein Modelltransfer geplant, um speziell die hybriden Einsatzszenarien mit SAP-Systemen noch tiefer zu integrieren. Für SAP-S/4HANA-Modelle, genauer gesagt für ABAP-CDS-Views, ist ein Content-Import vorgesehen, um die S/4HANA-Modelle automatisiert generieren zu lassen.

Zur besseren Integration der HANA-SQL-Anwendungsfälle wird 2021 auch das Business Application Studio als Nachfolger der Web IDE unterstützt, sobald es die entsprechenden Funktionen zur Datenbankentwicklung vollständig abbilden kann.

Offenheit und Konnektivität

Bezüglich der Front-Ends ist für 2021 insbesondere eine engere Integration mit SAP Analytics Cloud vorgesehen. Die aktuell eingeschränkte Unterstützung für Geofunktionen, der Zugriff auf mobile Endgeräte und Smart Features stehen hier im Fokus. Die Integration mit der Planung in SAC wird allerdings eher in 2022 erfolgen.

Für den externen Datenzugriff und zur besseren Einbindung externer Werkzeuge ist ein REST API sowie ein Named User Interface via ODBC geplant.

Bezüglich der Konnektivität ist neben einer SFTP-Verbindung auch ein Konnektor zu REST APIs in Planung.

Des Weiteren beabsichtigt die SAP für 2021 eine Ausweitung der Verfügbarkeit von Data Warehouse Cloud in weiteren Rechenzentren, wie z. B. AWS in Südkorea, Microsoft Azure in Europa und den USA. Alibaba Cloud und Google werden als Optionen wohl erst in 2022 verfügbar werden.

Modellierung im Data und Business Builder

Für die Modellierung von Daten und Business-Modellen sind sehr viele neue Funktionalitäten in Vorbereitung. Dazu gehören Eingabeparameter, externe Hierarchien, mehrsprachige Metadaten, eine Währungs- und Einheitenumrechnung, Ausnahmeaggregationen, Metadatenversionierung sowie weitere Funktionen zum Lifecycle-Management und Erweiterungen der Data-Flow-Komponente.

Im Business Layer soll eine Top-Down-Modellierung durch den *Business Diagram Editor* sowie eine KPI-Modellierung durch einen *KPI Builder* eingeführt werden. Es wird zudem angedacht, den Austausch von Modellen zwischen Data Warehouse Cloud und Analytics Cloud zu ermöglichen, sowie anderen Spaces die Business-Builder-Artefakte freizugeben.

Ferner sind Funktionen zur Datenpflege und -korrektur sowie zur Datenvorbereitung, -bereinigung und -profilierung vorgesehen; der Datenkatalog soll deutlich ausgebaut und die Datenzugriffskontrolle um Hierarchiesupport und Benutzergruppen erweitert werden.

Die weitere Roadmap sieht für 2021 ein API vor, über das Data-Warehouse-Cloud-Objekte von externen Werkzeugen erzeugt werden können. Nicht zuletzt sind neue Business-Content-Pakete von der SAP, aber auch von Partnerfirmen geplant.

Ganz neu soll in der zweiten Jahreshälfte 2021 ein Datenmarktplatz erscheinen, der mit wenigen Klicks die Integration der Daten von Drittanbietern für eine gemeinsame Nutzung ermöglicht (Data-as-a-Service).

Wünschenswert wäre sicherlich auch eine Möglichkeit für den Anschluss von Automatisierungswerkzeugen. Dies erfordert allerdings eine Metadatenversionierung und eine Anschlussoption von Git als verteiltes Versionskontrollsystem. Ob und wann dies erfolgt, ist vollkommen offen.

Dies ist der Stand der Produktplanung zum Zeitpunkt der Drucklegung dieses Buches. In unserer hochdynamischen Welt können sich alle aufgeführten Planungen kurzfristig verändern, und Prioritäten können anders gesetzt werden. Bitte informieren Sie sich über den aktuellen Stand der Roadmap für Data Warehouse Cloud im *SAP Road Map Explorer* (*https://roadmaps.sap.com/board?PRODUCT=73555000100800002141* – S-User erforderlich).

Früher stellte die SAP ihren Kunden individuelle Produkt-Roadmaps als PDF-Datei bereit. Seit Mitte 2020 schafft der SAP Road Map Explorer als Online-Werkzeug mehr Transparenz und ermöglicht den Anwendern, personalisierte Roadmaps zu erstellen, herunterzuladen und zu teilen.

Sie haben das Buch gelesen und sind mit unserem Werk zufrieden? Bitte schreiben Sie uns eine Rezension!

A Der Autor

Klaus-Peter Sauer arbeitet bei der SAP als Senior Director im SAP-Produktmanagementteam für Data Warehousing mit Fokus auf SAP Data Warehouse Cloud.

Er hat seine Karriere im Jahr 2000 als SAP-BW-Berater begonnen, wobei er im Laufe der Zeit diverse Schlüsselpositionen sowohl in der Beratung als auch im Presales bekleidete. Als Technical Lead des SAP COE in EMEA bei Teradata unterstützte er führende Unternehmen aller Branchen über fünf Jahre dabei, zukunftsfähige und plattformübergreifende Data-Warehousing-Architekturen umzusetzen. 2012 wurde er Teil eines globalen Expertenteams für SAP HANA Platform, Data Warehousing und Big Data bei der SAP. Darauf folgten zwei Jahre im Strategie- und Go-to-Market-Team für Data Warehousing.

Klaus-Peter Sauer hat Wirtschaftswissenschaften und -informatik an der Philipps-Universität Marburg und der University of Kent at Canterbury studiert und besitzt einen Abschluss als Master of Business Administration der Canterbury Business School in Großbritannien.

Darüber hinaus ist er Co-Autor der Bücher *SAP BW auf HANA* sowie *SAP BW/4HANA und BW auf HANA*, ebenfalls erschienen im Verlag Espresso Tutorials.

B Quellenverzeichnis

[1] Ferstl O. K.; Sinz E. J.: *Grundlagen der Wirtschaftsinformatik*, Band 1, 3. Auflage, München (Oldenbourg), 1998, Seite 123.

[2] McDonald, K.; Wilmsmeier, A.; Dixon, D. C.; Inmon W. H.: *Mastering the SAP Business Information Warehouse*, 2. Auflage, Indianapolis, IN (Wiley), 2006, Seite 136.

[3] *Semantische Datenmodellierung* bei Wikipedia unter: *https://de.wikipedia.org/wiki/Semantisches_Datenmodell*, aufgerufen am 01.03.2021.

[4] Chen, P. P. S.; Knöll, H. D.: *Der Entity-Relationship-Ansatz zum logischen Systementwurf*, Mannheim/Wien/Zürich (Wissenschaftsverlag), 1991.

[5] Chen, P. P. S.: *The Entity-relationship Model – Toward a Unified View of Data*. In: ACM Trans. Database Syst. Band 1, Nr. 1, März 1976, Seiten 9–36.

[6] Technische Definition des Begriffs »Hybrid« bei Wikipedia unter: *https://de.wikipedia.org/wiki/Hybrid#Technik*, aufgerufen am 02.05.2021.

C Index

F

G

H

I

J

K

M

O

P

Q

R

S

D Disclaimer

Die in diesem Werk wiedergegebenen Gebrauchsnamen, Handelsnamen, Warenbezeichnungen usw. können auch ohne besondere Kennzeichnung Marken sein und als solche den gesetzlichen Bestimmungen unterliegen. Sämtliche in diesem Werk abgedruckten Bildschirmabzüge unterliegen dem Urheberrecht der SAP SE, Dietmar-Hopp-Allee 16, 69190 Walldorf.

In dieser Publikation wird auf Produkte der SAP SE Bezug genommen. SAP, R/3, SAP NetWeaver, Duet, PartnerEdge, ByDesign, SAP BusinessObjects Explorer, StreamWork und weitere im Text erwähnte SAP-Produkte und -Dienstleistungen sowie die entsprechenden Logos sind Marken oder eingetragene Marken der SAP SE in Deutschland und anderen Ländern. Business Objects und das Business-Objects-Logo, BusinessObjects, Crystal Reports, Crystal Decisions, Web Intelligence, Xcelsius und andere im Text erwähnte Business-Objects-Produkte und -Dienstleistungen sowie die entsprechenden Logos sind Marken oder eingetragene Marken der Business Objects Software Ltd. Business Objects ist ein Unternehmen der SAP SE. Sybase und Adaptive Server, iAnywhere, Sybase 365, SQL Anywhere und weitere im Text erwähnte Sybase-Produkte und -Dienstleistungen sowie die entsprechenden Logos sind Marken oder eingetragene Marken der Sybase Inc. Sybase ist ein Unternehmen der SAP SE. Alle anderen Namen von Produkten und Dienstleistungen sind Marken der jeweiligen Firmen. Die Angaben im Text sind unverbindlich und dienen lediglich zu Informationszwecken. Produkte können länderspezifische Unterschiede aufweisen.

Der SAP-Konzern übernimmt keinerlei Haftung oder Garantie für Fehler oder Unvollständigkeiten in dieser Publikation. Der SAP-Konzern steht lediglich für SAP-Produkte und -Dienstleistungen nach der Maßgabe ein, die in der Vereinbarung über die jeweiligen Produkte und Dienstleistungen ausdrücklich geregelt ist. Aus den in dieser Publikation enthaltenen Informationen ergibt sich keine weiterführende Haftung.

Weitere Bücher von Espresso Tutorials

Christoph Kretner & Jascha Kanngießer:

Berechtigungen in SAP® BW, HANA und BW/4HANA

- Analyse- und Planungsberechtigungen für SAP BW
- Reportingberechtigungen für SAP HANA
- Kompakter Ratgeber auf dem neuesten Stand der Technik
- End-to-End-Szenario für ein transparentes Zusammenspiel der Systeme

http://5127.espresso-tutorials.de

Frank Riesner, Klaus-Peter Sauer:

SAP BW/4HANA® und BW auf HANA – 2., erweiterte Auflage

- Migration, Sizing, Betrieb, Datenmanagement mit BW/4HANA und BW 7.5 auf HANA
- Die neuen zentralen Quellsysteme SAP HANA und ODP
- Neue Modellierungsoptionen, gemischte Szenarien, LSA++ und Unterschiede zu BW 7.5
- Die Rolle von BW im operativen SAP – Berichtswesen

http://5167.espresso-tutorials.de

Jürgen Noe:

Praxishandbuch SAP® Business Warehouse mit BW/4HANA

- Grundlagen von Business Intelligence
- Einführung in die Datenmodellierung mit Eclipse
- Datenflüsse der Stamm- und Bewegungsdaten
- Demonstration an einem durchgängigen Fallbeispiel

http://5418.espresso-tutorials.de

Martin Munzel, Renata Munzel:

Projektcontrolling mit SAP® PS

- Strukturieren – PSP, Netzplan, Meilenstein
- Planen – Easy Cost Planning, Hierarchie, Netzplan
- Pflegen – Anlegen, Ändern und Löschen mittels Project Builder
- Integrieren – Übergang zu anderen SAP-Modulen

http://5156.espresso-tutorials.de